循環型社会を創る

技術・経済・政策の展望

エントロピー学会 編
（責任編集＝白鳥紀一・丸山真人）

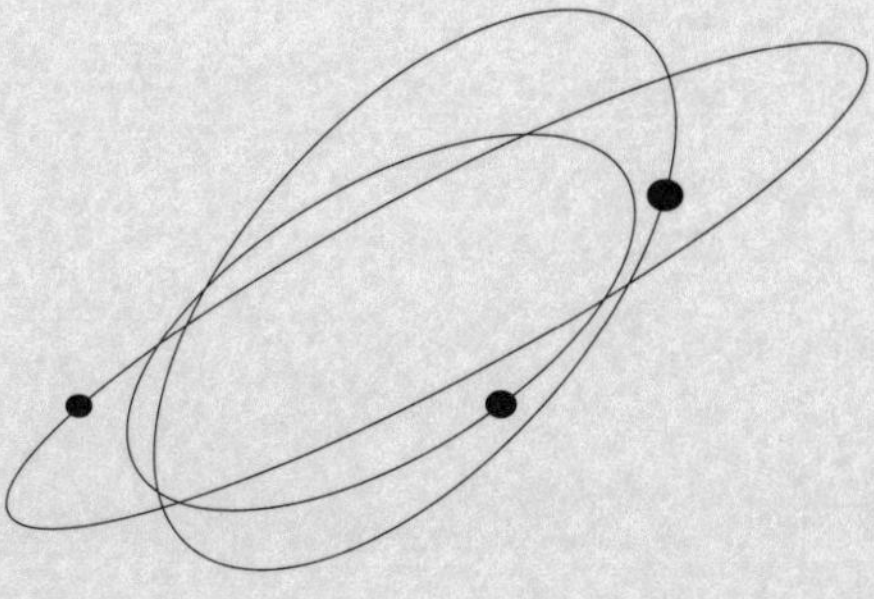

藤原書店

循環型社会を創る

――目次

物質循環の実態と展望……編者 9

I 循環型社会とは――法と政策

1 循環型社会の形成へ……染野憲治 15
▼循環型社会形成推進基本法のポイントは、①リデュース、リユース、マテリアルリサイクル、サーマルリサイクル、適正処分という順序づけ、②拡大生産者責任への言及、③国の計画策定である。法律の趣旨を解説する。

2 循環型社会論の取り組み経緯と課題……辻 芳徳 23
▼政府は、大量生産・大量消費・大量廃棄の反省が「循環型社会」と捉えているが、経済システムの見直しや地域社会のあるべき姿を示し、有限な資源や環境に配慮した共生指向の社会形成が求められていることを検証する。

3 循環型社会創りはどこが間違っているのか……熊本一規 34
▼ヨーロッパではEPR（拡大生産者責任）に基づく循環型社会が創られつつあるのに対し、日本ではEPRを骨抜きにした循環型社会創りが進められている。その狙いは、税金等によるリサイクル産業興しである。

〈パネル討論〉循環型社会形成推進基本法をどう考えるか……42

4 ごみ戦争と平和……川島和義 49
▼ごみ問題への対応は、冷静な議論を拒否し多様性を否定する戦時体制の様相を呈している。戦争への動員ではなく、消費者、事業者、行政などに分断された人々の関係を修復し、自然循環を基礎に平和的な解決策を考えたい。

II リサイクルシステム——経営と課題

1 建設リサイクルと環境経営 …………………………… **筆宝康之** 73

▼全産業の廃棄物産出量の二割、最終処分量の四割、不法投棄量の七割を占める建設廃棄物。建設現場での廃棄物の減量、再利用、再資源化の現状と問題を考察すると同時に、長寿・安全・快適さに配慮した建築を構想する。

2 循環型経済社会と組立て産業——家電リサイクルとメーカーの対応 … **上野 潔** 85

▼循環型経済社会を迎える中で、ジャパンモデルと呼ばれている家電リサイクル法が運用されている。代表的な組立て産業である家電製品の位置づけを解説し、リデュース、リユース、リサイクルへの対応と課題を紹介する。

3 レインボープランが築く世界——循環型地域社会への道 ……………… **菅野芳秀** 96

▼台所の生ごみを一〇〇%有機肥料にかえる事業「レインボープラン」が、台所から健康な土づくりへの参加を可能にし、自発的な市民と行政のつながりを築く。一方的な市場システムでなく循環型の地域社会創造について紹介。

4 リサイクルの現実——アルミ缶、牛乳パック、コンクリート ……… **桑垣 豊** 104

▼リサイクル対象によって実情が異なる。アルミ缶は、エネルギー消費と有害物質。紙パックは、住民主導と低コスト。コンクリートは、廃棄量の膨大さと公式統計のいい加減さ。がそれぞれの特徴。具体的なリサイクルの実情を解説。

〈企業の取り組み事例1〉
アサヒビールの環境経営と廃棄物再資源化一〇〇%の取り組み…秋葉 哲 121
▼ビール会社の廃棄物再資源化一〇〇%実現までのプロセスを明らかにする。実現へ向けての組織体制、仕組みの改善、トップの強い意志、及び実現後の効果等をより具体的に触れる。

〈企業の取り組み事例2〉
リコーとキヤノンの環境経営……須藤正親 127
▼重層的リサイクルの推進によって資源の消費・廃棄物の発生を削減、埋め立て廃棄物ゼロを目標とするリコー、有害な化学物質をリストアップし使用廃絶・削減・抑制に取り組むキヤノンの事例を夫々の「環境報告書」より紹介。

III 物質循環——技術と評価

1 循環型社会における技術のあり方……井野博満 133
▼循環型社会を実現する上で、技術はどういう条件を満たさねばならないかを原理にさかのぼって考察する。また、どういう材料は使っていいのか悪いのか、リサイクルは役立つか否か、その考え方の基準を具体的に述べる。

2 プラスチック・リサイクルは化学物質の健康影響を減らすか…松崎早苗 148
▼プラスチックのリサイクル推進は生産量の減量につながらない。元の材料に戻す再生利用はわずかである。さらに、リサイクルは化学工程であるのに、廃棄物の化学反応から出る毒物の知識もなく、危険を犯している。

3　リサイクルとリユース、どっちがおトク？　……………………　中村秀次　161
——ＬＣＡ評価と社会コストの比較——
▼3Ｒのうち、優先順位の最後であるはずの「リサイクル」の道を突き進んだ日本。その結果、環境負荷も税金負担も増加した。ＬＣＡ評価と社会コストから検証する。

4　材料技術から見た循環型社会の可能性と課題　……………　原田幸明　173
▼いま使われている材料を、より少ない環境負荷で製造・使用し、リサイクル性を付与しつつ使用時の効用を増大させる（＝エコマテリアル化する）ためにはどうしたらいいのか。環境循環型の材料を指向する取り組みを紹介。

Ⅳ　循環経済へ——理念と展望

1　日本経済の現在と循環型社会への道　…………………………　松本有一　209
▼いまわが国では地球温暖化問題、廃棄物問題の解決のために、大量生産・大量消費・大量廃棄からの転換が叫ばれている。しかし同時に経済成長＝経済の拡大が求められている。日本経済は何を目指して進めばよいのか。

2　貨幣改革と循環型経済　…………………………………………　森野栄一　218
▼現行の貨幣経済においては金融契約が実体経済との関連を欠き時間に関連して直線的に債務が増加していく関係となっている。循環型の経済をもつためには貨幣改革による生産との対称性を維持した資金循環が不可欠である。

3　循環型社会への途――二一世紀は第一次産業の時代……………………**篠原　孝**　233

▼鉱物資源を加工する産業の時代は終わり、二一世紀は生物資源産業時代になるのは必然とする。環境にやさしい生き方の実践方法の一つとして、食べ物の輸送距離（フード・マイレージ）を縮小することを提唱する。

4　循環経済モデルの構想――広義の経済学の視点から…………………**丸山真人**　248

▼自然と人間との物質代謝をふまえた循環経済は市場と非市場の両領域にまたがっているため市場原理だけではうまく回らない。そこで非市場部門を含めた新しい産業連関モデルを導入することで持続可能な循環経済を構想する。

〈付録1〉**循環型社会形成推進基本法（抄）**……………………………………　261

〈付録2〉**循環型社会を実現するための二〇の視点**（エントロピー学会）………　266

索引　284　　エントロピー学会紹介　285　　著者紹介　287

カバー・本文扉写真提供＝市毛　實

循環型社会を創る

——技術・経済・政策の展望

物質循環の実態と展望

循環型社会形成推進基本法が施行されて、三年近く経ちました。循環型社会という言葉も、国内ではよく聞かれるようになりました。さて、その内実はどうでしょうか。

物質を循環させるというのは、そう簡単にできることではありません。植物が二酸化炭素を固定してグルコースを作り動物がそれを利用して二酸化炭素にする炭素循環や、水が水蒸気になって上空に昇り雨になって降ってくる水循環を例に挙げて、人工的な物質循環も可能である、という人がいます。原理的にはそうですし、それができたからこそ地球上に生物が栄えるわけですけれども、そこには地球の四六億年の歴史が籠もっているわけです。活動の範囲を広げてその自然の循環を壊しかけている人類が、たとえば数十年の中に、自然の循環とは別に物質の循環を実現するなど、ありそうもないことです。

物質を循環させるには、エネルギーの流れが必要です。炭素循環の場合は、最初に植物が太陽エネルギーを化学的なエネルギーとして固定してくれているから、後はそのエネルギーを利用して物質が回っていけます。それぞれのところでエネルギーを利用しながら物質を回す生物のネットワーク、つまり生態系が、非常に長い年月を経て実現したことはいうまでもありません。地球の気温が水の蒸発液化しやすい適温だ、という多分に偶然的な事がなければ水循環は起こりませんが、太陽熱なしに水が循環しないのは自明のことです。どちらの場合も、高温の太陽から低温の宇宙空間へのエネルギーの流れの中にうまい具合にからくりが入って、物質が回るわけです。

ところが人間の社会的な活動では、石油を燃やすとか石炭を使用するとか、最初にエネルギーを投入します。そのエネルギーはおおむね、他の系（生物）に利用されることもなく、熱になって散逸してしまいます。鉱石から金属を精錬すると、そのエネルギーの一部は金属という化学的な状態に保持されますけれども、それも利用されることはほとんどありません。利用できるエネルギーがない状態で、利用して変化した物質を元に戻そうとすると、あらためて別にエネルギーを投入しなければなりません。それには通常、最初に使用した以上のエネルギーが必要になります。エントロピーの減少過程だからです。リサイクルにエネルギー（したがって費用）がかかるのは必然です。それを考慮に入れてもリサイクルが環境の保全に役立つのかどうか、その部分に限っても慎重に検討する必要があります。

自然には起こらない物質の循環を人工的に起こすというのは、実際上できることではありません。自然が既に作り上げている循環の体系に便乗するしか、人類が生き延びる道はありません。となれば、自然の循環を壊さずに載せることのできる物質の量と質を検討し、そこに載せるために必要な仕事の量を極力少なくしなければなりません。そのためには、その商品のリサイクルをどうするか、設計の段階から考えなければうまくいかないでしょう。それは、今の技術自体、その技術を内包するシステム自体を変更するという問題です。それだけでなく、商品を使用した人々をどう組織して廃棄物をどう回収するか、さらに進んで、短期的な利益を求めてどこまでも経済を拡大してゆこうという、エゴが剥き出しにぶつかり合う今の社会体制をどう変革するか、という問題でもあります。進む道を知るには、社会体制・経済・技術の現状と将来を、実体に即して具体的に、検討しなければなりません。

それは経済の面でもそうです。歴史的に形成された制度や組織に支えられていなければ、経済自体が安定した循環を維持することが出来ません。市場経済がうまく回っているように見えるのは、市場原理それ自体のおかげではなく、人間が長い歴史を通して培ってきた社会的実体によって市場がコントロールされているからです。その意味で、物質の循環を検討する場合にも経済の循環を検討する場合にも、原理的アプローチだけではなく、長期的な視座を含んだ現実的アプローチが必要になります。

エントロピー学会は二〇〇一年春に『「循環型社会」を問う――生命・技術・経済』を出版して、どういうものが持続可能な循環型社会であり得るかを原理的に論じました。エントロピーをキーワードとして環境問題の本質を、単に技術的あるいは道徳的な問題としてではなく、生命や技術や経済や人間関係から多角的に論じたものでした。幸いこの本は好意をもって迎えられ、大学などのいろいろなレベルの講義でも教科書として用いられました。それを踏まえてエントロピー学会では、毎年一度開いているシンポジウムを、二〇〇一年秋には本と同名の「『循環型社会』を問う」というタイトルで開きました。原理的な考察にとどまらず、法律や技術の現状に具体的にあたって、今後の展望を論じようとしたのです。シンポジウムの前後に開いた研究会を含めたその記録が、この本になりました。

さらに、「循環型社会を実現するための二〇の視点」を併載しました。これは、このシンポジウムを組織する過程で討論の素材の一つとして実行委員会で作った案を、シンポジウム後さらに改訂したものです。エントロピー論の基本から技術・経済・法律の具体面まで、エントロピー学会の二〇年の活動のまとめともいえましょう。

この本の出版が可能になったのは、いちいちお名前は挙げませんが講演をして下さった方々を含めて、シンポジウムや前後の研究会、また「二〇の視点」をまとめるための討論に参加して下さった多くの方々のおかげです。本にする最終段階では、藤原書店の山﨑優子さんに大変お世話になりました。お礼を申し上げます。

前著と同じくこの本もまた、いろいろなところで楽しみながら活用して頂ければ幸いです。

二〇〇三年一月

編者一同

I 循環型社会とは——法と政策

1　循環型社会の形成へ

染野憲治

1　はじめに――問題の所在

環境省循環型社会推進室室長補佐をしております染野です。今日は循環型社会形成推進基本法（以下、循環基本法という）を中心にお話させていただいて、後でご質問を受けたいと思っております。

循環基本法は一部に厳しい評判を聞く法律であります。ここにおられる方々は環境問題に熱心な方が多いだろうと思いますが、そういう方からの厳しい指摘があります。また、一般の国民には知られてもいません。内閣府の循環型社会に関する世論調査（平成一三年）では、リサイクルや廃棄物関連のいろいろな法律のうち、循環基本法は国民全体の一一％しか知らないという結果でした。どの法律が一番知られているかというと、家電リサイクル法でして八五％です。あれだけニュースになるとみんな知っているんだなあと。その次が廃棄物処理法や容器包装リサイクル法で三〇から四〇％くらいです。その他の法律は軒並み一〇％台でした。ということでほとんど知られていない。

一方、こういう法律ができた背景は、言わずもがな大量生産・大量消費・大量廃棄という社会経済活動があったからです。何が問題になってくるかと言いますと、廃棄物の排出・処分量の増大が一つあるわけです。それから非常に問題になりましたダイオキシンによる環境汚染、そして最終処分場の残余年数の逼迫。廃棄物は燃やせば減るわけですが、それでも捨てる場所がない。処分場自体が希少資源化しているということがあります。そして不法投棄も増えている。豊島（香川県）のような例もありますし、全国各地にたくさんの事例があります。こういうことを踏まえて、二〇〇〇（平成一二）年に廃棄物処理法や個別リサイクル法の制定・改正があり、同時に循環型社会形成推進基本法もできたわけです。

世論調査で国民はごみ問題にどれほど興味があるか聞きましたところ、おおむね九割が関心があるということでした。なぜこういうことが起きると思いますかと聞きますと、「大量生産・大量消費・大量廃棄のわれわれのライフスタイルが良くない」ということでした。これが約七割でした。ではどうしたらいいですかと聞きますと、三割近くが、「とは言ってもなかなか生活水準を落としたくないし、大量生産・大量消費しながらリサイクルすればいいのでは」、ということでした。これが国民の声でして、社会の認識はそういうことなのかと感じました。それに対してこの法律では、大量生産・大量消費・大量廃棄はもちろんのこと、過剰な大量リサイクルもよろしくないと考えているわけです。

2　総体としての物質収支

図1はわが国の物質収支を表しています。左半分が人間社会への取り込み、右半分が自然界への排出で、自然の大循環とともに我々が日々暮らしている社会がある。また、上半分が地球規模の輸出入、下半分がわが国内に関するものです。ここで、物質がどう流れているのかを見ると、わが国は製品の形でいろいろ輸入しているものが〇・六億トン、資源の形で輸入しているものが六・八億トンあります。あわせて七・四億トン。これに対して製品の形での輸出が一億トン。物質の量で考えてみると、入ってくるのに対して出ていくのが非常に少ない。わが国国内の資源の消費は一〇・七億トン。再生資源もありますが、もとは自然界からきたもので、これをいろいろな形で消費します。エネルギーとして放出しているのが四・一億トン。これが温暖化

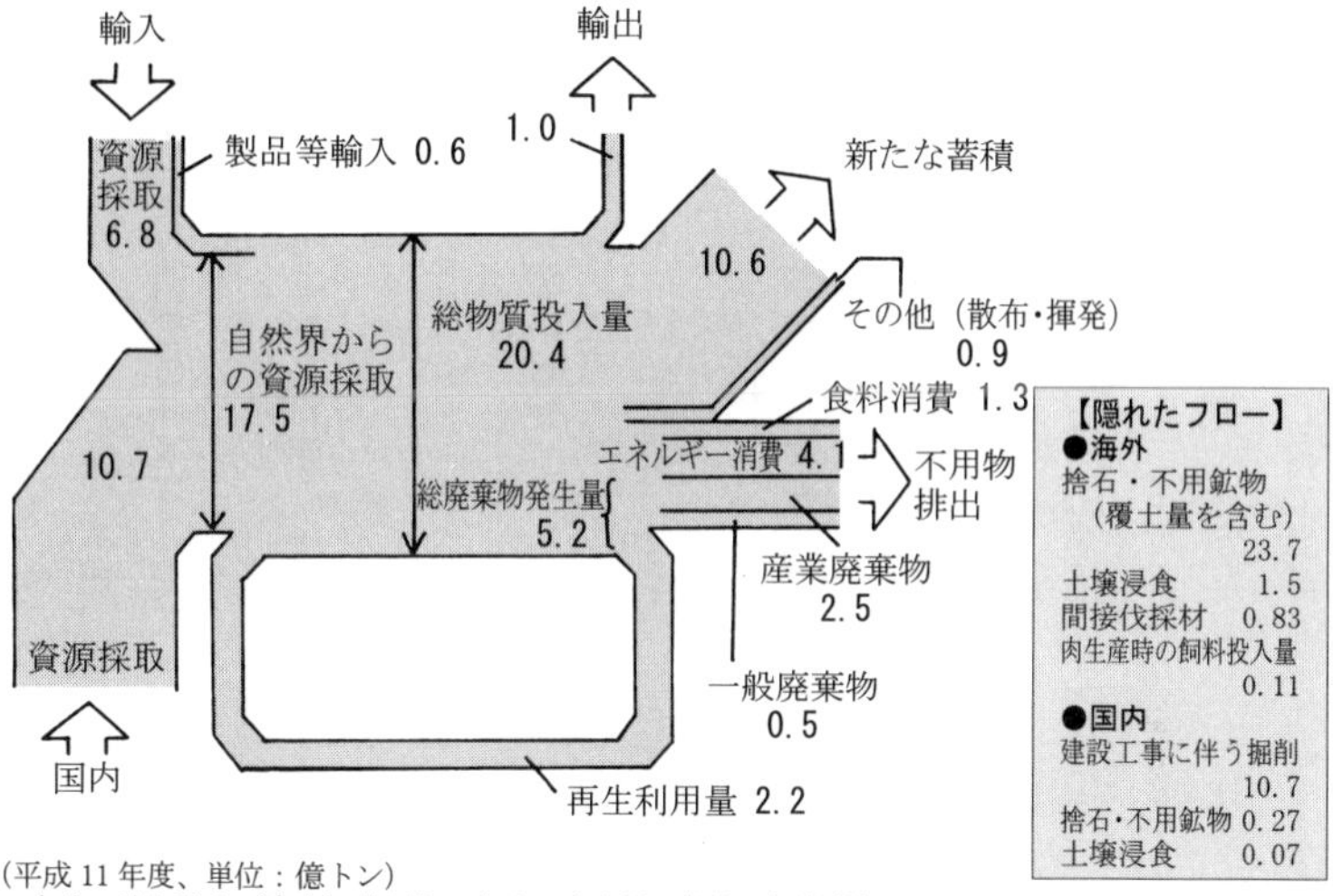

(平成 11 年度、単位：億トン)
＊水分の取り込み（含水）等があるため、産出側の総量は総物質投入量より大きくなる。
＊産業廃棄物及び一般廃棄物については、再生利用量を除く。
＊資料：各種統計より環境庁試算。
＊出典：『環境白書』平成 13 年版

図１　わが国の物質収支

問題の原因ともなっているわけです。総物質投入量は一年間に二〇・四億トンで非常に大きな規模です。これは二〇年前の一九七〇年が一五・四億トンでしたからかなり増えています。再生資源としての投入は二・四億トンですから一割程度です。そして建物などの形でのストックは一六億トン。食糧としての消費や揮発などが二億トン。そして最終処分される廃棄物が三億トン。

では、このような物質収支をみてどういうことが言えるか。総物質投入量が非常に多いのが一つの特徴です。次に資源の採取が多い。国内と海外を合わせて一七・五億トンの資源を採取、投入しています。ここで物質収支に出てこない隠れたフローがあり、たとえば地面を掘ったり、樹を倒したりすればそれだけ資源が失われ、自然が破壊されます。さらの原料を投入すれば環境へ与える影響もそれだけ大きくなるわけです。それから資源の出入りのアンバランスです。たとえば食品をコンポスト化、肥料化して土に返しても、そもそもの輸入量が多く、国内で物質循環が果たせるのかは疑問です。それから再生利用量の水準が低く、これを高めていくことが必要です。また、総廃棄物発生量を減らすことが重要です。さらにもう一つがエネルギー消費の高水準。これはまさに二酸化炭素、地球温暖化の問題です。たとえば自然エネルギーがよりいっそう使われていくことや、先ほど言ったように、食品が肥料だけでなく、エネルギー利用されていくとか、そういうエネルギーの問題も含めて物質が回っていくことが重要です。

3 循環基本法の内容

次に法律の話に移ります。循環基本法の上には環境基本法という法律があります。基本法の下に基本法を作るというのは、あまり例がありません。この法律では、自然の大循環や自然エネルギーの利用などは直接的には扱わず、環境基本法のうちの特に急いで対応せねばならない循環型社会の形成、特に廃棄物処理に関する諸問題への対応を念頭にして作られました。まずは廃棄物等をリデュース（reduce）し、次にリユース（reuse）、リサイクル（recycle）を行い、それができない場合には適正処分をして、これをもって天然資源の消費抑制、環境負荷の低減をしていくことが重要と考えています。特に一番重要なのはリデュース、廃棄物の発生抑制です。

この法律のポイントを三つ挙げるとすると、一つは順序付けをしたということです。リデュース、リユース、マテリアルリサイクル、サーマルリサイクル（熱回収）、適正処分という順序で、とにかくまずはできるだけリデュースをする、あるいはリユースをする。今まで個別のリサイクル法ではマテリアルリサイクルや適正処分が中心でしたが、今後は特にリデュース、リユースに重点を置きたいという気持ちがあります。具体的な政策は、基本法に基づき個別法などで考えなければなりません。

二つ目は、今まで個別法で考えられたのは排出者責任が中心でした。いわゆる汚染者負担原則（Polluter-Pays-Principle 略称ＰＰＰ）に基づく考えです。廃棄物は産業廃棄物と一般廃棄物に区分されますが、産業廃棄物はこのＰＰＰのもとに自己処理原則となっていますし、一般廃棄物は国民の税金による地方公共団体の処理となっています。しかし、製品を製造した生産者の方でも責任を持つ必要があるのではないかという考えとして拡大生産者責任（Extended Producer

Responsibility 略称ＥＰＲ）という考えが出てきました。生産者に、製品が廃棄された後も一定の責任を負ってもらう。具体的には、材質・設計の工夫、製品に関する諸情報の提供、あるいは回収経路の整備などをしてもらいます。もちろんＥＰＲと言ってもすべて生産者の責任ではなく、使用者の果たす責務もあります。このＥＰＲが導入されている個別リサイクル法としては家電リサイクル法、容器包装リサイクル法があります。

循環基本法の三つめのポイントとしては、国が具体的な計画を策定するということがあります。基本計画を作成し、五年ごとに見直していきます。まさに現在作成中でして、中央環境審議会で議論をしています。この中で循環型社会形成の基本的方針や、政府が何をしなければいけないのか、などを決めていくわけです。その中でも特に、具体的な数値目標の設定があります。たとえば廃棄物処理法であれば、最終処分量を半減するという目標があります。ここでは、循環型社会の目標はどういうものがあって、どういうことが具体的に書けるのかを議論していきます。また、そもそも循環型社会とはどういうイメージなのか、国民にわかってもらうにはどうしたらいいのか、みんなに千差万別のイメージがあって単純に一つにはならないのですが、それはそれとして最大公約数的にはどういう方向なのか、国民にわかってもらわねばしかたがない。そもそも法律を知っている人が一〇％ではしょうがないわけでして、このような法律を少しでも理解してもらおうとここにも来ています。それから具体的に、どういう取り組みをしたらいいのか。みんなが何をしたら循環型社会の方向にいくのか、具体的なことを書かないと、どうすればいいのかわからないということで、そういうことも書いて欲しいという希望もあります。

循環基本法の後半は、国がどういう政策を実行するのかを書いています。拡大生産者責任で廃棄物発生を抑制する。出たものを循環利用、あるいは適正処分をしていくこと。グリーン購入によって再生品に関する市場の拡大を図ること。ＬＣＡ（ライフサイクルアセスメント）の考え方の導入。それからデポジットやごみの有料化などの経済的措置も重要で、検討を行っています。さらに、リサイクル施設や廃棄物焼却施設、最終処分場の整備もしていかなければいけません。また、地方公共団体のとる施策、環境教育、NPO／NGOへの支援、科学的な調査を進めていくことや技術開発を進めていくこと、国際的な連携を取っていくことなども書いてあります。

この法律は基本法なので罰則規定はありませんし、国民に義務を負わせるような権利制限をしているわけでもありません。ではこういう理念法を作ることの意味はどういうことかというと、これにより廃棄物・リサイクルに関して、本基本法を踏まえて、個別リサイクル法が一気には変わらないとしても、将来的にこれでいいのか、不断に見直しをすることになるという効果があります。また、他のいろいろな基本計画でも、このような循環型社会の形成に関する配慮を盛り込んでいくという根拠にもなります。余談ですが、当省は組織もあまり大きくないのですが、循環基本法を立派に施行していくために必要な人員をそろえるようにしましたので、このような効果もあったかもしれません(笑)。

以上です。

質疑応答

井野博満　基本法のポイントとしてリサイクルよりもリデュースとリユースに重きをおくといわれました。リサイクルには容器包装リサイクル法、家電リサイクル法などがありますが、リデュースとリユースについてはどういう個別法をお考えですか。

染野　リデュース、リユースについて既存の法律の仕組みの中で何をしているかというと、廃棄物処理法の改正で、多量排出事業者の計画策定があります。ごみをたくさん出している事業者にその排出管理に関する計画作りをさせるもので、その内容を見て必要な対応をします。このような計画での関与というのは非常に緩やかな措置で、強制的に生産活動を制限するという手法も考えることはできますが、まずはこのような計画作りという手法で取り組んでいきます。

それから、容器包装リサイクル法でEPRの概念が入ったことで、メーカーの方はペットボトルをなるべく軽いものにしようとしています。重量あたりでお金が取られることになると、法律ができる前より二分の一から三分の一くらいの軽さ、薄型となります。そういう意味で法律のなかのＥＰＲ的な概念は、内在的に排出抑制への取り組みにつながるものを含むわけです。

それから経済的措置として、税制優遇だとか財投融資でリデュースやリユースをしている者に対して優遇政策をとるという政策手段もありえると思います。基本計画を策定している中では、やはりリデュース、リユースが大事だという意見はだいぶ強く出されています。しかし、具体的にどういう方法があるかというのはかなり難しく、今ある法律をそのような視点で見直し、修正していくのが適当なのかとも思いますし、あるいはもう少し抜本的政策を考えることも必要なのかとも思います。

■――この法律でついた予算規模はどのくらいですか。

染野　大変難しい質問ですが、循環基本法関係予算として平成一三年度で四三一四億円、一二年度で三八二五億円という数字があります。ただし、こういう政府関係予算というのは、循環基本法ができたからとか、個別法ができたから、どの部分がどうと必ずしも決められるわけではないので、そのようなものとして考えていただきたいと思います。

筆宝康之　先ほど人員不足といわれましたが、具体的にどのくらいで変化はどうなのですか。もう一つ、今年から大判で循環型社会白書が出ました。とても印象的でしたが、どういう意味があるのですか。

染野　人数に関してですが、一〇年位前は確か八〇〇人位でしたかと思います。しかし、これは国立公園の管理事務所や研究所にいる人も含めてですから、霞ヶ関にいるのは四〇〇人弱でしょうか。今は総勢一〇〇〇人位で、霞ヶ関には五〇〇人位ではないかと思います。廃棄物関連の業務がこの前の省庁再編で厚生省から移管されましたので、前は二〇～二二階の三床が環境省でしたが、引越しをして二三～二六階の四床と一床増えました。しかし、たとえば経済産業省であれば約二〇階建ての建物のほかに一〇階建ての別館があるわけで、もちろん業務の内容は違うのですが、霞ヶ関のなかでは小さい所帯です。しかし、少数精鋭、一騎当千、金はなくとも心は錦（笑）という気持ちで業務に取り組んでいます。人数も少しずつ増えています。

循環型社会白書は、循環基本法の第一四条で白書を書くと決めたからです。いくら買ってもらっても私の収入にはなりませんが、良い内容ですのでお買い上げをお勧めします（会場爆笑）。環境白書は地球温暖化や化学物質問題など環境問題全般です。循環型社会白書は廃棄物・リサイクル関連の部分を掘り下げています。

2　循環型社会論の取り組み経緯と課題

辻　芳徳

1　はじめに

私は、「循環型社会形成推進基本法」に対して、地域での取り組み・運動を踏まえて、問題点を提起します。政治主導で国会に法案が上程されそうだとの情報を得て、中央環境審議会廃棄物部会での審議経緯を注視していた仲間たちが、関東周辺の運動団体の有志に呼び掛けて、循環型社会基本法円卓会議実行委員会という組織を急遽立ち上げました。二〇〇〇年二月のことで、参加団体数は約一五でした。

この団体は、国会に上程されようとしている法案に疑問があるという人たちの集まりです。限られた時間内でしたが、省庁交渉（主に、担当の環境庁（当時））や関係する国会議員との懇談、産業界やマスコミの皆さん等との意見交換を行い、国会に上程されようとしていた法案に対し、住民運動側の考え方（①国民不在の法律なので国民から意見を求めよ、②環境基本法と重複する、③既存の関係法令との齟齬が見受けられる、④条文の改訂、⑤上程を取り止めよ、等々）を示しつつ同時に、問題点を指摘して理解を求めました。

このような経緯・背景を踏まえて、二〇〇〇年五月に成立した「循環型社会形成推進基本法」にどのような問題点があるのか私見を述べて、「循環型社会」とはどのような社会なのかを皆さんと共に考えていきたいと思います。

2　循環基本法の制定まで

今日では、「循環型社会」という言葉が日常的に、マスコミや企業のコマーシャルや行政の文書に登場しています。しかし、この「循環型社会」という概念は、国民に直接影響のある施策を展開する根幹の定義のはずですが、国民の合意を得ている訳でもありません。それはたとえば、あなたの考える「循環型社会」は?と尋ねると、十人十色の考え方が述べられることからもわかります。先ほど紹介した、円卓会議のメンバーでも異なるのです。ですから、自分たちの社会をどのように創るかという視点を抜きにして、ただ単に「循環型社会」と述べることの矛盾と課題がこの法律には内在しています。

そのことは、中央環境審議会廃棄物部会の中でいろいろと議論された結果を踏まえて新たな法律を制定する予定だった環境庁(当時)が、省庁の調整の中で、「概念」そのものが容認されない状況で、最終的には答申という形を諦めて、ただ単なる「報告・リポート」(「総合的体系的な廃棄物・リサイクル対策の基本的考え方に関するとりまとめ」一九九九年三月)という形でお茶を濁したことに象徴されています。

私は、「地球環境とごみ問題を考える市民と議員の会」の運営委員を務めています。会を代表して当時、「たたき台」の段階で、中央環境審議会廃棄物部会で意見を発表させて頂きました。第一は全国を最低でも一〇ブロック程度に分けて多様な国民の意見を聞く場(意見公聴会)を設けること、第二は「循環型社会」という法律を策定し、これからの日本という国の国家目標を示して頂きたい、と述べました。残念ながら、私たちの理念が高尚過ぎて、委員の皆さんは困惑していました。中央環境審議会廃棄物部会は、中央で二回、地方で四回の公聴会を開催しましたが、国家としての理念を述べた団体は二~三程度です。他は業界団体のエゴ丸出しの枝葉の意見や、その団体の取り組みの範囲内の傾向が強い意見や陳情傾向の内容が大半でした。

そのような経過を辿りながら、公明党から総選挙を意識した取り組みとして、「循環型社会」という概念に関する政策の提起がありました。公明党からの提起に対して自民党が乗るという図式とも見受けられますが、当時の小渕首相や森首相は、所信表明や代表質問に答える形で、「循環型社会」とは、ごみ処理やリサイクル等の位置づけとの見解を述べています。

公明党は、識者らと協同作業を行いつつ、自力で法案を作成しました。しかし自民党は、公明党の提起を受けて、環境庁に法案の骨格と条文の作成を命じています。自民党の行為は、特定政党による行政組織の私物化です。他方民主党は、廃棄物処理法の抜本的な改正作業を行うと述べていました。そして、国民に意見を求めつつ改正案の概要は示されましたが、残念ながら法律案としては国会に上程されませんでした。

その後は国会上程を目指して、政治主導と言われる法律案の作成作業が始まりました。「循環型社会形成推進基本法」は、このような経緯から誕生した「主権者たる国民不在の不幸な法律」とも言えます。

私たち円卓会議実行委員会は、自民党の関係議員を含めて関係者に、国民の意見を聞くことを求めました。当時の環境庁や関係省庁の担当者等に対しても国民の意見を聞くことを求めましたが、政治的な主導権争いの中の法律なので、政府側が主体的に「国民の意見を聞くこと」は困難でした。この様な状況のもとで、法案の協議は密室の中で行われました。

私たちは同時並行的に、議員会館の一室を借りて円卓会議を三回ほど行いました。この会議には関係省庁の担当者や政党の関係議員を招き、話し合いをしました。公明党や保守党や野党（民主党、共産党、社民党、自由党等）や一部の無所属系の議員（秘書の代理含む）は出席しましたが、残念ながら自民党からの出席はありませんでした。自民党は、誰が発言するのか、どのような説明をすればよいか等で党内の「まとめ」が大変な状態とも聞きました。ですから自民党からは、公式には説明が一切ありませんでした。ただし非公式には、自民党以外の関係議員や水面下での接触のある自民党の議員から、状況をも含めた話を伺っていました。

私たちはこのような公式・非公式な折衝を含めた活動を展開しましたが、国会では、民主党は一時賛成とも言われましたが修正案を提出して否決されて反対し、与党三党および一部の野党の賛成（共産党と社民党の賛成理由は理解できない）で「国民不在の意味不明で難解な法律」が成立しました。

先ほど、中央環境審議会廃棄物部会で総合的体系的な廃棄物・リサイクル対策が審議されたと述べました。私はその審議をすべて傍聴させて頂きましたが、環境庁（および、部会を構成している有力委員諸氏）の考えている内容と一部の委員の考えている内容のギャップを痛感しました。それは、それぞれの委員の出身母体の思惑をも含めてのことと思われますが、環境庁は環境庁なりに関係省庁との調整の結果、当初の理念からの後退を余儀なくされたとも見受けます。

ですから、新たな法制化という課題の頓挫に対して、当時のマスコミ報道は、「当初はドイツ型の法律をもくろんで、審議する中で挫折した」と指摘しています。経済界のごく一部には、「ドイツ型の法体系」の受け入れを望まないが、今日の日本の取り組みの流れの中では容認、という微妙な心理状況の人たちも存在します。

3 問題点はどこか

循環型社会形成推進基本法に話をもどします。この法律の内容で日本国内での合意形成が可能かどうか、疑問です。この法律を逐条解説する気はありませんが、第一に、基本的には私たち国民自身の課題を、政治的な思惑でかつ短時間で法案化作業を行ったことが、最大の問題点です。第二に、理解するのが難しい。皆さんが条文をお読みになったかどうか知りませんが、当時の環境庁の担当者が関わった解説本（『循環型社会形成推進基本法の解説』ぎょうせい、二〇〇〇年）を読んでも、政治的な扱いが綺麗な言葉で「まとめ」られていることには驚きますが、どのように読んでも「なぜなのか。法律は難解なのだ」程度にしか理解できないのです。この難解さは、省庁折衝の経緯（妥協に次ぐ妥協）を雄弁に物語る証なのです。つまり、主導権争いです。誰が主導権を取ればその法律の運用が可能になるか、のせめぎ合いなのです。私たちは環境庁に状況説明を求めましたが、国会上程前後は法律の条文を満足に説明しませんでした。しかし、法律が成立したあたりから説明を行うようになり、その説明から、難解な条文に隠された彼らの思いと、省庁間の理論闘争の経緯と縦割りの壁（障害）と、官僚のしたたかな側面を学ばせて頂きました。その官僚のしたたかさを、『東京新聞』二〇〇一年八月一二日の「サンデー戯評」が風刺しています。ヒサ・クニヒコ氏の、「ＩＴ予算を使用し、高速道路の建設」を行っているカット（路盤を支える柱の形が、「Ｉ」と「Ｔ」）です。小泉首相は怒っていますが、官僚は「ＩＴ予算」でやっていますと説明しています。風刺の効いたカットですが、官僚の一面を見事に表現しています。このシンポジウムで出された「二〇の視点」（本書巻末付録2）の後半に法律の評価がありますが、このへんにこの法律の問題点が象徴的に現れているといっても過言ではありません。これで、今日の日本の政治・経済の状況の中で、うまく回るかが心配です。日本は法律をつくることは優れていますが、社会システムつくりが、つまり、どのような社会システムを構築すると法律がうまく機能するか、という視点がありません。

　経済界は経済界なりにいろいろと努力をしていますが、昨今の見解は、経団連の提言「循環型社会の課題と産業界の役割」（二〇〇〇年一月二四日）をご参照下さい。なお、その概要は『日本経済新聞』二〇〇〇年二月二五日付の「経済教室」に紹介されています（その他当時の経団連のホームページや月刊『keidanren』二〇〇〇年四月号にも）。

　染野さんから法律体系の説明がありましたが、一般的には、循環基本法は環境基本法の下にあると説明されています。そして、廃棄物処理法等のいくつかの法律とリンクして、「循環型社会」の実現を目指した法律です。

　ところで、当時の話ですが、仮に「循環型社会」という概念の法律を国会に上程するとすれば、地方分権推進法と同じ手法が必要との指摘を自民党の議員からもらいました。つまり、二〇〇〇余の関係する法律の見直しを行わなければ、社会システムとして機能しないだろうということです。ですから私たちは、地方分権推進法と同じ手法を想定し、実際に法律が上程された後に、それにリンクする関係法律の改定法が上程されると思いました。その予想は裏切られました。建設廃材等の二～三の法律は上程されましたが、たとえば、廃棄物処理法や再生資源利用促進法等の改正案は、今回の法律に関係なく上程されています。また、グリーン調達法は、もともと環境庁が上程を試みましたが、他省庁からのクレーム（地方自治の拡充、分権意識の向上等）で上程を断念した法律です。それを自民党の環境部会に属する議員らの努力で議員立法されたものです。ですから、政府側が説明するような状況ではないのです。

4　これから何が必要か

私たちの日常生活を左右している法律はたくさんあります。しかし、「循環型社会形成推進基本法」は私たちの生活を拘束する法律、と言っても過言ではありません。その生活の根幹を左右する法律が国民不在の中で策定されても、国民から支持されないだろうし、うまく運用されないだろう、と言えます。

環境庁が国民向けに作成したパンフレットがあります。和文と英文がありますが、二つ並べて相互比較して読むと理解できない、と言われます。そんな法律は、国際社会では通用しないでしょう。英文は「循環型社会」を「リサイクル社会 Recycling Based Society」と訳しています。円卓会議の仲間が、インターネットを活用して海外に情報を提供しました。条文の翻訳の努力をしましたが、とても翻訳しきれないと評判が悪いのです。翻訳不可能な法律の概念を、国民に理解を求めても無理なのです。

この法律は誕生したばかりですが、早速見直していただきたい。そして、「循環型社会」とはどのような社会なのかの議論をしていただきたい。「循環型社会」とは、単に物質だけを循環させればよいのか、それとも、自然環境との共生を含めた社会なのか、あるいは、地域の産業をどのように構築するのか、まちづくりをどうするのか、等の国家目標を定める中で、たとえば、この一〇年間ではこの産業の育成を図る、二〇年後はこのような状態、五〇年後にこのような社会の実現、等々の目標を示す必要があります。

もう一つこの法律の気になる点は、哲学的な条文と超具体的な条文とが微妙に混在していることです。基本法では具体的な内容に言及しない、と一般的に言われています。

関係省庁の担当者も、私たちにそのような説明をしています。なぜ混在しているか。循環型社会を説明するいろいろな本が出回っています。しかし、著者らの「循環型社会」の理念を示さず、哲学的な示唆も与えず、単に既存法の法体系の中で「廃棄物の処理（リサイクルやごみ処理）」等を説明し、それがあたかも「循環型社会」であると、政府（地方自治体を含む）や企業の説明の受け売りをしている例が多数です。

私が今回のエントロピー学会のシンポジウムに期待しているのは、「循環型社会」とはどのような社会なのかを掘り下げて討論することです。「循環型社会」という概念はどのような経緯から浮上してきたのか、その点を掘り下げて見解を示すことが求められています。私なりの理解ではその基礎は、一九七二年の国連人間環境会議（ストックホルム）で採択された「人間環境宣言」をベースにした、一九九二年六月にブラジルのリオデジャネイロで開催された環境と開発に関する国連会議（地球サミット）の「リオ宣言」にあると理解しています。この間にいくつかの概念が示されていますが、そのような状況の中で国際社会の一員として、今日本として、どのような歩みが必要かという具体的な証として、「循環型社会」という概念が出てきたと考えています。しかし、先程から述べているように、とても残念ですが、日本の「循環型社会」論では「廃棄物処理」に焦点をあてた、矮小化された法律論が横行しています。

私の手元に廃棄物学会の会報（「廃棄物学会ニュース」六四号、二〇〇一年八月三一日）があります。この中に副会長の田中信壽氏の「今、用語の氾濫に悩んでいます」と題する文章があります。廃棄物政策でも、同じ意味合いの用語（言葉）がたくさんあります。その定義が、使う人によって微妙に違います。そのために混乱を生じ、現場（地域や職場）でも混乱を招いています。たとえば「リサイクル」という言葉も、その場の雰囲気で使い方が微妙に異なるのです。そういったことも含めて、このシンポジウムで議論を深めることを期待します。

ところで、一九九二年のリオサミットを受けた国連主催の検証サミットがその一〇年後の来年（二〇〇二年）九月に、南アフリカのヨハネスブルクで開催されます。この検証サミットは、リオで確認された内容をそれぞれの国（国民）が、どのように実践・実証してきたか、その成果と反省を大胆に評価する場です。そのような意味合いから、またここまで述べたことから、日本政府は大きな顔をしてヨハネスブルクサミットに臨むことはできないでしょう。政府ができない点を私たちが補うことが必要です。

質疑応答

松崎早苗　ドイツ型の法律という言葉がたびたび登場していますが、説明を願います。評価している点は何か。もう一つ、「持続可能型」という取り組みが世界のコンセンサスになって、それぞれの国家・地域が検討し、ローカルアジェンダを実施することが国際的な合意になったはずと理解しています。そこで「循環型」とは何を意味するのでしょうか。

司会（山田國廣）　二点目の質問は、地球環境を考えるときの七〇年代から九〇年代の国際的なキーワードは持続可能な発展のはずだったが、循環型社会の考え方との関連は、ということだと思います。

辻　ドイツ型の法律とは、ドイツにおける廃棄物処理関係の法律のことです。日本では循環経済・廃棄物法と略称で紹介されていますが、正式には「循環経済の促進および環境と調和する廃棄物処分の確保に関する法律」です（全文の翻訳が、国際比較環境法センター編『主要国における最新廃棄物法制』（別冊NBL、四八号、商事法務研究会、一九九八年）に収録されている。他に、ドイツ・ミュンヘン在住の中曽利雄氏が総編訳した『循環経済・廃棄物法の実態報告』（ＮＴＳ）にも紹介されている）。評価できるのは、「拡大生産者責任」の理念の実践と政策実施前の「聴聞制度」の定着等を経済界と国民の理解のもとで実行している点です。

リオサミットを受けて、日本でも政府や三、三〇〇余（当時の数。現在は、三、二二四市町村＋四七都道府県）の地方自治体の一部が「ローカルアジェンダ」を策定したことは事実ですが、ただ単に作成しただけです。私の知る限りでは、具体的な取り組みを踏まえた成果を報告している事例は、三〇にも満たない状態（総数の一％程度）です。

と、同時に、先程も述べたように、「循環型社会」の概念をどう理解し、どのように対応するかは、私たちの仲間内でも一致していません。私が考えている「循環型社会」とは、地域社会を作り直す、それは一つの地域の中で完結できる社会を構築することで、資源や自然環境に配慮した社会が可能ではないかということです。つまり、生活のあり方を含めて見直すことを通して、国連が提起している内容に沿うことと考えています。

松崎　最後のお答で、「循環型」とは、グローバリゼーションに反対し、地域社会が完結する概念を込めていると理解しましたが。

辻　それほど強くグローバリゼーションを否定するということではありません。いろいろな人たちと会話すると、リオで確認された英文の和訳を日本人が理解すると幅があって、その幅のどこにいるかが異なります。ですから、「グローバリゼーション反対」よりも、これから自分たちが生きていくために資源を抑制し自然環境を大切にした手法が求められていて、そのためには大きな開発よりも地域で何ができるかを考える方がよろしいでしょう、というのが私の考え方です。

地域を主体にした私の「循環型社会論」の原形は、環境法政策学会第四回学術大会（二〇〇〇年六月一一日）で報告した「循環型社会の考察」の「オッペ川生活環境学舎の取り組み事例紹介」に網羅されています。これからの地域の活性化策（循環型社会）とは、①自然環境や資源に配慮しつつ、地域自立型の循環可能な産業の育成、②環境と福祉と人権の融合型のまちづくり、③中小零細企業の横のネットワーク（異職種交流等）と住民参加（協働）による政策の実現、がその一つと考えています。住民参加（協働）論は、リオサミットで確認された「アジェンダ21」にも記載されている取り組み手法です。

司会　「循環型社会」か「持続可能な発展」かの関係は、まだ整理された議論がありません。このシンポジウムの討論の中で、「持続可能な発展」という概念と「循環型社会」とが重なる部分と異なる部分の整理をお願いします。

「持続可能な発展」とは、未来の子孫が使用する資源や環境を我々がいま使い切ってはいけない、という禁止則だと考えられます。しかし、ではどうするかという中身がない。私は、「循環」がその中身を与えている、外枠と中身の関係、と理解しています。

後お一人、質問・意見を受けます。

川島和義　私も「循環型社会形成推進基本法」ができる過程を、すべてではありませんが見てきました。私がこの法案を最初に知ったのは、『週刊廃棄物新聞』です。当初の公明党案は「循環型社会形成推進法案」としてまとめられています。

これに対して当時の環境庁が「循環型社会基本法案」を対置し、この二つの折衷案として「循環型社会形成推進基本法」が誕生したということのようですが、びっくりしたのは当初の公明党案の内容です。

そこには「循環型社会形成の推進に関する基本理念」が示されており、「循環型社会形成の推進は、人類の存続と繁栄が自然の循環の範囲内において人類以外の生物との共生によって図られることにかんがみ……、環境から得られる資源等を用いた人間の活動を、自然の循環を維持し、損なわず、および回復しつつ、より効率的に行うことができる社会経済構造への転換を促し、もって環境への負荷の少ない持続可能な社会を形成することを基本として行われるものとする」という条文になっていました。

さらに「自然の循環の維持」という条項では、「自然の改変は、生物種の絶滅をもたらさないよう特別の配慮を行いつつ、自然の循環を損なうことのない範囲のものとし、かつ、最小限のものにとどめるとともに、改変される自然については代償措置を講じること等により改変前の機能をできる限り回復するものとする」となっていました。

どのような社会を創るかは憲法に関わる問題であり、多くの人々の間で了解されたものでなければなりません。また、法律ができたからすぐに実現するという訳でもありません。人々の活動を自然の循環の範囲内に制限するというのは大変なことです。

社会経済構造の転換というような壮大な話は、先程から辻さんが述べていますが、かなり時間をかけた議論をしないといけない課題です。また、どうやって実現するかも考えておかなければならないことです。

結局、十分な議論と合意がない中で、基本的なところを全部外して、現実的にできるところでリサイクルとかごみの減量とかに落ち着いた、という印象を持っています。社会経済構造を変えていくことは重要な課題ですし、そのための議論を重ねることがまず行われるべきことだと思います。少なくとも、「循環」でないものを「循環」と強弁するのは、やめた方がよいと思います。

辻　冒頭で、川島さんから今説明のあった内容をお話すればよかったと反省しています。中央環境審議会廃棄物部会が「たたき台」を公表した前後からと推測しますが、公明党は約一年くらい時間をかけて、内外の識者の協力を得ながら、「循環型社会」の検討を進めてきたと公式に説明されています。他に、「省庁に勤務する仲間」説もあります。

公明党案は、川島さんが説明されたような、自然環境をも含めた理念のある素晴らしい内容でした。そして自民党に対して、わが党にはこのような政策があると示しました。

自民党は、これまでの政治手法との違いに戸惑いつつ、いまの日本にそのような概念を提起しても経済界に通用するかという不安があった模様です。しかし、急遽、環境庁に対して公明党案を意識した案の作成を命じました。環境庁の担当者に会いに行くと目をまっ赤に充血させていましたから、二週間くらい徹夜をした模様です。環境庁が作成した案は環境基本法のコピーです。しかし、自民党はこの案に納得し、自民党案として公明党に示しました。この段階から政治折衝（折衷）が始まりました。それは、政党間の壮絶な闘いでもありました。自民党サイドと公明党サイド両方の議員（秘書を含む）の話では、相当なギャップがありました。このままだと廃案になると勝手に思ったりしましたが、総選挙の告示が近づくと、公明党は現場段階の話し合いを踏まえつつも、政審クラス等で政治的に妥協に次ぐ妥協をし、法律としての形に成熟させることに力を注いだ模様です。

3　循環型社会創りはどこが間違っているのか

熊本一規

循環型社会創りが鳴り物入りで進められています。一九九五年容器包装リサイクル法、九八年家電リサイクル法に加え、二〇〇〇年五月には循環型社会形成推進基本法（以下、循環基本法）および関連五法（廃棄物の処理及び清掃に関する法律改正、資源有効利用促進法、建設資材リサイクル法、食品循環資源促進法、グリーン調達法）が成立しました。しかし、これらの法律は循環型社会創りの方向を決定的に誤らせるものです。世界の潮流になっている拡大生産者責任（Extended Producer Responsibility 略称ＥＰＲ）を歪曲した法律だからです。そして、ＥＰＲを歪曲した循環型社会創りがすすめられることのしわ寄せは、自治体および市民に押し付けられようとしています。

1　拡大生産者責任とは何か

拡大生産者責任は、一九九四年にＯＥＣＤ（経済協力開発機構）内にＥＰＲプロジェクトが発足して以来、ＥＵ（欧州連合）およびＯＥＣＤを中心に広がった概念です。プロジェクトの中間報告（Washington Waste Minimization Workshop, Volume Ⅱ，一九九六年）には、「拡大生産者責任とは、消費後の段階で、生産者が生産物（より適切に言えば、生産物によって発生した廃棄物）に対して負う責任を指す」と定義されています。

　従来も生産過程と消費過程においては、生産者責任が問われてきました。生産過程における生産者責任は、「排出者負担の原則」(Polluter-Pays-Principle 略称ＰＰＰ)、すなわち、生産過程で発生する公害の防止費用ないし除去費用は、排出者たる企業が負担すべきだ、という原則です。消費過程における生産者責任としては、いわゆる「製造物責任」(Product Liability 略称ＰＬ)があります。消費過程において、製品の欠陥のために消費者が被害にあった場合、生産者が責任を取るという原則です。

　これに対して「拡大生産者責任」は、廃棄過程にまで生産者責任を拡大した考え方、つまり、生産過程から廃棄過程にいたるまでのあらゆる環境影響に対して生産者に責任があるという考え方です。廃棄過程にまで、すなわち、廃棄物となったときに処理・リサイクルがしやすいように材質や設計に配慮して生産する責任があるというところまで責任範囲を「拡大」したので、「拡大」生産者責任と呼ばれるのです。

ＥＰＲの核心は費用負担

　ＥＰＲプロジェクトの最も詳細な報告書「Frame Work」（一九九八年）には、「ＥＰＲの本質は、廃棄物の処理費用を誰が負担するかであり、誰が処理を担うかではない」(The essence of EPR is *who pays for, not who physically operates,* the waste management system.)と明記されています。すなわち、ＥＰＲの核心は、処理費用を生産者に負担させ、製品の価格に含ませ、最終的に消費者に負担させることです。

　プロジェクトの中間報告には、「ＥＰＲの導入は廃棄物の処理・リサイクルの主体を、従来の自治体・住民から生産者・消費者に転換していくことになる」と述べられています。自治体が処理を担っていた従来の方式では、処理費用は税金によって賄われており、したがって住民負担です。それに対して「拡大生産者責任」では、費用は一次的には生産者が負担しますが、価格上乗せをつうじて最終的には消費者が負担します。だから、「自治体・住民」の負担から「生産者・消費者」の負担への転換になるのです。

　ＥＰＲの核心は、廃棄物の処理費を生産者に負担させ製品価格に含ませること、経済学の用語を使えば、廃棄物の処理費を市場に内部化することです。プロジェクト最終報告書にも、ＥＰＲの「核心（core）」として「環境コストを製品価格に内部化すること」（internalization of environmental costs into product prices）と記されています。

処理・リサイクル費が価格に上乗せされれば、その分価格が上がり需要が落ちることになります。したがって、企業は需要減を最小限にとどめようと、処理・リサイクル費の少ない製品を作るべく、材質の選択や設計等で懸命に努力することになります。拡大生産者責任は、そうした企業努力を促すうえで、税金負担のごみ処理制度よりもはるかに有効なのです。

日本では「処理費を生産者だけに負担させるのは不公平だ。消費者も商品を使用して利益にあずかっているのだから、消費者も負担すべきだ」との意見がよくみられますが、生産者が負担した処理・リサイクル費は価格に上乗せされ、最終的には、その製品を買う消費者が負担します。「生産者負担か、消費者負担か」という二者択一の問題設定自体が誤りで、「生産者が負担することをつうじて消費者が負担する」のです。

2　ＥＰＲを歪曲した日本の循環型社会創り

政府は、「家電リサイクル法や容器包装リサイクル法でＥＰＲを実現している」、「事業者が引き取ってリサイクルする仕組みができれば、それでＥＰＲが実現する」と宣伝しています。しかし、それはＥＰＲの歪曲です。ＯＥＣＤ報告書に明記されているように、ＥＰＲの核心は「廃棄物の処理費を誰が負担するか」であり、「誰が物理的に処理するか」ではありません。したがって、事業者が引き取ってリサイクルする仕組みができても、それだけではＥＰＲが実現したとはいえません。

家電リサイクル法ではリサイクル費用は消費者が排出時に負担することとされており、価格には全く含まれませんから、家電リサイクル法におけるＥＰＲの実現度はゼロです。

容器包装リサイクル法では、回収・保管費用は自治体負担であり、その後のリサイクル費用だけが事業者負担です。

五〇〇mlの無色ガラス瓶一本あたり、事業者負担〇・二円、自治体負担三四円という生活クラブ生協の試算もあります（本書一六一頁、中村秀次論文参照）。したがって、容器包装リサイクル法におけるEPRの実現度も、きわめてわずかでしかありません。

両法で生産者負担を回避するのに使われたのが、「行政・企業・市民が協力し、役割を分担してリサイクルを実現しましょう」という役割分担論です。「行政・企業・市民の役割分担」が必要との掛け声の下、費用負担を消費者の直接負担あるいはほとんど税金負担とされてしまったのです。

「一般廃棄物（一廃）の排出者は家庭」か

政府はまた、「PPPの原則に基づけば、一廃の排出者は家庭である」と宣伝しています。ところがヨーロッパやOECDでは、「一廃の排出者は生産者」とされています。「EPRはPPPの重要な解釈である」とか「EPRはPPPに従って作られた」とのOECD報告書の文章もそのことを示しています。

PPPは、「国際競争を公平にするためには、環境コストを製品価格に含めたうえで競争すべき」との考え方に基づいて作られた原則です。A国では公害防止を税金で負担している、他方B国では企業が負担しているというように、負担の制度が国によって違えば国際競争が不公平になってしまうから、どの国も企業が負担して製品価格に含めるように、という趣旨なのです。

とすれば、一廃の処理費用もPPPと同様に、生産者が負担して製品価格に含めたうえで競争すべき、ということになります。A国ではごみを税金負担で処理している、他方B国では企業が負担しているというように負担の制度が国によって違えば、国際競争が不公平になってしまうからです。それが「EPRはPPPの解釈」という意味です。

そのようなPPP理解が国際的に当たり前になっているにもかかわらず、政府は「一廃の排出者は家庭である」を繰り返し強調しています。

循環型社会の基本法として制定された循環基本法も、EPRを歪曲しています。循環基本法四条は「循環型社会の形成は、このために必要な措置が国、地方公共団体、事業者及び国民の適切な役割分担の下に講じられ、かつ、当該措置に要する費用がこれらの者により適正かつ公平に負担されることにより行なわれなければならない」とされています。ここでも、役割分担論が費用負担の押し付けに利用されています。

狙いはリサイクル産業興し

日本の循環型社会創りがEPRをかくも歪曲して進められている理由は、そのねらいが税金負担あるいは消費者の直接負担によるリサイクル産業興しだからです。

容器包装リサイクル法では、ペットボトルが税金負担で回収され、ペットを原料とするリサイクル産業に安価な原料を供給します。ペットボトルから作る衣類は、衣類用に開発された繊維製品にくらべ高価でかつ着心地は悪いのですが、「リサイクル製品」というお墨付きがあるので需要も期待でき、生産できることになります。

税金をリサイクル産業興しに注ぐ装置として制定された容器包装リサイクル法が、ごみ問題の解決に寄与するはずはありません。実際、一九九七年に容器包装リサイクル法が施行されて以来、ペットボトルのリサイクル率は〇・六%から二〇%に増えました。ペットボトルのリサイクルが進んだのは確かです。しかし、その間にペットボトル自体の生産量は約二・五倍に増えています。ということは、ごみになる分は、この間に二倍に増えたことになります。

二〇〇〇年六月一三日、EUは電気・電子機器メーカーに対して、冷蔵庫からコンピューター、携帯電話、医療機器など、あらゆる電気・電子機器廃棄物の無料回収と再利用を義務づけるEU指令案を発表しました。二〇〇六年までに、種類によって六〇〜八〇%をリサイクル（うち再使用およびマテリアルリサイクルは五〇〜七五%）しなければならないという内容です。

このようにヨーロッパでは、今後、リサイクル政策が「拡大生産者責任」にもとづいて進められることは確実です。自動車メーカーが無料で回収・リサイクルする「廃車リサイクル指令案」も、すでにEU環境相会議で可決され、二〇〇〇年中にEU議会で可決されるといわれています。

EPRプロジェクトの資金は、実は「日本政府からの寛大な任意の寄付によって提供された」（OECD中間報告）ものです。にもかかわらず、当の日本政府はEPRを歪曲した循環型社会を創りながら「ＥＰＲが実現している」と宣伝しています。他方、ＥＰＲを次々に実現に移しているのはヨーロッパです。これでは、そもそもの出資者である国民はやりきれません。

3　循環型社会創りと自治体ごみ行政

ＥＰＲを骨抜きにした循環型社会を進めていけば、費用負担は自治体（納税者）と消費者の直接負担となる一方で、排出時には不法投棄が激増します。二〇〇一年四月の家電リサイクル法施行に伴い、不法投棄は必ず激増するでしょう。

政府の方針は、「一廃の排出者責任は家庭」であるとともに、「不法投棄の責任は地主」です。多くの自治体もまた、この政府の方針にそって「不法投棄の責任は監視を怠った地主にある」としつつあります。なかには、条例で地主の責任を謳っている自治体まで出始めています。

猫の額ほどの庭ならともかく、何十ヘクタールという山林地主が不法投棄を監視することなど、できるはずはありません。ましてや、不法投棄されたごみを処理できるはずがありません。「不法投棄の責任は地主」の方針が、あらゆる私有林を放置された不法投棄ごみの山と化すことは必然です。それは同時に、あらゆる私有林が重金属等の汚染源となることを意味します。

世界ではじめてＥＰＲを実現したドイツのデュアルシステムは、法令に基づいて整然と始まったわけではありません。それは、「容器包装は収集しない」とする自治体の実力行使に端を発しました。そのため、消費者が容器包装を小売店に持ち込み、困った小売店がメーカーと相談して、引き取ってリサイクルしましょう、ということになって、デュアルシステムが構築されたのです。

ひるがえって、日本の廃棄物処理法には適正処理困難物制度（三条二項）があります。日本には、自治体が収集を拒み、事業者に収集をさせる合法的な手段が存在するのです。

ＥＰＲを骨抜きにした循環型社会創りを進める政府に対して自治体が取り組むべきことは、第一に、市民とともに容器包装リサイクル法や家電リサイクル法の改正を求めること、第二に、適正処理困難物制度を活用して一廃を生産者に引き取らせること、です。それらの実践をつうじて政府にＥＰＲの実現を迫ることが、日本の循環型社会創りを根本から正すことになります。

ごみ問題・リサイクル問題は、産業界および政府と市民との対決の場です。その帰趨は、自治体がどちらの側につくかによって決まるのです。

質疑応答

司会（山田國廣） 最初に熊本さんのお話に質問・意見を受けます。

川島和義 処理費用負担がＥＰＲの基本だというのは同意見です。処理主体をどうすべきかは、別の問題だと思います。家電リサイクル法の場合は家電メーカーがやっておりますけれど、ものによっては公共の管理も必要かと思います。処理主体をどうすべきだと考えておられるかを伺いたい。

熊本 ドイツのデュアルシステムでも、実際に収集しているのは民間の業者だったり市町村だったりです。実際に処理を担うのは、市町村でもいいし、民間のリサイクル業者でもいいと思います。

川島 ものによって何が適正なのかは変わるので、有害物質はそれを使った製品を製造した者が処理する、ということにしなければならないと思うのですが。

熊本 有害物質を含む産業廃棄物は、処理を事業者任せにするのでなく、公共を中心とした中間処理施設に運ばせるようなシステムを作らなければならない。家庭から出る有害な一般廃棄物について同じことが言えるかどうかは保留させてください。必ずしも公共でなければいけないことはない。それが安きに流れて不法投棄につながるというのは、産廃ほどはない。ただ公共が担うということももちろんありうるということです。ドイツでは無料の拠点があったり、車で回ったりして監視しています。

松崎早苗　OECDがEPR原則を決めるについては、日本が全面的に費用を負担しています。日本もOECDのメンバーですから、OECDの中でEPRをどう定義するかという討論に参加しているはずです。ということは、合意を形成するための議論で、日本は足を引っ張る方になっていたのではないかと思うんです。

熊本　一九九八年に五本の最終報告書が出ました。プロジェクトの内部に日本の政府から人が入っていたかどうかは知りませんが、少なくとも九八年まではかなりまともな議論の報告書が出ています。その後OECDの会議に日本政府から大量に出席しているのですが、OECDの会議というのは議論を闘わせて何が正しいのかを一つの案にしていくのではないのですね。言いっぱなし聞きっぱなしみたいな感じ。日本政府が言ったのは、容器包装リサイクル法でも家電法でもEPRのあり方は多様だと。プロジェクトのガイダンスマニュアルが二〇〇一年に出ていますが、そこでは幅広く日本政府の主張を取り入れています。たとえば、家電リサイクル法でもEPRを実現しているんだと考えられるという文章がある。消費者がリサイクル費用がいくらかかるかを認識して、それに従ってちゃんと返却するだろうから、EPRと同じ効果が生まれると考えられるって書いてあります。消費者がちゃんと返却するだろうから、というのは皮肉としかとれない。ヨーロッパで日本流のやり方が認められなかった大きな理由は、不法投棄につながるからなんです。排出者が費用負担することにしたら不法投棄につながるから、という理由でEPRの方式が広がったのです。なのに報告書で排出者負担にしたって消費者はちゃんと返却するだろうからと書いてあるのは、皮肉としか取れないわけです。だから、日本政府からの圧力で家電リサイクル法もEPRを実現したと書かざるを得なかったので、その中に皮肉を込めたんだと私は認識しています。

〈パネル討論〉

循環型社会形成推進基本法をどう考えるか

染野憲治・須藤正親・八代勝美・熊本一規・川島和義・
辻芳徳・松本有一・中井真司・北川浩司　（司会）山田國廣

司会（山田國廣）　ここで第一部のパネル討論に入りたいと思います。ＥＰＲの考え方について、議論を深めていきたい。まず染野さん。誰が費用を負担するのかについて、環境省とか厚生省の考え方とは少し別の日本流の経緯があって、ＥＰＲを拡大解釈しているのですか。

染野憲治　政府の見解としては、「容器リサイクル法」でも「家電法」でもＥＰＲの考えは含まれており、生産者が一部の責任を負担しているという意味では実現している。それは確かです。そこでひとつだけ言いたいのは、「容器リサイクル法」が、本格施行されたのは最近なのですが、当初は製造者の負担は少ないという話があり、確かに最初の年に企業が負担した費用は一七億ほど。その後も三二億、五六億の委託金でした。しかし平成一二年の本格施行から中小企業に対する特例がなくなって、全事業者が対象になりました。平成一三年度には、委託金は最初の一七億円から四五三億円まで急増しました。また、産業界だけでなく、さらに自治体の回収に係る負担もかなり大きい。「容器リサイクル法」に関して産業界も自治体も負担が軽いというわけではない、というのが見解です。

司会　拡大生産者責任については、現実に一部で負担が増えているということと、日本も一部実現しているという見方と、中身について吟味する必要があります。会場から質問や意見を続けて下さい。

須藤正親　染野さんに物質収支について伺いたい。我々が循環型社会を問うといったときに、まさに核になるのが物質収支です。国内的な面での循環型社会というのは問われていても、外部、つまり外国との関係についてはほとんど議論されていない。聞くところによると、総投入量に対して、隠れたフローといわれている廃棄物が一・八倍くらいある。日本の投入量が約二一億トンです。一・八倍ということは四〇億トン近くあるわけで、その隠れたフローの中の海外の比率はどのくらいなのか。日本の国内だけで循環をうまくやっても、その比率が海外のほうで大きければ、結局循環型にはならないと思います。二酸化炭素の問題は世界的に問われていますが、隠れたフローの海外の部分について環境庁としてどのような対処をしようとしているのでしょうか。

染野　諸外国での資源採掘の際の環境配慮についてですが、一般的に、海外での資源採掘などのときの環境配慮に日本の法律を適用することはできないので、日本としての法規制的措置は何もない。海外活動について環境面で技術的支援を行うなどという形はありましょうが、海外の隠れたフローを直接抑えることはあまり想像できません。むしろ、国内に入ってくる資源の使用に関して環境に配慮する政策が重要であると思います。

八代勝美　「循環型社会」という表題からちょっとずれるかもしれないのですが、表題が法と政策で環境省の方もお見えになっているので、聞きたいと思います。循環と言っても、最終的には全部処分することになります。実際に行政にかかわった経験から申しますと、一般市民が処分地を知る方法がないんです。それでおたずねしたいのは、最終処分場であって危険物が埋め立てられているということを登記簿に記載する方法はないのか、ということです。民法の土地登記関係法を改正して処分場を登記簿に書けば、一般市民が土地を買おうとしたときに登記簿を見ればすぐわかります。それで土地価格が下落すれば、処分場に対する圧力になる。環境省の方に是非見解をお聞きしたい。

熊本一規　一〇年くらい前から、処分場台帳を県で作成しています。しかし土地を買うときにいちいち県までいって台帳見る人なんていませんから、実質的には機能していない。ドイツでは、工場跡地は永久に地下水汚染がないか監視されていますが。

川島和義　染野さんに質問です。廃棄物の問題と自然循環をわけて話されましたが、自然界から取り出したものが廃棄物になるという基本からいえば、切り離してはいけないでしょう。法律の考え方としても自然循環を基本にすべきだと思いますが、それができていない。

染野　自然循環との関係は、全くそのとおりだと思います。自然から取り込みそこへ排出していくという意味で、関係ないとはいえません。

山田（司会）　今川島さんから質問があった点ですけれども、循環基本法第八条に、循環型社会の形成に関する施策を講ずるに当たっては、自然界における物質の適正な循環の確保に関する施策その他の環境の保全に関する施策相互の有機的な連携が図られるよう、必要な配慮がなされるものとする、とあります。ところが、物質の自然循環と人為的循環の間にどういう境界があってどれがどうなのかというのがよくわからない。エントロピー学会の認識では最終的にはあらゆる物は循環しているわけで、ということは、あらゆるものは自然循環に取り込まれるはずなのです。循環を分類して定義をしないと、第八条で言っている物質循環が何のことかわからなくなる。

染野　観点が違うのでよくわからないのかもしれないのですが、不可分なものはあるんじゃないでしょうか。ただこの法律で言っているのはあくまでも、廃棄物になるであろう状態をできるだけ発生させないように、物を使うときに長持ちさせよう、もったいない、ということで、そういう日本古来からあった思想をなるべく今の世の中でも生かして行こうということです。どうしてもできなかったら、一定量はリユースやリサイクルになるでしょう。それでもだめなら処分場に行くしかないわけで、その際は、適正に処分しよう。これがこの法律の対象範囲だと思います。

辻芳徳　先ほど公明党案の話がありました。この法律の原案は環境省が作成して、自民党案として公表して整合したときに、公明党に配慮した点が多々あります。その辺は最終的にどう調整されたかによって読みとり方が変わってくる。今の第八条も、公明党に配慮した内容です。先ほど紹介があった白書も、最初は国会の承認をということだったんですけど、いちいちそうでは大変だということで、報告にとどめています。そういったいくつかの点で公明党と自民党の妥協の中ですり合わされて、最終的に行政サイドの運営に都合のいいような内容になっている、といってもいいと思います。

松本有一　そもそも循環型社会という理念は何か、という議論に戻るんですが、一九九〇年の四月に環境庁が開いた環境保全のための循環型社会システム検討会では、確かに廃棄物問題が最大の問題だったのですが、いろいろな理念が語られました。当時の企画調整局長の渡辺さんが書いた文章にも、地球から借りたものは地球へ返す、とはっきり書いてあります。その後環境基本法ができ、環境基本計画が一九九四年にでき、それから平成一〇年度の環境白書「循環型社会の構築」が発表されました。読み方によっていろいろあります。私の読み方では、自然の循環とかライフスタイルを変えるとかいうことを含めて、循環型社会が語られている。環境庁の中で議論してそういう風になったと思うのです。環境基本計画では、循環を基調とした社会、です。新しい環境計画では、従来と比べて循環型社会ないしは循環を基調とした社会という位置付けになっています。それが「循環型社会形成推進基本法」ができた経緯だと思います。なぜこの廃棄物問題を扱う法律に循環型とつけたのかを、よく考えないといけない。ところが、この法律の英語訳では循環型社会を recycling-based society としています。自然の循環は、英語では circulation です。なぜリサイクルが循環なのか。

染野　循環型というキーワードは、その当時からすでに一般的に使われていたんじゃないかと思うんです。自然も大事ですしエネルギーも大事ですし、そういうことも含めて持続可能な社会という言葉もあった。それともう一つ、循環にはリサイクルだけじゃなくて、リデュースやリユースという意味も含めたい。英訳の recycling-based っていうのはそれだけ聞くとリサイクル優先という気がしますが、本来は３Ｒの社会を作りたいのだと思います。

司会　あともう一人くらい伺ってまとめたい。

中井真司　関西セミナーから来ました。エントロピー学会でいう循環は、生態系を含めて循環を目指そうということなので、循環が目的になります。先ほどの説明では、環境基本法の下にもう一つ理念法として循環型社会形成推進基本法を作ったということで、しかも内容を見ると、循環の意味がいろいろに分かれている。するとこの法では目的ではなくて、手段としての循環といっているようですが、それは言いすぎですか。

染野　手段といえば手段でしょう。究極の目標は天然資源の消費を抑制し、環境への負荷をできる限り低減する循環型社会の形成であると定義されています。そのためにどうするのかが問題で、わが国の中でリデュース、リユース、リサイクルをして（３Ｒ）それでもだめだったら適正処理しましょう、という方向が示された。循環っていうのは方法なんだけれども、その方法を通じて循環型社会に到達する。ここは法律の書き方の問題だと思います。

北川浩司　ちょっと視点を変えて、この循環型社会形成推進基本法を最大限に利用して、本来力を入れなければいけないリデュース、リユースのために活用するとしたらどういう風にできるか、と考えてみる。ＥＰＲでもリサイクルでも、誰がやるかではなく誰が費用を負担するかが重要です。同じようにリユースを考えるときには、デポジットが重要になると思うんです。そう思ってこの法律を見ますと、辻さんがおっしゃったんですが、抽象的なんだけれども妙に具体的なところが混ざっている。二三条の二項を見ますと、「国は、適正かつ公平な経済的な負担を課すことにより、事業者及び国民によって製品、容器等が廃棄物等となることの抑制又は製品、容器等が循環資源となった場合におけるその適正かつ円滑な循環的な利用若しくは処分に資する行為が行われることを促進する施策に関し、これに係る措置を講じた場合における効果、わが国の経済に与える影響等を適切に調査し……」、とあります。要するにデポジット制みたいなものをやりますよっていう決意表明と読んでいいのかなと思うのですが、どうでしょうか。こういう具体的な条文を入れたからには、何か環境省にも期する所があったんじゃないかという気がするんですが。

司会　時間がなくなってきました。実際法律ができて、活用するとしたらどういうところがあるかというようなことを含めて、パネリストに意見を出していただきたい。現にできた以上は生きているわけで、無視できないわけです。

辻　先ほど説明したように、条文を作った当初環境省の方々はほぼ無言だった。だんだん国会審議が煮詰まって、国会で大臣や副大臣と討議する中でアウトラインが見えてきて、含みを持たせた言い方に変わってきています。法律ができたいきさつを含めて、運用を国民が見守っていかないといけません。環境省の良心的な方々を支援するように。

染野　二三条の文章は、環境基本法の経済措置の書き方とほとんど一緒です。私も当時の状況は直接体験してませんのでこれは推測ですが、デポジットをやることをちゃんと循環型社会形成推進基本法に書けという意見が多く、一方やるからには経済的にもプラスになるようにしようという意見があって、足し算したらこういう文章になったんじゃないでしょうか。外の所もそうで、ＥＰＲならＥＰＲをどういう風に適用していくかがこれから重要だと思います。経済的措置であれば、再生して作ったものがなかなか市場価値がないとか、修理するより新製品のほうが安いというような社会は、たとえば原材料課税するなどしなければ変わっていかない。そういうことの根拠になる条文がこの一七条だったり二三条だったりします。これを根拠に社会改革を進めるのがこの法律の使い方の一つであると思います。具体的には、デポジット制に関して、総合規制改革会議で検討せよという話が出て、わが省も勉強の準備をしています。基本法ができることで、そういう動きにつながっていくので、こういう動きを、次の政策につなげていくのが大切だと思います。

熊本　染野さんのおっしゃったとおりだと思うんですけれど、ＥＰＲを実現することが一番大事です。自治体が声をあげて、法律を変えてほしい。家電法について言えば、市町村ともう一つ大変なのは地主です。この二者が困っている。そこを変えないことには、単なる税金によるリサイクル産業おこしでしかない。

循環型社会と関連していて、でも法律からはちょっと離れるんですけれど、問題点を二点だけ挙げておきます。まず、今リサイクルがいい事だってことになっていますが、これから劣悪で高コストのリサイクルがどんどんおこるぞ、ということです。たとえばペットボトルからシャツを作るが、汗を吸わなくて、中でだらだらたれるようなシャツが出てくる恐れ。次に、行政で回収してリサイクルすることはいいことだっていうことになっていますが、需要を見ないでどんどん回収するために供給過剰になって、価格が暴落して民間のリサイクル業者がつぶれてしまうという問題。そこは需給調整を図らなければならない。この二つが、これから本当の意味の循環型社会を作っていくために取り組まねばならない問題です。

司会　循環基本法を活用するということと、拡大生産者責任を根本的にきちんとしなきゃいけないこととは、そんなに違いはないと思います。循環型社会形成推進基本法を読んで一点だけ私が評価しているのは、３Ｒの順番を認めたことです。それが基本法の中に明文化されたことに重みがある。ただし、書いてあるだけで実効がなくて、実際はリサイクル優先ということであれば、ほとんど意味がない。結果的なリサイクル優先主義をチェックし、３Ｒをきちんと守らせることが拡大生産者責任を認めることにつながるということです。

これはまた明日からの討論にぜひ結びつけていただきたい。

4　ごみ戦争と平和

川島和義

1　はじめに

私は、大阪の枚方市役所で地方公務員をしています。一九七二年に入って、途中六年間公園の仕事をした以外はずっとごみに関わって、今はごみ焼却場の計画を仕事にしています。

今、ごみ問題で日本が一番行き詰まっているのは、埋立処分地がないことなんですね。だから、埋立処分量を減らすためにも、ごみ焼却場が必要になっています。ごみの成分は大雑把に言って、水分が四五％、可燃分が四五％、残りの一〇％が灰分ですから、焼却すると一〇％になります。水分は蒸発し、可燃分は二酸化炭素などの気体になって拡散しますので、埋立処分量は一〇分の一に減るわけです。

気体の二酸化炭素は、自然の循環では植物が吸収してくれることになっています。二酸化炭素を植物が吸収するのにどれくらいの土地が必要かということは、一九八七年に試算を報告しました。『エントロピー読本Ｖ――地域自立を考える』（日本評論社、一九八八年）に掲載されていますから、興味のある方は御覧ください。

ごみを焼却するというのは、もともとは衛生的な処理として考えられたのでしょうが、焼却するとダイオキシン類などが出るということで、今は嫌われます。ごみ焼却場を建てるという話には、ほとんどの地元で「反対」の声が出ます。「減量が第一や。ごみをなくせば焼却場は要らんやないか」とリサイクルを求める声が大きくなるのです。有用な物が無駄に捨てられていることはありますし、少し工夫すれば活用できる物もありますから、リサイクルを追求するのは結構なのですが、リサイクルは万能ではありません。リサイクルしない方がよい物もあるのですが、これはなかなか理解されないのです。

たとえば、ごみをＲＤＦ（固形燃料）にすればよい、という話が出てきます。ＲＤＦはごみを乾燥・圧縮してつくるのですが、そのために使うエネルギーの方が、できた燃料から得られるエネルギーよりも大きくなってしまいます。ごみを直接燃やして熱回収した方がはるかに効率的なエネルギー利用ができます。このへんの事情は、二〇〇〇年のエントロピー学会シンポジウムでも報告したのですが、その後廃棄物関係の雑誌にも発表しましたので、これも興味のある方は御覧いただければ結構かと思います（「ＲＤＦ発電は、ごみ焼却の代替技術になり得るか？」、『月刊廃棄物』日報、二〇〇一年七・八・九月）。

プラスチックの廃棄物に関しては、容器包装リサイクル法で「ペットボトル」が既に分別回収されてリサイクルされているのですけれど、「その他プラスチック容器」についてもリサイクルしようということになっています。しかしこの廃プラスチックは、使い道がなかなかないんです。一番期待されているのが製鉄所で高炉還元剤に使う方法ですが、プラスチックの中には塩ビ（塩化ビニル）も含まれていますから、事前に脱塩素処理をしてから溶鉱炉に入れることになります。この前処理は加熱して塩素を放出させるのですから、そのためにまた余分のエネルギーを消費することになって、メリットがなくなってしまいます。製鉄業界も、リサイクルに協力するということで廃プラスチックを受け入れていますが、あまりたくさん入ると困る、というのが実情のようです。

また、ごみからプラスチックを取り除くことによって、ごみ焼却にも問題が生じます。発熱量が小さくなって、ごみが燃えにくくなるのです。プラスチックの分別を始めた都市では、焼却炉の温度が上がらないので、灯油で助燃しています。つまり非常に良質の燃料で助燃をしながら、劣化したプラスチックを一所懸命リサイクルするというようなことが、実際には起こってしまうわけです。

　このような不合理なリサイクルでも、やらないと何かさぼっているように見られてしまうような状況が生まれています。とにかく「一所懸命やれ。リサイクルをさぼるとはけしからん」というような雰囲気です。私は体験していませんが、戦時中の言論統制の雰囲気はこんなものかと思わせるものがあります。かつて東京都の美濃部知事が宣戦布告した「ごみ戦争」が各地に戦場を拡大し、総動員体制に協力しないのは「非国民」だ、とでも言い兼ねないような雰囲気ができて、私のようにのんびりしたい者には住みにくい世界になってきた、という気がしてなりません。

　市民がごみのために支払っている税金等の費用は家計の一％くらいですが、関心はもっと高いでしょう。これを反映してか､行政の中でのごみ処理費用の比率は年々高くなってきています。業界にいる私などには喜ばしいことかもしれませんが、社会システムとしてはうまくいっていないと考えるべきでしょう。尻に火がついて右往左往している状況があって、「ごみ非常事態宣言」などが各地で出されています。

　本当は、出てきたごみをどうするかではなくて、処理に困るごみが発生しないようにしないといけないわけです。戦時体制で対策に汲々とするのではなく、戦争にならないようなシステムをどうつくるのかを冷静に議論することが、大切だと思います。

　というようなことで、「ごみ戦争と平和」というタイトルを考えました。平和的なごみとの付き合い方を考えるために、ごみの基本的なことと私の考えをお話させていただいて､皆さんに議論していただけるとありがたいと思います。

2　ごみとは？

まず、「ごみ」とは何かを考えてみることにします。

「廃棄物処理法（廃棄物の処理及び清掃に関する法律）」というのがありまして、そこでは「廃棄物」という用語が使われています。その定義では、『廃棄物』とは、ごみ、粗大ごみ、燃え殻、汚泥、ふん尿、廃油、廃酸、廃アルカリ、動物の死体その他の汚物又は不要物であって、固形状又は液状のもの（放射性物質及びこれによって汚染された物を除く）」となっています。気体が廃棄物に含まれていないのは、大気汚染防止法などで対応することになっているからです。放射性廃棄物も別の扱いになっています。

ここで「不要物」という概念が出てきます。これについての法律の解説を見てみましょう。所管していた厚生省（今は環境省の所管）が監修した解説書では、「廃棄物とは、占有者が自ら利用し、又は他人に有償で売却することができないために不要になった物」と説明しています。この「自ら利用し」というのは、「他人に有償売却できる性状のものを占有者が使用すること」だそうです。

この「有償」というのは重要です。たとえば香川県の豊島では、「有価物だ」と業者が主張して廃棄物が積み置きされました。実態は不法投棄です。こういう不法投棄を正当化する言い訳が通らないようにするために、有償で売買できない不要物は廃棄物である、と決めているわけです。でもそうすると、家の中に置いてあるプラスチック・トレーは廃棄物だ、ということになりそうですが、必ずしもそうはならないんですね。今は不要だけれども、将来何かに使えるかもしれない。トレーは遊びに行くときのおにぎりを入れる容器として利用することもできますから、廃棄物ではないのです。

このへんになると非常に仕分けが難しいので、環境省やかつての厚生省は、「廃棄物に該当するか否かは、占有者の意思、その性状等を総合的に勘案して判断するもの」といったあいまいな解説をしています。それで市役所は、占有者が「これはごみです」と外に出して初めて、廃棄物として扱っているわけです。たとえば、道路上の放置自転車は廃棄物としては扱いません。道路管理上支障があれば、道路管理者が撤去して、しばらくは保管しておかないといけないのです。廃棄物になるには、一定期間保管した後、所有者が現れないなどで要らなくなったから、道路管理者が廃棄する、というような過程が必要なのです。

3　廃棄物の原形としての排泄物

廃棄物の定義の中には糞尿というのがあって、人間の排泄物も廃棄物に含まれています。ただ日本の市町村では、糞尿とその他の廃棄物とは別に処理されています。屎尿処理場とごみ焼却場は、別の施設になっているのです。

しかし、そうでない所がありました。

二〇〇一年の夏に、私は中国の農村部に行きました。そこでは、ごみは家の前に捨てられていました。先ほどの定義から言うとごみではないのかもしれませんが、ともかく家の前に積んであるんですね。昔でしたらプラスチックなどは含まれていないので、そのまま自然に土に還っていたのでしょうが、今はビニール袋とかが含まれたまま家の前に積もっています。

中国の町にはごみ箱はなくて、みんな道に捨てています。そのごみを鶏や豚があさる所もありますが、残ったごみは、早朝に掃除をする人が集めに回ります。これは、中国の町の普通の風景になっています。私の行った農村でも、大通りに面したところは毎朝清掃する人がいますが、脇道に入ると誰もそこには集めに来ないので、道の両側にはずっと「ごみ」が積もっているのです。生ごみも一緒に捨てられていましたが、乾燥地帯に近い地域で特に臭うこともないので、そういう景色を見慣れてくると、それはそれでいいのかな、という気になってきます。プラスチックが道端にあってもただちに有害だとは言えませんから、これも一つの解決の仕方なのかもしれません。人口密度が高くなって、ごみ量が増えてくるとそんな状態ではなくなるのでしょうけれど、ある程度分散している所だと問題にならないということなのでしょう。

それで、ちょっと町の方に行きまして、朝早く散歩をしていたときのことですが、ある家の前にごみを捨ててある深い穴を見つけました。何かなあと思って覗いていますと、家の中から若い女の子が出てきて不審そうな顔で私を見るものですから、気の弱い私はすぐに立ち去りました。散歩を続けていますと公衆便所がありまして、その外に同じような穴があったのですが、やはりごみが捨てられていました。それを見てようやく、先ほどの穴はトイレの汲み取り口だ、ということが分かったのです。私が変なおじさんだったということも分かったわけですが、ともかく、こういう公衆便所がいくつもあります。ごみと屎尿が一緒になっていて、それを汲み上げて肥料にしたりということがあるんですね。これを見て私は、日本では分けていますけど、一緒でもいいなあと思ったわけです。以前から私は、人間の出すごみの原形は、生物の排泄物だと考えてきましたが、思いがけない形でこのことを見せつけられた気がします。

生命活動にとって、排泄は非常に大切なことです。取り入れたのと同じだけの物を出していかないと、余計な物が身に付いて体重が増えますから、定常状態を維持できなくなります。生物（生命活動）は常に物質の流れの中で存在していますから、廃棄が大切で、そのときに物質と共にエントロピーも排泄するわけですね。

物質の流れをたどっていきますと、自然界ではある生物の排泄物が他の生物の餌になったり、動物の排泄する二酸化炭素を植物が吸収するなどによって、循環が成り立っていることが分かります。ところが人間の場合は、それまでの自然の循環から離れて身体の外に活動を膨らませてきたために、うまく循環しない物を生み出してきたのですね。人間は、裸ではなくて服を着ます。家も造るし、道具も造ります。人間は、皮膚に囲まれた自分の肉体に取り込めない外部の物質を、人と人との間にある社会の中にどんどん取り込んで、その活動領域を広げているのですが、ここに取り込んだ物質も、一定の使用期間が過ぎると廃棄されます。ところがこの廃棄物は、これまでの自然のしくみでは循環しないので、人間が処理しなければならなくなっているのが、廃棄物問題であるわけです。

廃棄物処理が必要とされるのは主に自然界で循環していない人工的な物質ですが、自然界で循環している物質でも処理が求められる場合があります。これは関係の変化によるもので、やはり重要な問題だと思いますので、少し触れておきます。

公園の仕事をしていたときに、「公園に『犬に糞をさせるな！』という看板を立ててください」と言ってきた人がおりました。犬は糞をしないと死んでしまいますから、私は「そんな残酷なことはできない」とお断りしたことがあります。公園には、飼い主に「持ち帰ってください」という看板を立てることにしました。

私の子供の頃はやはり犬の糞が道に落ちていましたが、踏んづけたらそれは運が悪いということだったんですね。当時は舗装道路ではなかったので、自然に還るということだったのかもしれませんが、それでよかったんです。ヒトの屎尿についても、同じようなことがあります。私は徳島生まれで、小学校二年生の途中まで住んでいましたが、大阪に出てきて驚いたのは、市が屎尿を有料で処理している、ということでした。徳島では、周辺の農家が汲み取りに来ていました。屎尿処理の費用は不要で、逆に汲み取りにきた人が、野菜を持ってきてくれたりしていました。少なくとも徳島では、一九六〇年くらいまではこんな関係が続いていたと思います。屎尿は、有用な資源だったんです。大阪に出てきてからしばらく衛星都市の守口に住んでいたんですが、まだここにも田んぼがたくさん残っていまして、その横には肥え溜があり、人糞が溜めてありました。その後化学肥料が中心になってきて、こういう風景はなくなりました。鶏糞は今でも肥料として使われていますが、人糞は使われなくなって、廃棄物になったのです。自然に還る物は処理しなくてもいいというのが基本ですが、人口が増え人工的な空間が広がって、自然循環が阻害されると処理が必要になり、また犬の糞の存在を人々が受け入れなくなると、対策が求められることになる、というわけです。

4　だれが廃棄物を処理すべきか？

それでは、これらの廃棄物を誰がどのように処理すべきかという話に入ります。これは廃棄物の種類によって考え方が異なりますから、種類分けが必要です。

①産業廃棄物と一般廃棄物

廃棄物は、法律上は産業廃棄物と一般廃棄物とに分けられます。産業廃棄物というのは、「事業活動に伴って生じた廃棄物のうち、燃え殻、汚泥、廃油、廃酸、廃アルカリ、廃プラスチックその他政令で定める廃棄物」と定められ、特定の物質に限定されています。また「その他政令で定める廃棄物」の中には、排出量が大量である業種に限定した物もあります。たとえば紙類は、印刷業等が出す廃棄物については産業廃棄物ですが、普通の事務所等からの紙ごみは一般廃棄物として扱われます。この分類は処理の困難性を配慮して決めたという説明が、法律制定の当初にはされていました。

法律では、産業廃棄物については「事業者が自ら処理しなければならない」と決めているんですが、実際には「自ら」が処理していることはほとんどなく、都道府県の許可した産業廃棄物処理業者が委託されて処理しています。

一般廃棄物は、産業廃棄物以外の廃棄物と定義されていますが、この中にも事業活動に伴って排出される物があります。事業活動というのは必ずしも営利目的とは限らないので、たとえば学校やＮＧＯ・ＮＰＯなどの事業も含まれます。この事業活動に伴って排出される一般廃棄物は、「事業系一般廃棄物」と呼ばれており、「事業者の責任で処理しなければならない」と定められています。これも実態は、市町村の中間処理施設に処理料金を払って処理してもらう、というのが一般的です。

産業廃棄物は「事業者が自ら処理」し、事業系一般廃棄物は「事業者の責任で処理」する、というのは違いが分かりにくいのですが、産業廃棄物の処理については適正な処理方法も含めて事業者に責任があり、事業系一般廃棄物については事業者は処理費用を負担すればいい、というのが実態に合った解釈だろうと私は考えています。

②自家処理・地域内処理と市町村の処理

さて、一般家庭から出るごみですが、これは今は市町村が適正に処理することになっています。地方自治法でも、一般廃棄物の処理は市町村の固有事務です。しかし一九七〇年に廃棄物処理法ができるまでは、そうはなっていなかったのです。それまでの清掃法という法律では、市町村が「特別清掃地域」というのを定めて、その地域についてだけごみを集めて処理すればよかったのです。観光地などで季節的にごみがたくさん出るところは、期間限定で処理をする「季節的清掃地域」というのを定めることもできました。これらの「定められた」地域以外については市町村は廃棄物処理をしなくてよくて、自家処理や地域内処理が行われていたわけです。これが、廃棄物処理法になってどうなったかと言いますと、自家処理等が行われる地域は残されまして、「一般廃棄物の処理を要しない地域」ということになりました。清掃法では特別に市町村が処理する地域を定めることになっていたのが、逆に市町村処理が原則になり、処理を要しない地域を定めることになったわけです。

その後、一九九一年に廃棄物処理法が改定されて、「処理を要しない地域」という規定はなくなり、全国のすべての地域が市町村のごみ処理の対象になりました。でももともとの姿は、地域の中で廃棄物を処理するということだったのです。

③自区内処理とマテリアルフロー

それで市町村による処理が始まるわけですが、ごみ焼却場では隣接地以外のごみも焼却するということがあって、ごみ戦争が始まるんですね。「なんで、よそのごみをうちの近くで燃やさないといけないのだ」という話が出て、自区内処理という原則が掲げられ、東京都では二三区全部にごみ焼却場を造ろうということになりました。廃棄物処理法でも、市町村ごとにごみ処理計画を立てて、それぞれの市町村が適正に処理するのが原則になっていますから、基本的には各市町村の中に処理施設を設置して、処理することになります。これは、国際的にもバーゼル条約で廃棄物の輸出は駄目だと決めているのと同じような考え方です。

しかし地域内処理と言っても、先ほどお話ししましたように、昔から都市部の屎尿は農地に戻すのがうまく循環させる方法だったのですから、物質循環から考えれば、自区内処理には無理があることが分かると思います。ごみについても、物の移動が狭い範囲で行われているときには地域内で処理することは可能でしょうが、今は生産主体の企業活動が国際的になっており、生産・流通がグローバルに行われていますから、物の流れは地域内に限定されていない。日本に輸入される物質量は年間八億トンで、輸出は一億トンくらいです。輸入の内の四億トンくらいは石油と天然ガスですから、これは燃やして大気拡散すればお仕舞いですけど、残りの三億トンは廃棄物になって、国内に蓄積します。国内の物質の移動もあります。土（これは、廃棄物の扱いにはならないんですけど）とかセメントとかが、大体年間一〇億トンくらい移動しています。一〇億トンが都市部に集まって、ビルや高速道路になって、何十年かすると廃棄物になるわけですから、そのときは大変です。阪神淡路大震災のときたくさんの家が潰れ、ものすごい量の廃棄物が出たので処理ができずに、野焼きされたことは記憶に新しいところでしょう。

これらが廃棄物になったときも大変なんですが、実は将来の廃棄物の元になる土砂などを今供給している側も、大変な状況になっているんですね。瀬戸内海の島がどんどん削られているとか、山がなくなるという形で、自然破壊も進行しているわけです。私の妻は滋賀県の生まれですが、子供の頃によく遊んでいた山が今はない、と言うんです。そんな風に物が大きく移動しているわけですから、この移動をやめない限り、廃棄物の自区内処理なんていうことはできません。特に、大量生産を行っている産業活動のごみは、産業自体が偏在しているところへ外から原料が持ち込まれ、製品は全国の消費地に出荷されるのですから、ごみだけを発生場所で循環させるなんてできるわけがないのです。

④費用負担と処理主体

それではどうすればいいかというと、可燃物なら、一番手っ取り早い方法は燃やして大気中に拡散することです。あとは、拡散した二酸化炭素を固定するだけの森林があればよい、ということになります。しかしこの二酸化炭素放出と森林での固定のバランスがとれていないと、二酸化炭素が増えて温暖化の心配が出てきます。ですから、二酸化炭素が増加を続けているという現在の状況は、過剰生産と過剰消費が基本にある、と考えられます。

そうしますと、循環を適正に行うためには生産（製造）にさかのぼって考えないといけない、ということが分かります。結果として都市に集まってきたごみをどうしようかという対症療法を考えて、一所懸命リサイクルをしましょうと言ってみても、なかなかうまくいかないわけです。

それで、問題を生産者に戻していこうという考え方が浸透してきました。たとえば容器包装リサイクル法ができて、使ったあとの容器包装は生産者に返していこう、でも一気に物の流れを変えると事業者への負担が過大になるので、少しずつ、事業者と市町村と消費者それぞれが協力し合う、ということになりました。この協力し合うという考え方はたいへん美しいのですが、実際にはいろいろ問題が出てきます。容器包装のリサイクルシステムでは回収が大変なんですが、回収は市町村の役割にされていますから、市町村負担が非常に大きくなります。市町村が集める容器包装廃棄物は、空き缶だとアルミ缶とスチール缶に分けて圧縮する、瓶は色分けする、ペットボトルは蓋とシールを外して圧縮して縛る、さらにそれぞれを一〇トン車一台分の量をストックしなさい、などと注文が付けられます。こういう基準を満たした「分別基準適合物」にしないと引き取らないというので、真面目にやろうとすると市町村の経費負担は大変なものです。ですから、容器包装リサイクル法は市町村には不満が大きく、改正を要求する声も出ています。

そういう中で次に出てきたのが、家電リサイクル法です。家電リサイクル法は、「特定家庭用機器再商品化法」というのが正式名称ですから、対象は電気製品に限られていないんですけど、とりあえずは電気冷蔵庫・電気洗濯機・エアコン・テレビの四品目を「特定家庭用機器」に指定して、その製品の廃棄物をメーカー・製造業者が集め、リサイクルしようということになりました。この四品目は家電製品の販売店が回収して、メーカーの指定する保管場所に届けることになりましたから、基本的には市町村負担のない仕組みができたわけです。回収からリサイクルまでの費用は、排出者つまり消費者が捨てるときに、販売店に支払うことになっています。値段は物によって異なりますが、メーカーが受け取るリサイクル費が数千円で、それ以外に販売店の回収・保管とメーカーまでの輸送費用が加算されますから、結構な値段になります。捨てるためだけに高い費用を払うというのは抵抗がありますから、不法投棄が増えるのではないかと心配されています。

容器包装リサイクル法では、リサイクルの主要な部分が行政によって行われるため費用も税金負担になってしまいましたが、家電リサイクル法では受益者負担が明確にされ、廃棄を抑制するインセンティブが働く仕組みに改善されました。しかしこのインセンティブは、不法投棄に向かう可能性も持っているわけです。ですからこの制度を作るときに、回収処理費用をあらかじめ商品価格に上乗せしようという議論があったのですが、なぜかそうはなりませんでした。それで、次に話題になっている自動車のリサイクルでは、製品の価格に処理費用を乗せてしまおうという動きになっています。新しい法律になるほどだんだん改善されるのはいいのですが、前に作られた法律はそれに対応する仕組みができてしまって、逆になかなか改善し難くなっています。

このように次々と新しい法律ができてきていますけど、実は一九七〇年に廃棄物処理法ができたときに、既に今の考え方の基礎はできていたのです。廃棄物処理法の第三条第二項には、「事業者は、……物の製造、加工、販売等に際して、その製品、容器等が廃棄物となった場合《における処理の困難性についてあらかじめ自ら評価し、適正な処理が困難にならないような製品、容器等の開発を行うこと、その製品、容器等に係る廃棄物の適正な処理の方法についての情報を提供すること等により、その製品、容器等が廃棄物となった場合》においてその適正な処理が困難になることのないようにしなければならない」と書かれています。《 》の中は一九九一年に付け加えられた部分で、「あらかじめ自ら評価」しなければならないことになっていますが、具体的な評価の仕組みがありませんから、飾り物になっています。ごみの仕事に関わりはじめた頃私はこれを見て、「すごい法律やなあ」と思ったのですが、理念条項は実際には無視される運命にありました。この条項に基づいて「適正処理困難物」を定め、行政が処理を拒否して、製造事業者に処理を求めることもできることになっていましたが、厚生省は「伝家の宝刀はやたらに抜かないものだ」と言って、抜こうとしませんでした。それでもタイヤとスプリング入りマットと大型テレビは「適正処理困難物」と決めたのですが、タイヤ以外は市町村がほとんど処理してきたのが実態です。

先ほどの家電製品の四品目は、中に電気回路の基盤などがあっていろんな金属元素が含まれていますから、「適正処理困難物」という扱いにしてもよかったと思いますが、別の法律を作る方向に進んできているのが現状です。新しい法律も結構ですが、ちょっと乱立ぎみで、少し考え方を整理した方がいいのではないかと思います。

5 事業活動と人々の暮らし

事業者と行政と消費者の役割分担ということが言われるんですけど、「消費者」は消費だけをしているのではないんですね。昼間は生産者として働く消費者もいますし、行政の職員も消費者になります。消費だけする人と生産だけする人というふうに分けてしまう議論は、考え直す必要があると思っています。

容器包装リサイクル法ができて、ペットボトルがリサイクルされることになったときに、飲料メーカーはそれまで自主規制していた小型ペットボトルの使用を解禁することにしたんです。それで消費者団体が反発して東京都では、事業者に回収させるべきだという議論になりました。自主規制をやめるとペットボトルの量が増えます。これを市町村が集めるのは、行政の負担で容器のペットボトル化を推進することになってしまうというわけです。

それで業界を入れた話し合いが持たれ、業界回収の東京ルールが作られましたが、このルールは、業界の反発でうまくいきませんでした。

このとき大阪市でも同じような議論があったんですが、行政と事業者と消費者が集まって、いったん行政であるとか事業者であるとかの立場を外して考えようということにしたそうです。立場を離れて一番良い方法を議論した上で、それを実現するためのそれぞれの役割を考えるという手順にした、という話を大阪市の職員から聞きました。その結果、大阪市では事業者も回収していくシステムをつくろうということになって、一部ではありますが、事業者が協力して回収する仕組みができています。人を枠に閉じ込めた議論は、人々を分断し対立させることになる、という教訓だと私は思っています。

かつての、農作物を作って、食べて、あるいは売って、ということが中心だった時代には、人々は自分たちの生活全体を考えることができていたと思います。人々の帰属意識が村のようなところにあって、暮らしが生産と消費に峻別されていなかったわけです。しかし近代的な社会では、生産と消費が分かれてしまって、暮らしと言うと消費生活をイメージするようになっています。その反面人々の帰属意識は役所や会社などの集団に移り、行政の職員が自分の担当している仕事の範囲しか考えない縦割り行政を進めたり、事業者が利潤だけを考える、ということが起こっているのでしょう。

先ほど話しました事業活動に伴って排出される廃棄物と家庭系の廃棄物というような分類は、こういう近代の暮らしの中から出てきているわけです。家庭系と言われる廃棄物も、ほとんどは事業活動によって造り出された商品ですから、すべて事業活動に伴って排出される廃棄物だと言うこともできるのです。

暮らしの全体性を取り戻すことが大切だと思います。そのためには、分断された人々の関係を変えていくことが一番大切なのだと思っています。消費者という立場から「容器包装廃棄物の回収費用はもうけている事業者が出すべきだ」という主張が出たりします。この主張は、「事業者は暴利をむさぼる悪者だから、利潤を吐き出させるべきだ」と言ってけんかを売っているようなものです。消費者も何かでもうけて暮らしているのですし、もうけることが悪いわけではありません。論点を間違えてはいけません。まして、関係を破壊するような議論は戦争への道を進むことになります。理解し合い、良い関係をつくるのが、平和的な問題の解決方法です。

容器包装廃棄物の回収を事業者が行うべきだと言うのは、事業者と消費者の関係をより適切にするためです。事業者が回収・処理やリサイクルを行えば、その費用を安くするための事業者の内部努力によって、容器包装廃棄物を減量することが期待できます。また、容器包装廃棄物の回収処理費用は商品価格に含まれることになりますから、費用負担は受益者負担になり、その商品の過剰消費が抑制されることになると期待できます。市町村が処理する場合は、税金で処理するわけです。借金の場合もあるから必ずしも税金ではないという話もありますが、いずれにしても市民全体が、使った人も使わなかった人も同じように、負担することになります。これに対して、商品が廃棄物になったときには、その処理費用をその商品によって利益を得た者で負担しようという、受益者負担の考え方が出てきました。ここで、受益者はだれか、事業者か消費者か、ということが議論になるんですけど、事業者が負担するというのは結局商品価格に乗せて、消費者が支払うわけですから、同じことです。しかし、いつ支払うかによって違いが出てきます。

容器包装廃棄物の場合は、税金負担の部分がかなりありますが、消費者負担の部分は事業者が出すことになっていますから、消費者は購入時点で容器包装廃棄物のリサイクル費用を負担しています。これに対して廃家電の場合は、家電製品を利用した消費者が、捨てるときに処理費用を払うわけです。この方法の問題点は、処理費用の負担が後になりますから買う時には安く買えるので、需要が過大になってしまうということです。処理費用は「ツケ」になっているので、買い過ぎて支払いの時には払えないという心配があるのです。その結果が、先ほども申しました、不法投棄になりやすいということなのです。

このように、市場システムの中でごみとの関係をどうしていくのかということがいろいろ考えられて、ようやく自動車の場合には、廃棄されたときの処理費用を製品価格に乗せていこう、というところに行き着きました。これからは、他の廃棄物についてもだんだんそういうふうにしていくべきだと思います。

家電についても、未確認情報ですが、台湾では日本製品についても処理費用が製品価格に乗っているという話も聞きますし、日本でも本当は製品価格に処理費用の一部が乗せられているはずです。今四品目の家電製品を引き取ってもらうときに支払う処理費用は、メーカーが政策的に決めたものですから、実際の処理費用より安く設定されています。不足分は、新製品の価格に含まれているということでしょう。とりあえずの業界の利益というのはあるんでしょうけど、いずれにしても長期的には廃棄物の処理費用は製品価格に含めていく方向に行かざるを得ないでしょうから、今後いかに速やかにその方向に持っていくのか、ということだと思います。

その原点に、繰り返しになりますが、暮らしの全体性を取り戻すために人々の関係を変えていくこと、を見据えておきたいと思っています。

6　技術評価のしくみが必要

先ほど言いましたが、プラスチックをリサイクルして製鉄の高炉還元剤として使うというのがこれから増えていきそうです。容器包装リサイクル法ではその他プラスチック容器のリサイクルは後回しにされていたんですけど、二〇〇〇年から本格的に全面適用になりましたから、その他プラスチックについても回収しないといけないということで、市町村もリサイクルを進めようとしています。

私は、プラスチックは石油製品ですから、一緒に燃やしてしまって熱回収した方が合理的だと思うんですけど、リサイクルをしないといけないという声が大きくて、市町村もそういう対応をしていかざるを得ない状況になっています。行政の職員の中でも、私などとは違って熱心な人がまじめに一所懸命やろうとします。私の勤めている枚方市でも、プラスチックの分別収集を行って、近隣の市町村と一緒にリサイクルをやろうという話が動きそうです。ただ、リサイクルの行き先としての製鉄業にどれだけの需要があるか、を考えておかなければなりません。今、製鉄業はあちこちの高炉を閉めています。釜石も閉めました。製鉄業の多くは海外に行っているんです。そうすると、回収されたプラスチックは海外に輸出しないといけないことになりますから、話がややこしくなります。これからこういう話がたくさん出てきそうです。

それから、ペットボトルのリサイクルなどのように、収集費用は市町村が出し、後の処理システムのところにも税金が使われているから実現しているリサイクルがあります。エネルギーで見ますと、ペットボトルを集めて、もう一度リサイクルするまでの全部のエネルギーを計算してみたら、たぶん新しい石油からペットボトルを造って、古いのは燃料にして燃やした方が、効率的なんだろうと思います。

ですから、どういうのが適正なシステムなのかというのを、きちんと評価する仕組みが必要です。今はそこのところが曖昧にされたままで、とにかく熱回収よりは物質のリサイクルの方がいいということで、マテリアルリサイクルが優先されています。ともかく一所懸命やるという熱意の競争になって、そのことが本当にいいのかどうかという検証が行われないのは危険な状況です。さらに、そのようなリサイクルが行われることによって、その商品をたくさん使うことが許される、ということがあります。ペットボトルがどんどん増産されているのは、その例でしょう。

熱意だけで仕事をしますと、余計な仕事がどんどん増えるんですね。それで、どんどん忙しくなるんです。リサイクルするために市町村がかける労力はひたすら増え、市町村の仕事が増えています。しかし税の収入はそんなに増えないですから、職員はますます一所懸命仕事をしないといけないことになって、余裕がなくなっています。

ついでの話ですが、ちょっと近所に買い物に行くのに自動車に乗る人がいるというので、環境問題に熱心な人が市役所に、なんとかならないか、と言ってくるんです。私は、地域の中で理解を得るようにしてください、と言ったんですが、市役所に言えばなんとかなると思われてるところが案外あります。市民は行政に「お前ら、なんとかしろ」とすぐに言いがちですけど、行政がやたらに指導を強めるのは戦時体制で、規制を厳しくしていこうということなので、あんまりしない方がいいと私は思っています。

私の子供の頃は、ロボットに仕事をさせて人間は遊んで暮らす、というのが理想だったはずなんですけど、現実はそうはならなくて、ロボットを造る仕事が増えて、コンピュータがする仕事が増えて、情報をいっぱい処理しなければならなくなって、どうも思っていたのとは違う方向に進んでいるようです。どこかやっぱり、ボタンをかけなおすようなことが要るんだろうという気がしています。

質疑応答

井野博満　廃棄物の定義で放射性物質が除かれているのは、危険だからでしょう。危険な物は廃棄物に含めてはいけないのではないでしょうか。

川島　事業者が自ら処理しなければならない産業廃棄物には、危険な物と、大量に出るので市町村では処理できないものがあります。その他の物は危険でないと一応は考えられているのですが、必ずしもそうではない物があって、何年か前に特別管理廃棄物というのを産業廃棄物と一般廃棄物の両方に定めました。感染性の医療廃棄物がそうですし、ごみを焼却した排ガスから集塵機で集められる飛灰と呼ばれる物には、ダイオキシン類がたくさん含まれていたり、重金属類が入っていたりします。それで、これは特別管理廃棄物として、埋め立てる前にきちんと薬品処理などをしないといけないことになっています。

井野　プラスチックを全量燃やしても、石油の使用量がその分減ればそれはそれでいいはずです。問題はエネルギー的にどっちが得かではなくて、圧縮の過程での杉並病のような問題や、塩ビの混入でダイオキシン類が発生するといった危険性の問題ではないのですか。

勝木渥　塩ビだけではなく、プラスチックにはいろんな添加物が入っていて、それで有用なのだけれども、さまざまな問題の原因になっています。プラスチックは基本的には使うべきではないのではないでしょうか。現実には、危険性で区分けすることが必要かもしれません。

　生物が長い進化の歴史の中で接してきた有機物は限られていたから、それに対しては生理的な防御能力ができました。プラスチックがきれいに見えるのは、こっちがそれを汚いと感じる生理的な防御能力がないからではないですか。もし生物が発生した大昔からプラスチックがあったら、きっとそれを汚いと思う生理的な反応を持ったに違いないと思います。

川島　石油は基本的に燃料として使っているわけですから、石油製品である廃プラスチックも燃料として利用するのは自然だと思います。劣化した廃プラスチックをもう一度プラスチックに戻すのに必要なエネルギーを得るのに、大量の石油を使うのは馬鹿馬鹿しい。井野さんがおっしゃるように、塩ビは限定して別の回収ルートを作り、塩ビでなければならないところ以外はほかの材質にすれば、プラスチックの焼却が楽になって焼却コストも安くでき、高炉還元剤として製鉄にも使えるでしょう。

　ごみ焼却場のプラントメーカーがプラスチックの圧縮施設の建設を請け負ったりしていますが、これらのメーカーと話をしても、あまり杉並病のことは知らないというのが実態のようです。本当に杉並病の原因が中継施設かどうか、結論が出ているわけではないのでしょうが、リサイクルのプロセスでいろんな汚染を振り撒くだろうという危険性については、ごみ焼却場ほどには関心を持たれておらず、心配されていないようです。（その後、二〇〇二年六月に国の公害等調整委員会は、杉並病の大部分の「被害の原因は、杉並中継所の操業に伴って排出された化学物質によるものである」との裁定を行い、原因物質を特定しないまま、その因果関係を認めた。）ごみ焼却場には長い歴史があり、これまでにもさまざまな対策が講じられてきましたから、かなり改善されています。ダイオキシン類について言えば、ごみ一トンあたりのダイオキシン類の総量が二～三マイクログラム―ＴＥＱで、処理した後に排出される排ガスと灰に含まれるダイオキシン類の総量がごみ一トンあたり一マイクログラム―TEQ以下になるというくらいの水準の施設ができています。ただこのようにするためには焼却後の灰を高温で溶融しなければならないんですが、溶融に要するエネルギーが大きいので、エネルギー消費に伴う環境リスクとの兼ね合いで、どこまでの対策をするのがいいかは検討しなければいけないと思います。環境省の指導は灰の溶融を求めていますが、市町村の現場では、ダイオキシン類を多く含んでいる粒径の小さな灰のみを溶融する、などの方法も考えられています。

もう一つ、プラスチックについても石油全体についても総量の問題があります。環境容量としてどこまで使えるのかという制約を考えて、総量制限をやらないといけないでしょう。それは、二酸化炭素濃度を何ppmで安定化させるのか、ということに関係します。IPCC（気候変動に関する政府間パネル）は、今のままで安定化させるためにはただちに六割とか八割の排出量削減が必要だというんですね。それはとてもみんな許容できないというから、もう少し二酸化炭素が増えてもいい、五〇〇ppmとか七〇〇ppmとかいうところで、ある程度環境を悪くすることは受け入れて、折り合いを付けて決めていくことに現実はなっています。COP3（地球温暖化防止京都会議）の削減目標はそういうところで決められたのでしょう。有用性との兼ね合いで考えることも必要です。

そういうことは数量で比較できるのかというと、難しくてたぶんできない。先ほどの中国でのごみの現状もそうで、みんながそれでいいと言えばそれでいいんです。もう少しきれいにしようというんだったら、別の処理の仕方をしないといけない。こういうことは、客観的にこれだと決められるものではなくて、関わっている人々がどのくらいのレベルで納得できるかということで決められます。

プラスチックの代わりに木材を使うということも考えられます。天然の樹脂ですから、これは本物を使うことになります。国内の森林の多くは資源として使われないので荒れている、と室田武さんが書いています（室田武『物質循環のエコロジー』晃洋書房、二〇〇一年）。使うべき物を使うことによって、豊かな生態系が回復していくということもあるわけです。

プラスチック一つをとってみても、どうするのが一番いいのか、どのくらい使うことができるのか、すごい議論になると思うんですね。重要なのは、当事者が情報を共有し、十分な議論をすることでしょう。

井野 プラスチックを除くと、焼却のときに助燃しなければいけないという話があったけれど、生ごみがなければプラスチックを抜いても燃えるのではないですか。生ごみをどうするかは非常に大事だが、レストランなどの生ごみは法律ではどうなるのですか。

川島 生ごみは、有害物質以外で一番大きな問題です。二〇〇〇年に「食品循環資源の再生利用等の促進に関する法律」というのができまして、一定の割合で資源利用しないといけないことになっていますから、そのリサイクルルートができるはずです。それができると、家庭系の物にも拡大して、そのルートに乗せられるようなことも、ある程度はできてくると思っています。

生ごみの処理方法はいろいろあります。生ごみ処理機もありますが、これが使う電気量は馬鹿にならないんです。一トンのごみを処理するのに、生ごみ処理機だとごみ焼却場で使っているエネルギーの一〇倍くらいの電気を使います。それならごみ焼却場で燃やして発電する方がいい、と私は思います。もしリサイクルをしようというのなら、何か別のやり方を検討すべきでしょう。

井野 自動車の場合、販売価格に処理費用を乗せて、捨てるときには持っていけばただで引き取ってもらえることになるようですが、年間五〇〇万台くらい廃車になっていて、そのうち半数が外国に行くと聞きました。処理費用を前払いすると、外国に行ったものも処理されるようになるのでしょうか。

川島 廃自動車を集めて中古車として輸出すると、事前に集めた処理費用はメーカーのもうけになるかもしれません。法律は国内にしか適用されないですから。輸出した自動車の処理の問題は残りそうです。

自動車はリースでもいいわけです。その方が、消費者にとってはリスクが小さい。製品の当たり外れが回避できます。ただリースにしてしまうと、使う側が途中でどんどん新しい製品に代えて、製品が早く廃棄物になりやすい、という問題がありますが、これはリース費用を新しいのは高く、古いのは安くするといったことで対応できると思います。また中古を利用しやすくなると思います。新しい車、きれいな車に乗りたいというのはありますから、経済的な余裕があれば、日本国内には新車が増えて、中古品は海外に輸出されることになるんでしょうね。ここには国際間格差の問題もあります。

自動車についても、総量の問題があります。一家に二台のマイカーというのが普通になりつつありますが、公共交通機関の利用を増やすなどで自家用車の総量を削減する方向を考えないと、廃棄物の増加は避けようがないでしょう。

丸山真人　題名が非常に魅力的でした。平和時のごみとの付き合い方を、工業社会の中にできるだけ生態系の循環の要素を持ち込む、と解釈すると、実は生態系から切り離された工業社会の中でリサイクルが考えられているから大きな問題があって、戦時体制で戦争の方向に突っ走っている、と考えられます。リサイクルという概念自体、本来は生態系の物質循環がモデルにならなければいけないのではないでしょうか。

平和のときの循環は生態系がベースにある、というのが今日の川島さんの話の背後にある基本的な考え方だと思いました。

II　リサイクルシステム——経営と課題

1 建設リサイクルと環境経営

筆宝康之

1 はじめに

二〇〇〇年を「循環型社会元年」とした政府は、「循環型社会形成推進基本法」を制定し、「廃棄物処理法」および「資源有効利用促進法」を改正しました。その個別法として、二〇〇〇年四月の「容器包装リサイクル法」、それについで同年五月には「建設資材リサイクル法」（建設工事に係る資材の再資源化等に関する法律）が成立しましたが、二〇〇一年四月の「家電リサイクル法」、二〇〇二年の「自動車リサイクル法」もまた同じ流れに位置するものです。

土建型公共投資から環境・福祉型公共投資へ、と提唱されてから久しい今日ですが、建設現場でも、環境と再資源化への配慮対策が本格化してきました。建設生産もその廃物処理も、エコシステムの一部に組み入れる「産業エコロジー」の時代となった、ということです。本報告は、循環型社会形成における「建設ゼロエミッション」、つまり、建設生産の廃棄物極小化について、その減量（reduce）、再利用（reuse）、再資源化（recycle）の現状と問題を考察します。ゼネコン（元請・総合建設業）とサブコン（下請・専門工事業）、解体業者と廃棄物処理業者および自治体がこの問題の主な担い手となります。

建築と土木を含む日本の建設投資は、今日年間約七〇兆円に近く、それはＧＮＰのほぼ一五％を占めています。小泉内閣の「骨太構造改革」で公共工事が一割削減され、ゼネコンの大リストラと倒産がつづくデフレスパイラルのこの建設長期大不況期にも、建設会社は約六〇万社、二〇〇一年末の従業員は六一四万人（一九九七年は六八五万人）存在し、その多くは「重層下請け構造」に組み込まれています。

経済循環からみると、建設部門の生産所得は国民所得の一〇％（欧米は約五％）を占める「ＧＤＰの一割産業」です。ところが物質循環の重量ベースでみると、日本の建設生産活動は、国内と各地における資源利用量の平均約半分を占め、「重量で五割産業」になります。しかも、日本では、建設廃棄物が全産業の廃棄物産出量の約二割、最終処分量の約四割を占めていますが、なによりも建設廃棄物が全産業不法投棄量の約七割も占め、「不法投棄の七割産業」である点が環境汚染の根本問題です。この不法投棄の防止策であり、最終処分場の延命策の切り札として二〇〇〇年五月に成立したのが、「建設資材リサイクル法」なのです。

2　建設資材リサイクル法

同法は、建設廃材を分別して、その減量化と再利用をはかり、再資源化して資材の有効利用をはかるよう３Ｒ化を義務づけるもので、その要点はおよそ次のとおりです。

①同法で対象となる廃材は、建設資材の総重量の八〇％を占めるコンクリート（塊）と鉄筋、アスファルト、木材の四種である。
②延べ面積七〇～一〇〇平方メートル以上の建物と道路を解体・建設したときに発生した廃材は、現場で分別解体し、元請業者が責任をもって再資源化施設に運ぶ。
③再資源化できない廃材は中間処理施設で減量化する。
④解体業者は登録制にして、解体・施工管理者の技術検定に合格した作業員をおく。
⑤工事の前に知事に届け出て、廃材には業者名を記した管理表をつけ、再資源化処理後、報告書とともに提出する。
⑥建設業者には、再資源化された建設資材を一定の割合使

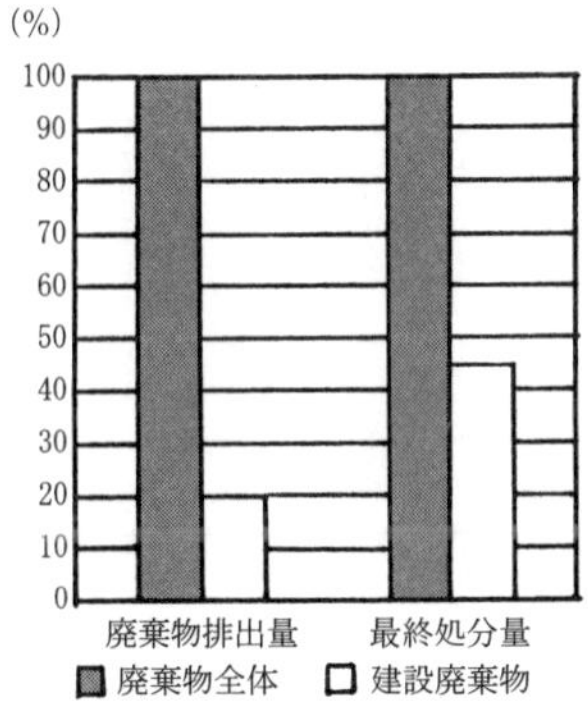

＊出典：旧建設省・厚生省調査

図１　産業廃棄物の排出量等

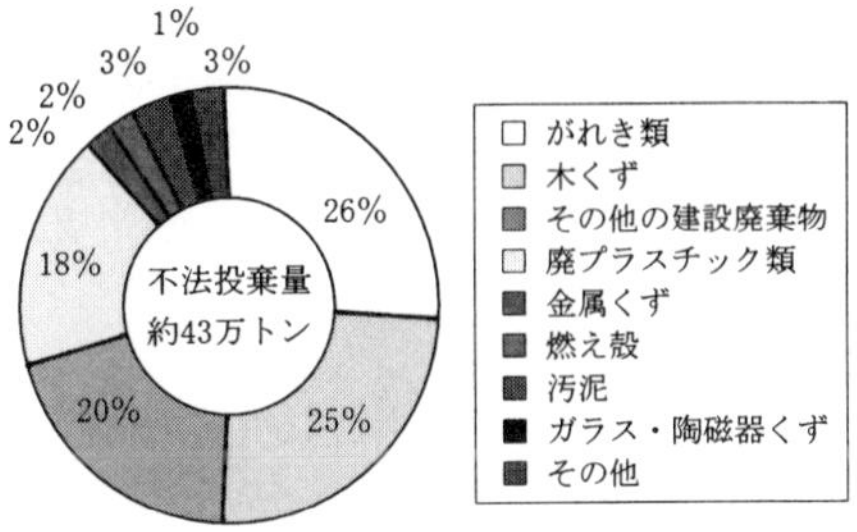

＊出典：環境省調査（平成11年度、重量比）

図２　不法投棄量の内訳

う義務を課す。

⑦国は再資源化の目標水準を設けて、その達成に努力する。

中小企業が八〇%を占める一戸建住宅の建設にも同じ義務が課されます。しかし、業界には「中小業者には徹底した分別や再資源化はむずかしい」という声がつよい。そこから、今後は大手と高い処理技術のある優良解体業者の提携がすすむなどの形で、中小の中間処理業者や建設会社は淘汰される可能性があり、建設業界の構造が変化してくると思われます。その変革のプロセスでは、業界に下請けから下請けにおとす重層構造もあるため、不法投棄や野焼きなど、不正処理が一時的に増加するとみられています。その廃棄物の排出量と不法投棄量の内訳は、ほぼ**図1**、**図2**のようになります。

3　建設廃材処理の具体例と有毒廃材問題

O建築事務所（東京都渋谷区）の協力を得て今春実施した、都内の小規模工事に関する建築廃材・廃物の処理状況調査から、その典型事例を紹介しましょう。

①解体業者A

都内の現場でとりこわした場合。埼玉の廃棄物処理業者に持ち込み、そこで分別し、燃えるごみは燃やし、不燃性の廃物は捨て場にまとめます。このような業者は東京、神奈川、千葉の各県に存在します。量が多く、捨て場に余る場合には、長野や栃木、群馬など、遠方の業者に持ち込んでいます。

②解体業者B

都内の現場でとりこわしたら、まず現場で（木材とコンクリートのガラなどに）分別します。次に、所沢、八潮などの中間処理場に持ち込む。中間処理場では、木材であれば再生利用する廃材をとり出し、チップにするなど加工します。コンクリートのガラは、再生して砕石できるものは利用します。そこで利用できなかったものは、長野や新潟などの最終処分場に持ち込まれ、埋め立て用などに利用されます。

③解体業者C

同社では、現場で分別し、木材関係はチップの加工業者に渡し、コンクリートのガラは再生砕石する業者に渡します。残ったプラスチックの廃材は都内の捨て場に持ち込みます。

以上の例からも、「特定建設資材」は、一般的には「交ぜればごみ、分ければ資源」となること、その廃材再利用の三原則（現地分別再生、残余は中間処理施設、年間での需給調整）を確認することができます。ちなみに、旧建設省の全国調査によると、一九九五（平成七）年の数字で、建設廃棄物のリサイクル率は、土木系が六八％、建築系で四二％となり、建築系のリサイクル促進が課題です。これを品目別にみると、アスファルト八一％、コンクリート六五％、建設廃棄物五八％、建設発生木材四〇％、建設汚泥一四％、建設混合廃棄物一一％のほか、養生材一五〇万トンとなり、列記した順に分別がすすんでいます（国土交通省『建設リサイクル実務』一三頁）。

ところが、「その他建設資材」（廃プラスチック、石膏ボードなど）のうち、特定危険物はそうなりません。「分けても危険物」、「取り扱い厳重注意」です。アスベスト関連材とヒ素石膏ボードなど「ＣＣＡ（Cr、Cu、ヒ素）化合物」の廃材がそれで、その不法投棄処理が大問題になっています。このため、アスベスト廃材は現場での破壊処理は厳禁とされ、四散させないのが大原則です。また、ヒ素石膏ボードは再利用できるモノとできないモノとに分け、分別できず土壌埋設もできない廃材は、使用禁止となっています。

4　所沢市における建設廃棄物の処理実態と県外不法投棄

日本では、年間一二〇万戸前後の新築住宅が建てられると同時に、約四〇万戸の家が解体されています。ちなみに、一九九四年の住宅一戸あたりの解体ごみは、何と家庭ごみの三四年分に相当します（建築統計年報）。家庭ごみは一世帯あたり年間一・六トンあったのがいまは一トンにへってきました（米国は一・二トン）。ところが、建築の廃棄物は家庭ごみの約一〇〇倍もの量になる例もあります。その結果、すぐとなりの埼玉県の所沢には「ごみ富士」の山ができました。所沢市のごみの約九割は東京のごみで、その都内のごみの約八割が建築廃材なのです。所沢のごみ処理場では、クギ、カナモノ、接着剤、プラスチック、塩ビ（塩化ビニル）製品などの混合廃材を、寄せ場や南アジア系外国人の労働者らが空気圧力で飛ばして、四種類か五種類に分別します。残った木材分と可燃物はごみ焼却炉で夜間五時頃まで燃やしますが、地面に穴が掘ってあって、そこにごみをつめ、火をつけて蓋をする。地元民はこれを「地獄の釜」というそうです。「煙突からダイオキシンを出さない」という住民の反対闘争もあり、国は廃棄物処理の広域化をうち出しました。その引っ越し費用を税から出すことになった結果、廃業しかけた業者も資金をもらって事業を再開し、所沢から出ていったのです。

ところが、田久保美恵子報告（「自然住宅と国産材利用」、国民森林会議『国民と森林』七六号、二〇〇一年秋）によれば、となりの山梨県をはじめ、最近はごみの大型トラックが高速道路を走り、長野県のきれいな川べりに、うすく土をかけた不法投棄をみかけます。これまで建築解体ごみはトンあたり一五〇〇〇円ほどだったのが、三万円、五万円もごみ処理代としてとれるようになったので、高速料金を負担しても遠方で不法投棄すれば、ボロ儲けが見こまれるわけです。かれらは所沢の失敗から平地にごみを捨てない。ある業者は宅地造成に名を借りてごみを最終処分しますが、家が建ってから地盤がかたむき猛毒ガスがでてきたら一体どうするのでしょうか。

他方、ダイオキシンが煙突からは出なくなっても、大阪や能登のごみ処理場で労働者がごみ焼却灰のダイオキシンに被曝する事件が続発しました。そうなると、業者は山間の谷部に黒いビニールを敷き、そこにダイオキシン灰を捨てて、土をかけて立ち去るようになりました。ビニールの耐用年数は五年ほどにすぎないから、ほどなく大地にしみこんで、その汚染大地からの食物は、かつて問題になった「所沢の野菜」となり、食べられません。たしかに、所沢は一時的にはごみの量は減りました。地価もさがり、ごみ処理施設の立地悪条件を改善する国庫補助金や緑化植樹補助金もつけて、所沢は日本一のケヤキ並木をもつ緑化都市になりました。農地の宅地転用も優遇されています。ところが、その結果、マンション建設ブームになり、廃材と生活ごみがまたまた増えだして、そのごみ処理と不法投棄が広域化し、拡散することになりました。これでは、本当の解決とはいえないでしょう。

先の都内建設現場の実態調査で概観した建材廃棄物ケースのその先を追跡すると、こうした奥深い「所沢的問題」が確認できるのです。

5 大手ゼネコン企業の対応動向

では、民間の大規模建設の廃棄物処理はどうでしょうか。ゼネコンや大手住宅メーカーは、建設リサイクルの法制化を踏まえて取り組みを懸命にすすめてきました。一九九九年一〇月から東京都の汐留地区で広告代理店の本社建設工事をはじめた大林組は、同社としては初の試みとして、建設現場内に廃棄物の中間処理施設を設けました。当初、現場からは約七〇〇〇トンの廃棄物がでて、そのうち約六〇〇〇トンが最終処理場に埋められる予定でしたが、現場で廃棄物を加工して利用し、「廃棄物一〇〇%再資源化」を決めました。その今後の結果に注目したいと思います。また都内永田町高層ビルを解体建設した清水建設は、現場で金属クズ、木クズ、コンクリートなど一三種類を分別収集し、約一二三〇トンの廃棄物削減を果たしています。さらに国土交通省当局は、廃棄物を事前に予測して、現場で処理計画を策定する「建設廃棄物処理管理システム」を導入しました（『日本環境年鑑』二〇〇一年）。

また最近の動きとして、大手建設会社が共同で川崎市臨海部・扇島（**図3**参照）に建設廃棄物のリサイクル施設を整備する構想をまとめました。三年後をめどに、廃棄物を燃料に使い建設汚泥を路盤材などに再生する。神奈川県内から廃棄物を受け入れる。五月三〇日に施工される建設資材リサイクル法を補完し、法対象外の汚泥などの再利用を業界主導で進めるものである（『日本経済新聞』二〇〇二年五月二八日）、と報道されています。

6　巨大高層ビルの崩壊瓦礫処理

ところで、二〇〇一年九月一一日、ニューヨークにおける同時多発自爆死テロによる「世界貿易センタービル」の双子塔崩壊は、遺体未確認二〇〇〇名を含む三〇〇〇人に近い死者をだしています。イスラム原理主義の反米国グローバリズムというその深刻な政治的意味はもとより、「鳥籠構造とカーテン・ウォール工法」の脆さは、それ自体でも検討を要する都市建築文明の大きな問題です。

では、その山なすガレキの処理はどうであったか。現地報道によれば、高熱で熔解した鉄骨と残骸と大量のガレキは、「トラック八九〇台を使って、マンハッタンからクルマで約四〇㎞ほど離れたスタッテン島とロングアイランド島、さらにニュージャージー州にある三カ所のスクラップ置き場に運ばれた」といいます。阪神淡路大震災の瓦礫の処理は、神戸で応援にかけつけたトビ解体業者から私が直接確認したところでは、そのかなりが海底埋め立てで処理され

図3　建設廃棄物のリサイクル施設の整備が構想された扇島

た模様です。高度成長時代の骨材不足で鉄筋を腐食させた海砂まじりのコンクリート危険物ごと、海洋投棄したのです。東京で起きたらどうするか――まさに「What if 問題」です。

以上の両ケースは、廃棄物投棄の環境汚染の点だけでなく、避難救命活動などの点でどういう意味をもつのでしょうか。もともと高層化が困難で無害の灰になる木造建築と比べて、燃え移り、燃焼し尽くすのに時間がかかり、いかに耐火建築でローコストかつ軽量のビル工法でも、一瞬にしてあれほどもろく崩れ去る高層鉄筋コンクリート建築。その非人間性が痛感され、その再検討が迫られています。

7 公共工事におけるリサイクル導入

国土交通省は、二〇〇二年度から実施される建設廃材の分別解体やリサイクルに実効性をもたせるために、需要の低迷しているリサイクル木材を公共事業に積極的に導入する方針を固めました。そのため、二〇〇一年度から「ゼロエミッション社会推進公共事業」のプロジェクトに着手し、地方建設局の工事に導入されました。その事業の柱には以下の五本があります。

① 建設副産物の発生を抑制する技術開発(reduce)
② 公共工事でのリサイクル資材の利用目標設定(recycle)
③ リサイクル材利用を促進させる仕組みづくり(recycle)
④ 石炭灰、ガラス、下水汚泥などを建設資材として利用(cascade recycle)する技術開発や、解体工事での有害物質の分別法と処理技術の検討
⑤ NPOなどと連携した違法解体、不法投棄の監視システムの検討

リサイクル資材の具体的な利用としては、再使用率の低い木材が注目されています。木材の再生ボードをコンクリートの型枠にリユースしようというもので、二〇〇一年度から各地方局の工事に導入しました。ところが、すでに型枠回転使用の回数増大(七~八回を二〇~五〇回に)に成功した型枠工法、リサイクル可能な型枠や打ち込み型枠は民間工事で開発されていますが、日本では部品材料の規格化がおくれてバラバラで、せっかく開発されても使えない現状にあります。今後は、汎用化とモジュール化が必要になるで

しょう。

他方で、国土交通省は二〇〇〇年から「公共事業ゼロエミッション構想」にとりくみ、河川や道路、空港、港湾などの公共工事で、二〇〇一年度から五年以内にコンクリートやアスファルト、木材の建設廃材のリサイクルを推進しており、最終処分量の極小化をめざしています。国が率先して、自治体や民間のとりくみを誘導するのがそのねらいです。

8　リサイクル・モデル工事と3R原則

リサイクル公共工事モデルの典型として注目したいのは、都市公団による「解体コンクリート塊の敷地内リサイクル・システム」です。団地の取り壊し時代にはいった今日、かなり普及しはじめているからです。この再利用三原則とは、①まず現地での分別と再生、②残余は中間施設処理に、③敷地周辺に常に再利用需要があるとはいえないため年間の需給調整をはかる、といった点にあります。そのほか、国土交通省と都道府県でつくる地方建設副産物対策連絡協議会と建設業団体などで組織する「建設副産物リサイクル広報推進会議」が選定した、二〇〇〇年度のリサイクル・モデル工事が参考になります。

その主なモデル工事とリサイクル部品材料として、宮古地区国道維持工事（養殖貝殻）、新江東清掃工場外構整備工事（建設発生土）、小倉ダム第二期建設工事（建設汚泥）、黒木第一次改良工事（石炭灰）、日銀戸田分館新築主体工事（建設発生木材、建設混合廃棄物）、国立国会図書館関西館建築工事（建設汚泥、地下排水）などのモデルがあります。

9　むすび――「建設リサイクル法」と「自然住宅」の功罪

以上に考察してきた「建設リサイクル法」の主眼は、不法投棄防止と再利用・再資源化にありますが、不法投棄にはなお抜け穴がいくつもあり、決して根絶策になっていません。ゼネコンは下請け任せ、下請け解体業者は処理業者まかせ、処理業者は補助金に依存して遠隔地投棄、つまりは公害の地方拡散といった、「公害輸出の論理」が再現しているのです。結局、最後のツケは、遠隔僻地の谷間の毒水をのまされる高齢住民であり、遠足の児童や家畜の病死になりかねないでしょう。

他方、再利用・再資源化の方は、省資源・省エネ以来の線上で一定の効果を期待できますが、官公工事先行、規制先行であとはつけ足し、末端ほど責任はアイマイになっています。「循環型建設活動の創造」という意識にまでいっていないのです。その根底には、国産木材利用による自然住宅の林業―建築業―日本建設文化を高めようとする「地産地消」運動、国内循環型関係意識の未成立があるように思えてなりません。輸入南洋材や合板を浪費する型枠のコンパネの濫用も、やたらに河川・港湾・都市をコンクリートと鉄筋・セメント固めにした土木工法思想も、その「鉄筋コンクリート体質」の公共事業であるかぎり、「建設リサイクル」は、せいぜい資源節約運動に留まるのではないか、ということです。

そこで最後に、自然住宅、木造建築の廃材削減効果と可能性、およびその功罪を確認してむすびにしたいと思います。

建築物の解体・新築にともなう廃棄物の削減といえば、早大理工学部総合研究センターは、部材リサイクルを最大限に追求した「完全リサイクル住宅」の二つのタイプを実験試作しています。しかし、いかに建築廃材を減らしてみても、「外装すべてガラス張り、プラスチックのみの床や天井、耐久性が高い重量鉄骨」などという「部材再利用率九八％の完全リサイクル住宅」（北九州市）に、ひとは住む気になれるでしょうか。いかにローコスト・ハウスでどんなに規格化されていても、アメニティ（快適さ）に欠け、風土にそぐわないでしょう。他方、自然素材に絞った対照的な「自然リサイクル住宅」も富山県で実験建築中ですが、こちらの方は地元の木や土を使った伝統工法により、モミガラ断熱材入りの壁パネルを組み合わせた「山村型」です。たしかに快適で、エコ建築ですが、老後やセカンドハウスにはむくとしても、火災に弱く高い地価がネックになっています。

木造・自然住宅の利点は、まずその快適性、耐湿性にあります。「2×4工法」式にクギ、金物や接着剤をつかえば長持ちしませんが、一本のクギも使わない日本古来の「軸組」方式なら、法隆寺一三〇〇年の長寿命のうえに、移転可能（replacable）で最良のゼロエミッションになるのです。

しかも、敗戦後に全国各地で一斉植林したスギ、ヒノキがいまは四〇～五〇年樹に成長しています。でも、下草とりも間伐も十分にできず、山村は林業労働力が絶対不足で、外材に依存しているのです。国産材の木造には七〇～八〇年材が理想ですが、国産材の使用可能な「地産地消」という点でも、内部循環型の建築活動が理想的です。日本の木材自給率は、一九六〇年代の九〇％から現在は二〇％に低下して、日本は世界一の木材輸入国になりました。とはいえ、木造・自然住宅といっても、よいことだけではありません。

では木造の欠陥はどこにあるのでしょうか。第一は、防火基準上とくに大都市と市街地で不適です。ただし、郊外から農村地区では不適とはいえないため、最近の若い夫婦の多くはマンションより木造住宅を希望選択する時代になりました。第二はダニとシロアリ対策で、これがなかなか厄介です。第三に、よほど大量の部材にしないとコスト高になるのです。第四に、いまの戸建木造は、構造計算しようとしてもコンピューター計算に不向きで、コスト高になります。

こうして、「都市型」と「山村型」のリサイクル住宅の功罪を比較考量してみると、再資源化か否かのどちらかひとつが正解ではなく、各人のライフステージとライフスタイルとコストに応じて住み分けるということになり、必ずしもリサイクル万能でもないのです。

最後にオフィスビルについていえば、到底受け入れがたいのは、先にみたアメリカ物質文明のアキレス腱ともいえる超高層ビルとカーテンウォール工法（ＣＷ）の悲劇です。ＣＷ工法は、骨組みと外壁を分離する軽量・速成・小建材で耐震性がある高層ビル工法です。一九七三年、日系二世の山崎稔氏が設計した、世界貿易センタービルもまた、柳のように風を受け流し、振動を吸収するしなやかな「鳥籠構造」をとり、岩盤強固なニューヨークで耐風性を示しましたが、爆破テロには無力でした。外壁の取り外しとつけかえ可能な更新性の利点も壁構造のもろさとなり、高熱で鉄骨が融解してビル連続崩壊の悲劇を招いたのです。アメリカの金融グローバル経済力の象徴であった高層双子ビルが倒壊するのに、さほどの時間はかからなかったのです。

木造なら軸柱が一挙に融解などせず、時間をかけて燃えつづけて避難ができたかもしれない、といわれます。

日本最初の超高層霞ヶ関ビルも、サッシが潮風で腐食し、アルミも劣化してきました。「物質の劣化法則」は、両高層ビルの劣化ともろさに厳然と貫徹しています。そこからも、「建設ゼロエミッション」(廃材の削減と再資源化)というだけでなく、長寿・堅固・安全・快適さの配慮や、風土への適合性に欠ける、その限界が問われる時代です。

以上の考察から、今日の建設業では、Quality, Cost, Delivery, Safety, Ecology の頭文字をとってQCDSE(よいものを、安く、より速く、安全に、かつ環境風土になじむ)「環境経営」が要求される、という結論が確認できます。

2　循環型経済社会と組立て産業
——家電リサイクルとメーカーの対応——

上野　潔

1　はじめに——廃棄物における家電業界の位置

私は、三菱電機で家電分野を担当しています。最近は家電リサイクルが話題になっているのですが、家電製品は組立て製品の典型と言えます。**表1**に「素材と廃棄物に占める家電製品の割合」を示しました。家電製品産業が日本全体で、どのくらいの量的な地位を占めるかを読み取ることができます。家電製品の排出量は年間六五万トン、約二〇〇〇万台と推計されております。廃棄物全体の量が四・五億トンですから、〇・一%にすぎません。一般廃棄物の区分で見ても、一・三%になり量的には極めて少ないということをまず認識していただきたいと思います。もうひとつ、素材使用の割合では、たとえば鉄の使用量は日本全体の〇・三%、プラスチックの使用量は日本全体の二・三%位にすぎない、という家電産業の位置づけというのをご理解いただきたい。FAXコピー機などの事務機やパソコンなど他の組立て産業は家電よりも規模が小さいので、さらに比率が少ないということをまず知っておいていただきたいと思います。

その次にお話したいのは、循環型経済社会のことです。二〇〇〇年の一二月に当時の経済企画庁が出した有名なレ

	廃棄物全量	一般廃棄物	粗鋼	電気銅	アルミ地金	プラスチック	ガラス
日本全体	45000	5000	9400	130	400	1200	6400
家電製品	65		24	2.5	1.2	27	12.5
比率	0.1％	1.3％	0.3％	1.9％	0.3％	2.3％	0.2％

（単位：万トン）

＊化学品審議会資料 1997 年 3 月、鉄工統計要覧 1999 年、通産省データ 1999 年から編集。

表１　素材と廃棄物に占める家電製品の割合

ポートがあります。その中に早稲田大学の中村愼一郎教授が分析された図（**図1**参照）があります。大量生産大量廃棄、従来型の社会がつづくと日本のＧＤＰは徐々に減少する。しかし、循環型経済社会に構造を転換すれば、順調に経済成長は伸びるという解析結果です。これはマクロ経済の手法で分析しているのですが、従来型の社会で経済成長率が落ちていく理由として、埋立地がなくなることによると説明しています。たしかに、関東地方では管理型埋立地への処理費用は最近ではトンあたり三〜四万円です。もちろん地域によって違うけれども、このように埋立地がだんだんなくなると産業廃棄物の処理費用が上がっていき、産業界は産業廃棄物を出せなくなり、産業規模を縮小するしかないというシミュレーションです。一方、貴重な資源である埋立地をなるべく使わない循環型経済社会に移行すれば、経済は成長していく、という非常にわかりやすく明るい予測だと思います。

それから最近拡大生産者責任（ＥＰＲ）の考え方の議論が深まっております。大変結構なことです。いろんな議論がありますが、私のように一般消費者に直面している組立て

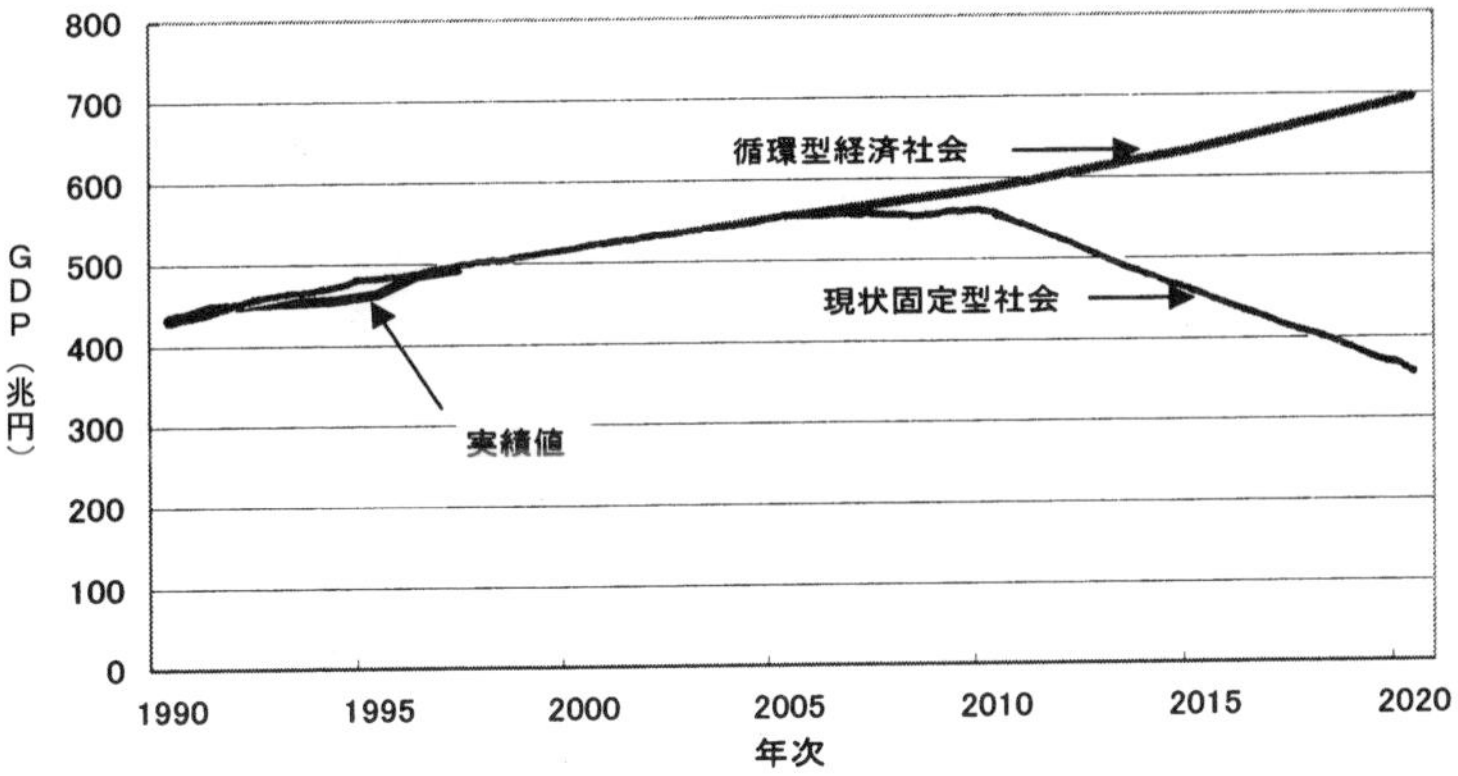

＊経済企画庁総合計画局編「循環型経済社会推進研究会報告書」2000年12月より引用

図1　循環型経済社会構築によるＧＤＰの推移
（環境一般均衡モデルによる分析）

産業界では、拡大生産者責任を非常に重く受け止めております。環境庁（現環境省）では「物を作る人や販売する人がその物がごみになった後まで一定の責任を持つこと」と説明しています。

物を作った人がその製品について一番詳しいわけですから、その廃棄段階にいたるまで一定の責任を果たすのは当然であると理解しております。処理費用の負担方法などにはいろいろな議論があると思いますが、情報公開が私たちの第一の責任だと思います。これをどうやってわかりやすく公開するかというのが私たちの課題であると考えています。

2　家電リサイクルのシステム

さて、家電リサイクルの話です。これはもはや大変有名なので改めて説明いたしませんが、全国の四〇カ所のプラントで順調にリサイクル処理がされています。このうち一五カ所のプラントは家電リサイクル法に対応するために新規に建設されたもので、見学希望者には公開しております

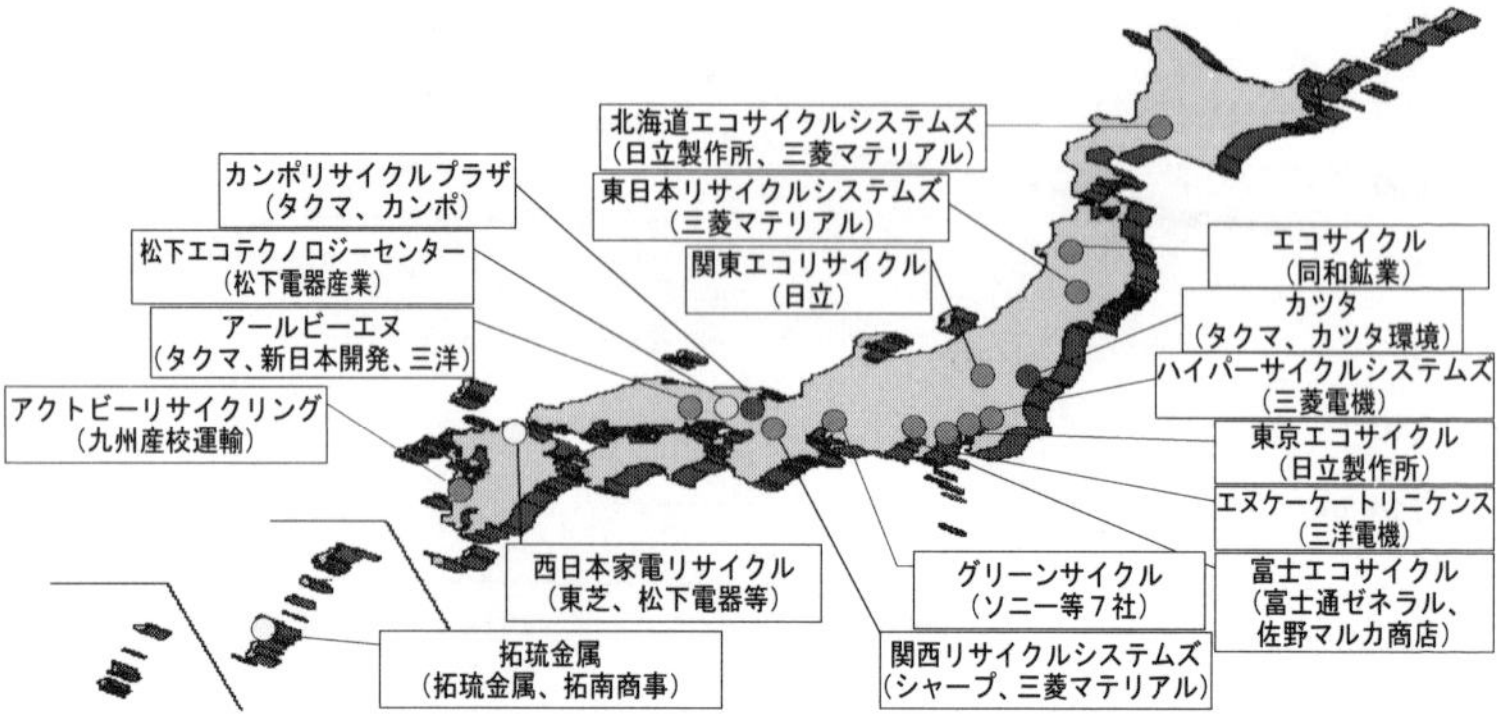

図２　新設された家電リサイクル拠点と参加企業

（図2参照）。

家電業界はA、B二つのグループに分かれて運用をしています。

もともとは、個別にやって競争をさせようという趣旨だったのですが、バラバラにやりますと会社の規模とか地域性などの問題があり、結局二つにまとまったという訳です。家電リサイクルの運用の推移については、経済産業省と環境省がそれぞれのホームページで毎月のデータを公開しています。公開されたデータの一部を紹介します。不法投棄に関しては、環境省が公表しています。いろんな見方があるようですけれども、小型テレビの不法投棄が増えている一方で、大型の物はむしろ減少気味で全体的にはそれほどでもない、という見方をしています。不法投棄については四月以前のデータと条件が異なるなど、なかなか比較しにくいのですが、今後どうなるか推移を十分見ていきたいと思います。

それから、家電製品というのは季節商品なのです。年がら年中売れているのではなくてたとえばエアコンなどは今年の猛暑で七月にわっと出てきたとか、これから一二月にかけて歳末商戦の結果がどうなるのかなど、なかなか不安定なのです。そんなことで回収率に関しては変動要因があり、二年ぐらいデータを見ていかないと全体の評価は難しいと思います。

3　家電リサイクルの技術的問題

それでは技術的な話に入りたいと思います。家電製品というのは、プラスチックの使用比率が高いのです。家電リサイクル法ではリサイクルを再商品化率という言葉で定義していますが、現時点では金属と、テレビの場合はブラウン管ガラスをきちんと回収すれば法律を満足することは比較的容易です。法律ですから日本全国どこでもできなければいけないのでかなり低めに水準を設定しているのです。将来は再商品化率を二〇%程度上乗せしたいという考えがあります。その要求に対応するためには、金属とブラウン管ガラスに加えて、プラスチックをうまく処理しないと再商品化率七〇~八〇%を達成することは難しいと言えます。各社いろいろやっているのですけれども三菱電機の事例でお話します。

図3の左側の写真ですが、これはいわゆる家電製品のシュレッダーダストと言われるものです。家電製品を単純に破砕機にかけますと、当然いろんな種類のプラスチックや金属などが混在して出てきます。その後で鉄は磁力選別で、銅やアルミは渦電流選別や比重選別でできるだけ回収するのですが、最後に残った物がシュレッダーダストです。シュレッダーダストには塩ビ（塩化ビニル）も入っているし、はんだの屑や素性の不明な物質も入っている可能性があります。これをそのまま燃すなどの処理をすると、公害の問題がありますので、現在ではトンあたり三万円から四万円支払って、管理型の処分場に埋めています。このままではリサイクル処理費用が大変です。もう一つはこの中に入っているプラスチックあるいは細かな銅線や金属を回収しないと、再商品化率向上につながらないということになります。三菱電機では右の写真のように、シュレッダーダストをさらに細かく破砕してから静電分別方式を利用し、プラスチックの中の塩ビ成分と金属成分を〇・五%以下まで落とす事によって、コークスの代わりに高炉還元剤に使用していま

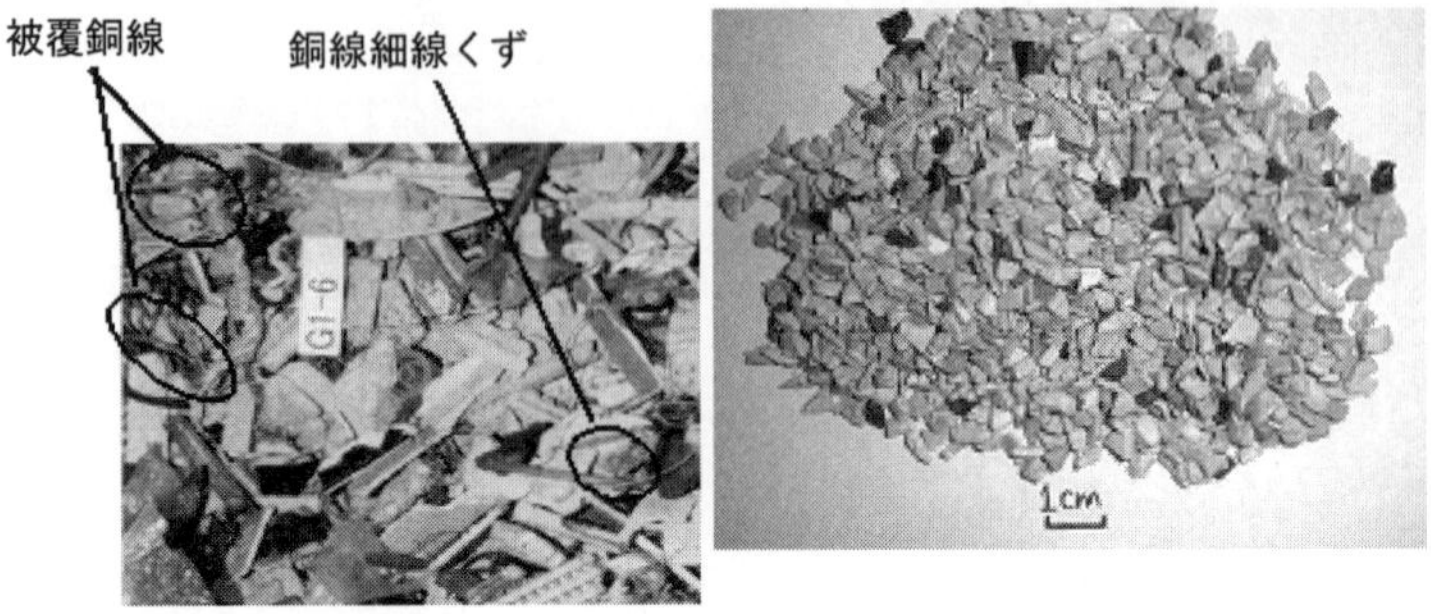

図３　分別後のシュレッダーダスト（左）と高炉還元剤（右）

す。残念ながら現在は逆有償なので、最終的には再生プラスチックとしてマテリアルリサイクルし、有償にすることが目標です。

現在の再生プラスチックの使用状況ですが、たとえばテレビのバックカバーには難燃剤がはいっていますので、もう一回難燃剤の必要なプラスチックとして使用する研究が進められています。テレビは現在でも再生プラスチックの使用比率が高い製品です。その他冷蔵庫、洗濯機で使用されていますが、まだまだ量は少ないという状況です。

４　環境適合設計とグリーン購入

次にどうしても触れておきたいことが、環境適合設計の話です。環境適合設計（Design For Environment 略称ＤＦＥ）は一〇年位前から家電製品をはじめとする組立て産業で適用されてきました。一九九一年から旧リサイクル法に対応して、家電製品協会では製品アセスメントマニュアルをつくり、それを参考に各社独自の製品アセスメントを実施したわけです。

私は環境適合設計を三つの世代に分けて考えています。第一世代のＤＦＥというのは、頭で考えていた一〇年位前の話です。第二世代のＤＦＥは第一世代とは大きく異なります。家電リサイクル法によって、家電メーカーは自社にリサイクルプラントを持つようになりました。最近では、新製品開発の過程で試作品を自社のリサイクルプラントで実際に分解し、データをチェックしてから発売することが一般的になってきました。また、リサイクルしにくい個所を設計部門にフィードバックすることも行われています。これが、第二世代の環境適合設計です。第三世代のＤＦＥは、これはずばりＬＣＡ（ライフサイクルアセスメント）を実際の設計に適用することです。

それでは、第二世代のＤＦＥの事例を紹介します。ここにあるテレビにもたくさんのラベルが貼ってあります。昔はこのラベルの材質は大半が紙や塩ビでした。紙とか塩ビを貼ったプラスチックはリサイクルできませんので、非常な苦労をして手ではがしています。しかし、一〇年、一五年も経つと簡単には剥がれません。それで今では、ほとんどのラベルがプラスチックの母材と同じ材質のものを使っています。そのためそのまま破砕しても、再生プラスチックへの道が開けます。もう一つ例を紹介します。エアコンの室内機や、カラーテレビのプラスチック部分には、外観や意匠面の理由で塗装がしてあります。この塗料とプラスチックは一般的に材質が異なりますから、リサイクルする時に困ります。そこで今では塗料をプラスチックの母材と類似の材質にしています。これを相溶性のある塗料と呼んでいます。本当は、塗装しないでも買っていただけるのが一番よいのですが、やはり美しい製品は喜ばれます。これらは、目立たない小さな事例ですが第二世代のＤＦＥになって実施するようになりました。一〇年後にこれらの製品をリサイクルする時が楽しみです。プラスチックの材質表示はもう一〇年前から家電業界でも実施していますが、自動車やＯＡ機器はもっと進んでいて、プラスチックのグレードまで表示しています。家電の場合は、ＰＰ（ポリプロピレン）、ＰＳ（ポリスチレン）など主要の材質しか表示していません。家電業界でも、ぜひプラスチックの材料表示をもっと詳しくしたいと考えています。

もう一つ大きな話題があります。それはグリーン購入法です。グリーン購入法というのは、指定された一〇一品目について、国などが調達する場合についてのみ義務づけられているのですが、民間会社の間でも同じ考え方が導入されています。三菱電機が資材を調達する場合も、グリーン調達に準じた要求をするようになります。当然他社からも同じような要求がされるわけで、今では多くの組立て産業界が各社特有のグリーン調達基準書を作っています。たとえば半導体工場の事例では、お宅の半導体を使うから、ＬＣＩのデータを提出して下さいと言われる。そういう時代になっているのです。

5　リユースへの期待

時間がなくなりましたが、リユースへの期待についてお話しします。リユースはリース制度とリンクしていることでもあります。ＯＡ機器などはリース制度が中心ですが、製品の所有権がメーカー側にありますからリサイクルも容易になるし、部品のリユースも進んでいます。家電製品でも、リース制度が進めば部品レベルからリユースが進むかもしれません。その前に余寿命管理や品質保証などの課題があります。

最近私が提唱しているのは、冒頭にお話した拡大生産者責任の考え方を企業間の役割分担としてとらえることで、そうすると製品ではなく素材のリース制度も考えられると思うのです。実は国際素材リース制度という考えは一九九七年に当時の国立金属材料技術研究所、今の物質材料研究機構（独立行政法人）の原田幸明エコマテリアル研究センター長が提唱されているのです。素材リース制度はまだ理念的なものですが、使用済み素材が素材産業界に循環することにより、リサイクルしやすい素材開発が進められ、新たな産業創生になるかもしれません。

最後に、話の内容をまとめます。

一番目は、家電産業などの組立て産業が素材や廃棄物に占める割合は、日本全体からみると非常に少ないという事実です。それにもかかわらず家電リサイクル法ができたのは、家電製品のように皆さんの家に必ずあるものがうまくリサイクルされることが、大きな循環型経済社会への普及啓発につながる先行実験と考えています。

二番目は、メーカーの意識変換です。たとえばＤＦＥの事例でお話ししたようにラベルや塗料の材質を変えたことなどは、宣伝してもあまり効果はないけれども、メーカーの製品設計の考え方が大きく変わっていることを示しています。

三番目、これはグリーン購入法の波及効果です。グリーン調達が組立て産業界の間で要求されています。これは当然素材産業と部品産業にも波及します。

四番目は、リース社会の到来の芽生えです。リデュース、リユース、リサイクルを考えると、家電製品にもリース制度の普及が進むかもしれません。さらに素材リース制度の提案もあります。

五番目は、今回お話しできませんでしたが、政策評価制度です。日本にも政策評価制度ができました。家電リサイクル法は国会の付帯決議で五年後の見直しが明記されています。あまり性急に家電リサイクル法の批判をせずに、一年から二年くらいいろんなデータを見た上で、政策評価制度で、どんどんよくしていきたいと思います。

質疑応答

——冷媒フロンは、かなり回収されているようですが、冷蔵庫の断熱材に入っているフロンの回収は具体的にどれくらい進んでいるか、現状を聞かせていただきたい。

上野　冷蔵庫の断熱材には、平均して冷媒の四倍くらいのフロンが入っていました。したがって断熱材のフロンを回収することは大切です。ここに紹介した一四カ所のプラントではすべての断熱材フロンを回収しております。沖縄だけは設備がないので、今は九州に運んで処理をしています。

福島肇　家電リサイクル法は、日本が海外で作った物についてはどうなっていますか？

上野　海外から日本に入ってきた家電四品目にもすべて適用されます。輸入業者が回収する義務があります。実際の処理は、輸入業者がリサイクルプラントに委託することになります。

福島　日本から海外に輸出された製品は？

上野　輸出された国の法律に従います。

田中良　家電製品のプリント基板類や電子部品類にはさまざまな毒物が入っています。それを毒物管理の面からどうするか。もう一つは逆に、金（Au）のような貴重な物質が電子基板に入っている。その有効利用についてお聞かせいただきたい。関連することですが、パソコンなど古くなると我々は中をどんどん交換していく。これから捨てられるパソコンは中身がまったく変わって、わからないような部品が入っているでしょう。それはどう考えたらよろしいか。

上野　パソコンのリサイクルに関しては、産業構造審議会で議論中です。今言われたような改造製品をどうするかは大きな問題です。家電製品は、改造製品は非常に危ないのです。安全上の問題や、事故の責任などのＰＬ（製造者責任）問題、そういうことで私は、不適正改造はＮＯ、と言っています。将来リユースなどが進む場合は、自社の製品部品は、自社で確認してから保証するというふうになると思います。それでパソコンについては、今は答がありません。ただ日本はブランド主義ですから、もしリサイクルするときは中身が改造された製品でも実際は引き取らざるをえないということになると思います。

次に、プリント基板については、大部分を非鉄精錬所に引き取ってもらい、金だけでなく、鉛やその他の貴金属を回収します。パソコンとかＯＡ機器のプリント基板は、コネクターなどに金メッキ部分が多いものですから価値が高くて、全部回収しています。ただ家電製品のプリント基板はあまり金が使われていませんので、今後は処理に困るかもしれません。

次に危険物の話題ですが、鉛はんだは有用な材料ですけれどもその中の鉛は人体に影響がある。しかし鉛は貴重金属なんですね。その意味でも鉛を回収することが必要です。プリント基板上の小さい電子部品にも、鉛などの貴重金属が含まれています。非鉄精錬の他にも、ガス化溶融法なども考えられています。今までは管理型処分場に埋め立てられていました。

――素材のリースを進めていく上で、家電製品がリースでは難しいというのは、どこに一番問題があるのでしょうか？

上野　今リース産業で成り立っているのは、製品価格の高い航空機とか鉄道、ビルなどです。製品価格があまりにも安い家電製品では、なかなかリースが普及しません。リースにすれば壊れたらいつでも交換しますとか、新製品が出たら無条件で変えますなどの他に消費者の意識改革や、さらなる税制上のインセンティブが必要でしょう。

――プラスチックのリサイクルの割合があまりにも少ないというのを知って、驚いた次第です。高炉還元剤に持っていっているのは何割なのか、また、材料に戻して使うことの見通しを聞かせてほしい。

井野博満　それに関連する質問ですが、高炉還元剤の原料を提供しているのになぜ逆有償なのか。それから再生プラスチックがこれから出るといったけれども、プラスチックを減らすという方向の方が本筋ではないかと思うのですが？

上野　まず高炉還元剤がなぜ逆有償か。全国からはどんなものが来るかわからないので全部チェックします。その上で異物は自分で除去します。チェック費用が相当かかるのです。そういう管理コストを見込むとどうしても逆有償になると言われます。しかし、もともとコークスは有償で、その代替品だから、コークスと同じように品質の信頼性が出てくれれば、いずれはコークス並の有償になると思っています。もうひとつはガス化溶融炉の普及が進んでいますから、受け入れ側の競争も増えている。我々は、どちらでもいいから有償で買っていただきたいと期待しています。

家電全体で高炉還元剤への使用割合はデータ集計がないため現状では不明です。ただ当社は、最終的にはプラスチックのマテリアルリサイクルを目指しています。プラスチックを使用しないというのも一つの考えですが、軽量性や加工性など多くの利便性があり、環境負荷低減へのプラスチックのメリットもはかりしれません。処理方法も含めて、多様な対応と研究が必要だと思います。

3　レインボープランが築く世界
——循環型地域社会への道——

菅野芳秀

私は農民です。田んぼと養鶏などを営んでおります。小さな自治体ではありますが、まちぐるみで、台所の生ごみを一〇〇%集め、有機肥料にかえるための堆肥センターが稼動して五年。ここに至る一三年間の市民ぐるみの事業を、このような場で報告できることを嬉しく思います。

1　レインボープランとは

循環型社会とは、自然の循環機能や生態系とハーモナイズする暮らしを地域に築くことにあります。私たちはその道を、生ごみを牽引役として進んでいきたいと思います。

長井市は山形県の南に位置しまして、周辺を三千町歩の水田がぐるっと囲んでいる、名実ともに田舎町です。

人口およそ三万二〇〇〇人、世帯数九〇〇〇世帯です。内訳は、まちの中に五〇〇〇世帯、周辺のむらにおよそ四〇〇〇世帯となっています。

レインボープランは、まちの中の五〇〇〇世帯の台所から出る生ごみを資源として集め、それを堆肥センターに運び、農家の水田から出る籾殻や酪農家の家畜の糞を混ぜ合わせ、約三カ月ほどかけて堆肥にする。それを活用して、なるべく農薬・化学肥料を使わずに農作物を作り、できた作物を学校給食や一般家庭で食べる。その残飯をまた堆肥にして再利用するという、生ごみと健康な農産物が土を通して循環するまちづくりです。

検討を始めて八年、稼動して五年、合わせて一三年の歳月が経ちました。今では五〇〇〇世帯の台所の生ごみの一〇〇%が回収され、堆肥に向けられています。まちの中に二二七カ所の一般ごみの収集所があり、そこに七〇リットルのコンテナバケツがいくつか置いてあります。バケツに市民は週二回、朝の二時間の間に生ごみを出します。

生ごみが堆肥になるには、二つの条件があります。一つは分別がしっかりできていることです。この分別が悪ければ、いくら集めてもよい堆肥にはなりません。そしてよい分別がいつまでも続くこと、持続性がなければ事業化することはできません。分別と持続性、その二つを同時に満足させるシステムとは何かということをめぐってさまざまな検討が行われてきた結果、三角コーナーからコンテナバケツに投入するというシステムが採用されることになりました。稼動して五年になりますが、私たちは生ごみの分別に関しては日本一だと、胸をはっています。

年間一五〇〇トンほどの生ごみがあって、家畜の糞が五〇〇トン、さらに専業農家から出る籾殻が五〇〇トン、あわせて二五〇〇トンほどの材料が集められ、それが約六〇〇トン前後の堆肥に変わっていきます。最初の一、二年は良質な堆肥を作るためのさまざまな試行錯誤がありましたが、五年たって安定したいい堆肥ができるようになりました。その堆肥を一トン四〇〇〇円で、一五キロの袋詰めもあるんですがこれは三二〇円で、売られています。その堆肥は農協を通して農民や市民が手にするわけですが、ほぼ全量が長井の土に戻っている。ほぼ全量と言いますのは、まれに遠くから堆肥が欲しいという方がいるからですが、そのことを別にすれば、長井市のまち中からでた生ごみ資源は一〇〇%同じ長井市の土に戻っているということになります。

2　総合的な地域づくりへ

さて、レインボープランには、もう一段先があります。それはその堆肥を活用して、レインボープランの定めた安全基準に即して作物を作るということです。できた作物は安全安心のシールが貼られ、まちの中で消費されていく。その認証システムに参加している農家は今年の場合、約七〇戸です。七〇戸というのは少ないと思われるかもしれませんが、今のような状況の中で多少理念性の高いこのシステムに、七〇戸の方が参加して下さるというのは驚異だと私は思っております。

その作物は四つのルートで地域社会に戻ってきています。一つは市場を通して、一つは学校給食として、三つ目には直売場、四つ目には加工食品です。一点目の現状は、市場からスーパーや八百屋などですが、いったん市場に出された農作物は長井市から外へ出ていってしまうものもありまして、なかなか一方通行の既存のシステムのなかに循環の流れを築くのは至難の業であると思っています。

二つ目の学校給食についてですが、長井市では約三二〇〇人の小・中学生がおりますが、学校給食はすべてご飯給食です。給食でだされるご飯のすべてがレインボープランの米になりました。なかなか学校給食に地元の作物がつながらないというのは、一方通行の市場システムによって地場のものが使われなくなっているということもありますし、さまざまな権益が交錯していまして、新しいシステムに変えるにはなかなか難しい面もあります。でも長井の場合は、地域の育んだ一級の農作物を子供達に優先的に食べさせたいという思いが伝わって、納入業者や行政や農協や教育委員会や現場のＰＴＡの方々の力を集めて、「レインボープラン農産物学校給食調整協議会」という多少長ったらしい名前の団体を作りました。二〇〇一年の七月からまずは米が、そのほかにも旬の作物が供給されるようになりました。

三つ目の直売場ですが、市内に八カ所ほどの直売場が、農民のフリーマーケットというかたちでありまして、そこでレインボープランの農産物が売られています。

そして四つ目の加工食品ですが、市内のそば屋やラーメン店などで構成している麺業組合が「長井ラーメン」「レインボーそば」を、あるいは農家と豆腐製造業者が協力して「レインボー豆腐」や「レインボー納豆」を、さらには食肉店が「レインボーコロッケ」を、というふうにおもしろい広がりを見せ始めました。今までは地場の農産物とは関係なかった食品加工業や食堂が生ごみを仲人役としてつながりあおうとしています。

循環の輪というのはどこかが停滞すれば全体の流れが停滞してしまいます。全体がうまくいって初めて回りだす、非常に難しいものです。今一番パイプの細いところは流通です。レインボープランの直売所をつくるというのが当面の課題となってますが、一方通行の市場システムの中に循環を、ということも諦めずに追求していきたいと思います。

3 「循環」と「ともに」

レインボープランには二つの柱があります。一つは「循環」であり、もう一つは「ともに」です。

「循環」には、二つあります。一つは土からうまれたものを土にかえすという有機物の循環です。もうひとつはまちとむらの人々の和（輪）が育む循環、それがあって初めて生ごみが堆肥となり、農作物となって市内を循環することが可能となるわけです。これまでまちとむらというのは乖離した関係にありました。まちの食生活はむらに依存せず、むらの作物はまちの頭をこえて都会に運ばれていた。「循環」ということから見れば、そもそも地域のなかにその基盤が形成されていませんでした。でも今、少しずつまちとむらのいい関係が生まれています。まちが生ごみを集めることで、むらの土の健康を守り、むらが作物を届けることでまちの台所の健康を支える、というように。

また個人においては、一方通行の市場システムの中では生産者は生産者、消費者は消費者という固定された関係にあるわけですけれども、循環システムの中では生産者は同時に消費者、消費者は同時に生産者であるという、関係が育まれてきます。農家は作物を作りますが、その過程は堆肥を消費すること、まちの市民は作物を消費しますが生ごみをあつめることで堆肥の生産を行っているわけです。生産と消費が循環の中で融合する。循環のシステムの中では、市民みんなが土に関わる、農に参加する、そういう世界が少しずつ育まれてきています。

もう一つの柱は「ともに」ということです。市民と行政、あるいは職域の違うものたちが、同じ地域の生活者としてイコールの関係で参加し、協議し、決定を分かちあう。そのように事業を進めてきました。

レインボープラン推進協議会がこの事業の推進軸になっ

ているのですが、「命の資源の前の平等」、あるいは「地域百年の前の平等」という言葉も生まれましたが、市民が協議して、最後は行政が決定するということにはなっていません。

公共事業依存型の地域経済システムと国―県―市町村―住民の縦軸の構造は対の関係にありました。上から下にお金や仕事がおりてきて、下から上には陳情、請願が上がっていきました。しかし、循環型社会は住民の主体性、自発性に基礎をおく社会です。縦軸特有の「やらせる」「やらされる」という関係ではなく、「ともに」やる横軸の関係が求められます。循環型社会と「ともに」はあたらしい対の関係です。市民と行政の新しいつながり方があってはじめて、循環が稼働するのです。

このようにレインボープランというのは生ごみをどうこうすることが目的なのではありません。生ごみを資源として活用しながら土と台所、まちとむら、人と人、あるいは市民と行政の今までのつながり方を変え、地域をつくりかえていこうとする地域生活者主体の事業なのです。

4 つなぎなおす関係

事業の背景には二つの背景がありました。一つは、土が疲弊しているということです。牛や豚というのはミルクや肉をつくるだけでなく、出す糞によって土を作る、土の豊かさを育む、循環の装置でしたが、ミルクや肉を作るためには外国のほうが安いということで、むらからどんどんいなくなりました。都市には安くて美味しそうな肉がスーパーマーケットなどに並んでいますが、一方でむらの土がどんどん疲弊してきているという現実があります。それを豊かなものに取り戻すには有機物を土に投入するしかないのですが、そこで行き着いたのが生ごみを堆肥として活用するということでした。

背景の第二は、まちの人の食生活への不安があります。周りには広大な田畑が広がっているのですが、その作物は地域社会の頭をこえて都会に出荷されています。地域社会の台所はいったん都市に吸収されていったものの転送品でまかなわれている、という構造にありまして、青果物の地域自給率は五％から七％という非常に低い実態がありました。極論をすれば、まちの人たちにとって周辺に広がる田んぼや畑は、風景以上の意味を持たない、そのようになっていました。それを変えて、台所と農地を「つなぎなおす」ことで地域の自給率を高めていきたい、ということがありました。

まちはむらの農地に依存して安心できる食生活を、むらはまちの台所に依存して土に対する資源を供給できるようにしたい。地域に全体性を取り戻したい、田舎の豊かさを取り戻したい。レインボープランにはこんな背景がありました。

5　土と人との品格ある関係

有機物の循環型社会を構築するにあたって核心は何かといいますと、一番目は土と人々との品格ある生命の関係を築く、ということを基礎にすえることだと思います。最近では年間四〇〇〇人ほどの方々が、ごみ処理対策の妙案はないかという観点で長井に来られます。そして、こういうシステムにすれば田んぼや畑がごみ捨て場として、生ごみの処理ができるのかというふうに納得して帰られるわけですね。

私は一農民としてちょっと待てと思いますね。経済効率から、日本で生産するよりもアジアやアメリカで生産したほうが安いからといって、日本の農地を足蹴にして、広くアジアやアメリカに日本人の胃袋を預けてきた。そのことによって、日本の農地は荒れてしまった。そして今、農地をごみ捨て場として活用しようとする。

私たちは、そういう文明への反省を深めながら、新しい土との「出会い直し」を長井から始めようとしているのです。まちの人々が生ごみを分別するのは、ごみの減量対策の一環としてやっているのではなくて、台所から土づくりへの参加なんです。作物づくりへの参加です。

大量生産、大量廃棄の延命策として田畑をごみ捨て場にする、というような下品なものとは全く違います。すべての生き物達は土に依存している。土から生まれて土に帰る。今まで日本人は、土との付き合い方がとても下手でした。土が体につくことが「汚れ」であったり、土がたくさんある山とか田畑が多いことが「遅れ」であったり、それを削りとり、コンクリートでおおっていくことが「進歩」であり「発展」であるとされてきた。

土との付き合い方がとても下手だった。別の言い方をすれば下品だった。そのことによって私たちは、私たち自身の生命をも傷つけてしまったということがいえるのではないかと思うのです。私たちは、生ごみを通して土との品格ある生命の関係を育んでいきたい。もっといえば、長井市という地域モデルを通して日本の中に、土との上品な関係を築くことを訴えていきたい、そう思うのです。

6 理と利の調和

二番目には「ともに」の世界の形成ということです。これは先にも述べましたが、住民の主体的で自発的な参加というのがなければ、循環型社会は継続できないと思うんです。人々が地域社会の紛れもない主人公として、行政と責任を分かち合いつつ、地域社会に参加していくんだということなしに、循環型社会の形成はありえないだろうと思います。

三番目には理と利の調和ということです。理念の理と利益の利との調和。人々が日々暮らしている社会の中に循環のシステムを形成していくためには、それがいくら理念的に正しくても、それだけではうまくいきません。そのなかに利益がなければ、回っていかないだろうと思うんです。その理念と利益の程よい調和、上手な調和のあり方を作り出すことが、循環型社会の構築にとって大事な要素になるのではないかと思います。

四番目は「対決軸で考えない」ということです。地域社会が変わるというときに、たとえばAというグループがどんどんどん広がっていくことによって地域社会がAになるということがあるだろうか。必ず反Aが生まれてきます。Aと反Aとの反目の中で地域社会が疲弊していきます。

地域社会は対決軸では変わりません。循環型社会は対決軸の中からはうまれません。

理念を示し、築くべき関係を示し、討論を重ねる。そうすることによって形成される人々の和（輪）が足し算・掛け算の要素を生む。人々はやはり今の暮らしと地域社会のありようにはとても深い不安をもっています。何とかしなければ、とも思っています。だからこそ私たちは対決軸ではなく、多様な人たちの中で対案を育み、ともに歩んでいこうとすることが大事なのではないかと思うのです。その結果私たちは、名もない三人の市民からはじまったこの運動ではありますが、今長井市三万二千人みんなの運動となっています。

7　日本一の田舎町

今まで私たちは都会にとって、いかに有能な家来であるか、植民地としていかに有益であるか、あるいは面白いおもちゃであるかということを、競い合い、その分け前にあずかろうとしてきました。都会の繁栄のおこぼれにあずかることによって、地域社会を経済的に支えていこうとしてきたということもできるでしょう。

しかしこれからは、「総論を地域に獲得し、各論を自分たちで起こしていく」という視点が大切だと思うんです。田舎の発展は都会になることではなく、より風格ある田舎になることだ。生ごみを中心とする循環の「まちづくり」は、そういう「地域社会づくり」に私たちを導いてくれていると思います。

4　リサイクルの現実
——アルミ缶、牛乳パック、コンクリート——

桑垣　豊

具体的なリサイクルの現実を、私が調べた三つの例を通して説明します。アルミ缶[1]、牛乳パック[1]、コンクリート[2][3]です。そのそれぞれに固有の事情があります。リサイクル論一般を論じる前に、その現実をていねいに見たいと思います。

1　アルミ缶

①製造から消費まで

●アルミ製錬　ボーキサイトからアルミナを製造するのも、アルミナからアルミニウムを製錬するのも、ほとんど国外で行っています。製錬にはたくさんの電力が必要で、電力料金の高い日本国内ではごく一部でしか行なっていません。日本のアルミ産業は、オーストラリアやインドネシアなどに投資して水力発電所などを建設し、その電力でアルミニウムを製錬しています。いわゆる開発輸入です。

アルミナからアルミニウムを電解製錬するときに、アルミナの融点を下げるために添加する氷晶石（3NaF・AlF）からフッ化水素が発生するので、農業に悪影響があります。インドネシアでは、フッ化水素が作物の成長を妨げていて、今でも農民と対立しています。

●インゴット製造　製錬したアルミニウムを溶かして添

図1　アルミ缶リサイクルの流れ（二〇〇〇年）

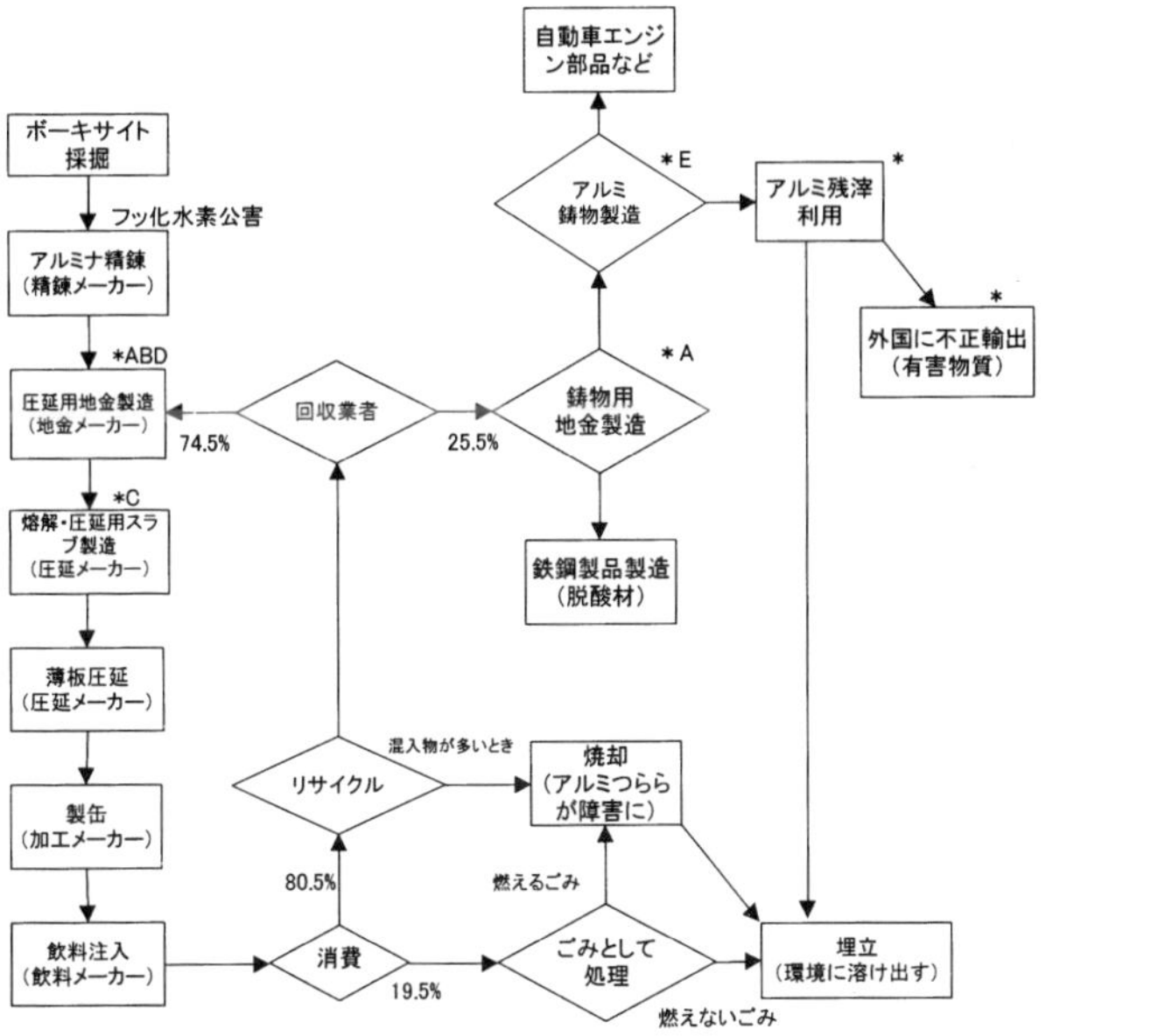

＊：ダイオキシンを検出したか疑いがある施設　　A～E：図2のプロセスとの対応記号

加物の成分調整をして、延べ棒（インゴット）をつくります。この工程で水素の混入をさけるために、塩素ガスや塩素化合物を溶けたアルミの中に注入します。その結果、塩化水素ガスが発生し、周辺住民の健康に影響を与えるかもしれません。ダイオキシン発生の疑いもあります。この塩素化合物には、HCE（ヘキサクロロエタン）というダイオキシン前駆物質を使っていることもあります。このような物質を、メーカーではフラックスと呼んでいます。

水素を取りのぞく理由は、水素脆性によってアルミがもろくなるのをさけるためです。もうひとつは、鋳型に流し込むときに、水素ガスが表面に吹き出し、アルミ製品の表面にデコボコができるのをさけるためです。

●スラブ製造　インゴット製造から先は、最終的につくる製品の種類によって工程が変ります。およそ三つにわかれます。

a 圧延製品……アルミ缶など板状の製品、光磁気ディスクなど

b 押出製品……アルミサッシなど棒状のもの

c 鋳物製品……自動車のエンジンまわりなどで、型に流し

込んでつくる

まず、インゴットを溶かして型に流し込んでスラブを作ります。スラブというのは、長さ数メートルの直方体をしたアルミの固まりです。アルミ缶のフタの場合はマグネシウムを主体とした成分を添加しながら、インゴットを溶かしてスラブをつくります。胴体の場合はマンガンが添加材の主体です。胴体にはリサイクル原料を使いますが、フタには使いません。インゴットを溶かすときにも、混入する水素ガスを除くために塩素ガスや塩素化合物を投入するので、塩化水素ガスが発生し、ダイオキシン発生の可能性もあります。

●缶材製造（薄板圧延）　スラブをローラーで延ばして、缶の材料になる薄板をつくります。最後にコイル状に巻き上げたアルミは、何キロメートルもの長さになります。アルミ缶の胴体の厚さは〇・〇五㎜で、フタの厚さは〇・二㎜です。厚さはいずれも一例です。

●製缶　板状の缶材を打ち抜いて、円盤状の板を作ります。胴体を作る場合、その円盤状の板でまずベースカップをつくり、それを金型でプレスします。一〇段階くらいかけて、実際の缶の形に近づけていきます。フタ材も、何段階かプレスしてフタの形にします。このほか、缶をあけるためのタブも別に作ります。

●飲料注入　胴体とフタを飲料メーカーに送り、胴体に飲み物をいれた後、フタをねじこんで製品のできあがりです。

②リサイクル

●自治体資源化施設　回収ステーションから資源化センターに運びますが、缶は中が空洞なので輸送効率はよくありません。資源化センターでは、スチール缶やそのほかのごみをとりのぞき、プレスして大きな四角い固まりにします。スチール缶は磁石でとりのぞきますが、磁石でとりきれないスチール缶もあって、最終的にはベルトコンベアで流れてくる缶を、人間が手選別せざるをえないのが実情です。

最終的にどのアルミ製品の原料になるかによって、リサイクルの方法が異なります。再びアルミ缶にする場合とアルミ鋳物製品、鉄鋼用脱酸剤にする場合とがあります。

〈再びアルミ缶にする場合〉

●選別施設　まず、ブロックをばらして手選別します。その後、チップ状に粉砕したあと、磁石で鉄をとりのぞき、風でごみを吹き飛ばし、アルミを電磁誘導で選んで、といろいろな方法でアルミ以外のものが混入しないようにします。リサイクルの障害になるスチール缶は、一〇〇〇缶に一缶までしか許されないといいます。

●アルミ缶用二次合金製造　アルミのチップを、溶けたアルミの溶解槽に投入します。このときにも、水素が混入するのを防ぐためにフラックスを使います。回収したアルミ缶からマグネシウムを取り除く必要があり、それにもフラックスを使います。水素とマグネシウムの除去は、同時に行っているようです。この工程ではアルミ新地金も投入します。現在は、新地金の投入率は二〇〜三〇%程度です。アルミ缶の胴体の材料にするのでマンガンを中心とした物質を添加して、成分調整を行います。また、インゴットにするためにアルミを流し込むとき、フラックスを使っているかもしれません。フラックスを使う各段階で、ダイオキシン発生の疑いがあります。

●アルミ缶用薄板圧延　インゴットを再び溶かして、スラブをつくります。この過程で最終的な添加成分の調整を行います。この工程でも水素が混入するので、フラックスを使います。製造方法は、前述したとおりです。

〈アルミ鋳物製品、鉄鋼用脱酸剤にする場合〉

同じアルミ製品でも、自動車のエンジン回りの部品など鋳物にする場合は、圧延や押し出し製品のように成分調整をデリケートに行う必要はありません。それでも、回収したアルミ缶を溶融炉に投入したとき、水素を取り除くために塩素ガスを投入します。最後に、溶けたアルミを型に流し込んでインゴットをつくり、鋳物メーカーに出荷します。このとき使い道にあわせて、必要な添加成分を加えます。脱酸剤は鉄鋼産業で鉄鉱石中の酸素を取り除くために使いますが、製造方法は鋳物と同様です。

このほか、アルミ関係の工場で不純物がまじったアルミの廃棄物（アルミドロス）をひきとって、さらにリサイクルを試みている企業もあります。金属アルミの部分を分離して、脱酸剤にします。混入している塩素を水で洗い流し、不純物の窒化アルミニウムは水と反応させてアンモニアにして、揮発させます。その残りの成分の酸化アルミの部分も、セメントの原料としてリサイクルしています。

③ごみとして処理する場合

「燃やすごみ」にまぎれこむものは一部ですが、焼却炉の壁の温度の低い部分にアルミつららができ、それを取り除くのはやっかいな作業です。これは、ほかのごみの成分とまじりあっているので、リサイクルできません。粉塵となって煙突から大気中に出てしまう酸化アルミもあります。フィルターで粉塵は回収していますが、回収しきれません。

「燃やさないごみ」(不燃ごみ)とともに、埋立地に入るアルミ缶もあります。また、リサイクルするつもりで消費者が自動販売機横の回収ボックスに入れても、混入ごみがあって三分の二以上をごみとして処理しています。自動販売機の回収ボックスでうまくリサイクルできているのは、缶とは別に「燃やすごみ」のごみ箱がある駅や職場の中などの場合だけです。まちのなかの回収ボックスでは、わずか一〇～二〇%しかリサイクルできていません。

④アルミ缶リサイクルの評価

●自治体に過大な負担　アルミ缶はリサイクルの優等生と言いますが、回収缶の七〇%を自治体がお金をかけて回収・選別を行うことで成り立っています。あとの三〇%は、ボランティアや駅での回収、自動販売機横のメーカーによる回収です。自治体の回収コストを一缶五円と考えると、二〇〇〇年度の税金依存額は約五〇〇億円です。

●省エネ効果に疑問　リサイクルの省エネ効果が大きいというのが、アルミ缶がリサイクルにすぐれた容器であるとする最大の理由です。新しい原料でアルミ缶をつくるときに比べて、リサイクルしたアルミ缶からつくると三%のエネルギーですむ、とメーカーは主張しています。しかしアルミニウム連盟の資料では、回収にかかるエネルギーなどを考慮すると新しい原料から作る場合の約二五%になる、としています(『日本におけるアルミ缶のLCA』三菱マテリアルより)。新しい原料からアルミ缶をつくるときにあまりにもエネルギー多消費だから、省エネ効果があるようにみえるにすぎません。

●リサイクル工程でダイオキシン発生　アルミ缶リサイクルの工程でダイオキシンが発生している可能性があります。技術的な対応で、ダイオキシンはかなり減らせるでしょう。フラックスを使わずに、セラミックで不純物を取り除く技術も実用化しています。しかし、アルミ産業のさまざまな工程でダイオキシン発生の可能性がある以上、見通しは明るくありません。一九九七年、旧通産省は、リサイクル工場（工場名非公開）の調査で、基準以上のダイオキシンを検出しました。この工場が、アルミ缶再生工場である可能性は高いと思います。

●行き先のない回収缶　回収した缶のうち八〇％が再びアルミ缶になっているので、アルミ缶リサイクルも限界にきているようです。消費者が環境にいいライフスタイルをめざして使い捨て容器をさけるようになれば、リサイクル先のないアルミ缶が出てきそうです。製造コストの安い輸入缶が増える可能性もあります。輸入缶が増えれば、国内のアルミ缶メーカーでは使い切れません。アルミ缶メーカーは、リサイクルを理由にして国内メーカーの売上を維持しているとしか見えません。

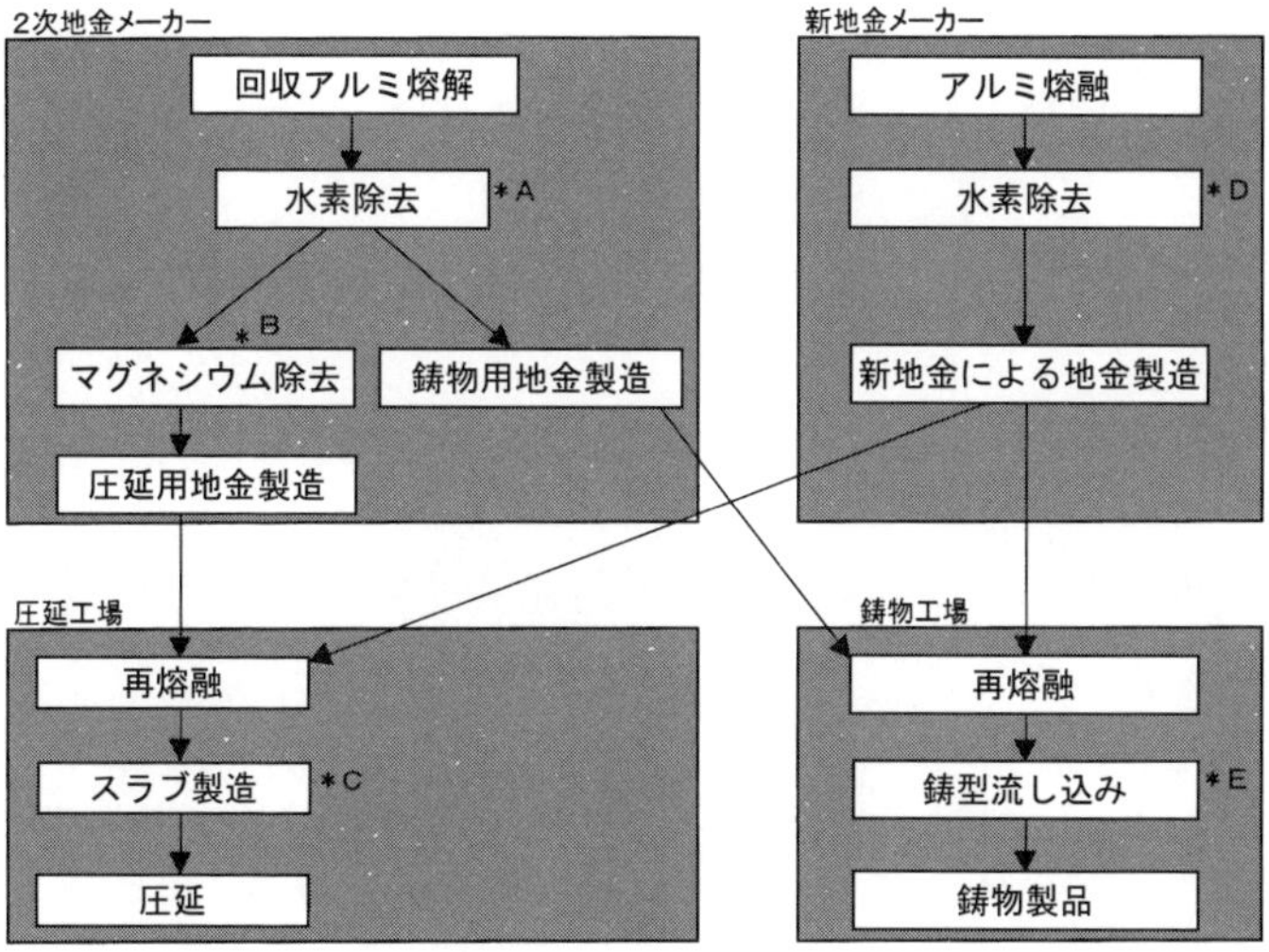

＊：ダイオキシンを検出したか疑いがある工程

図2　アルミ産業とダイオキシン発生

2　牛乳パック

① 製造から消費まで

●森林伐採　牛乳パックの原料は、北方の針葉樹です。北アメリカやスカンジナビア半島の森林を切り倒して、紙の原料としています。ほかの容器とちがって木材は再生可能な資源ですが、木を切ったあと植林をしなければ環境破壊になります。

●製紙　製紙メーカーが伐採した木材をチップ化して、牛乳パックの材料となる紙をつくります。紙パックメーカーは、カナダなどの北アメリカ産の場合はアメリカ系企業、スカンジナビア産の場合はスウェーデンにあるテトラパック社です。

●ラミネート圧着　牛乳パックの用紙は、巨大なロール状にまきあげて、コーティング工場に送ります。ラミネート加工によって、紙の両面にポリエチレンフィルムのコーティングを行い、水漏れを防ぎます。コーティングは、ポリエチレンフィルムに熱をかけて圧着します。接着剤を使

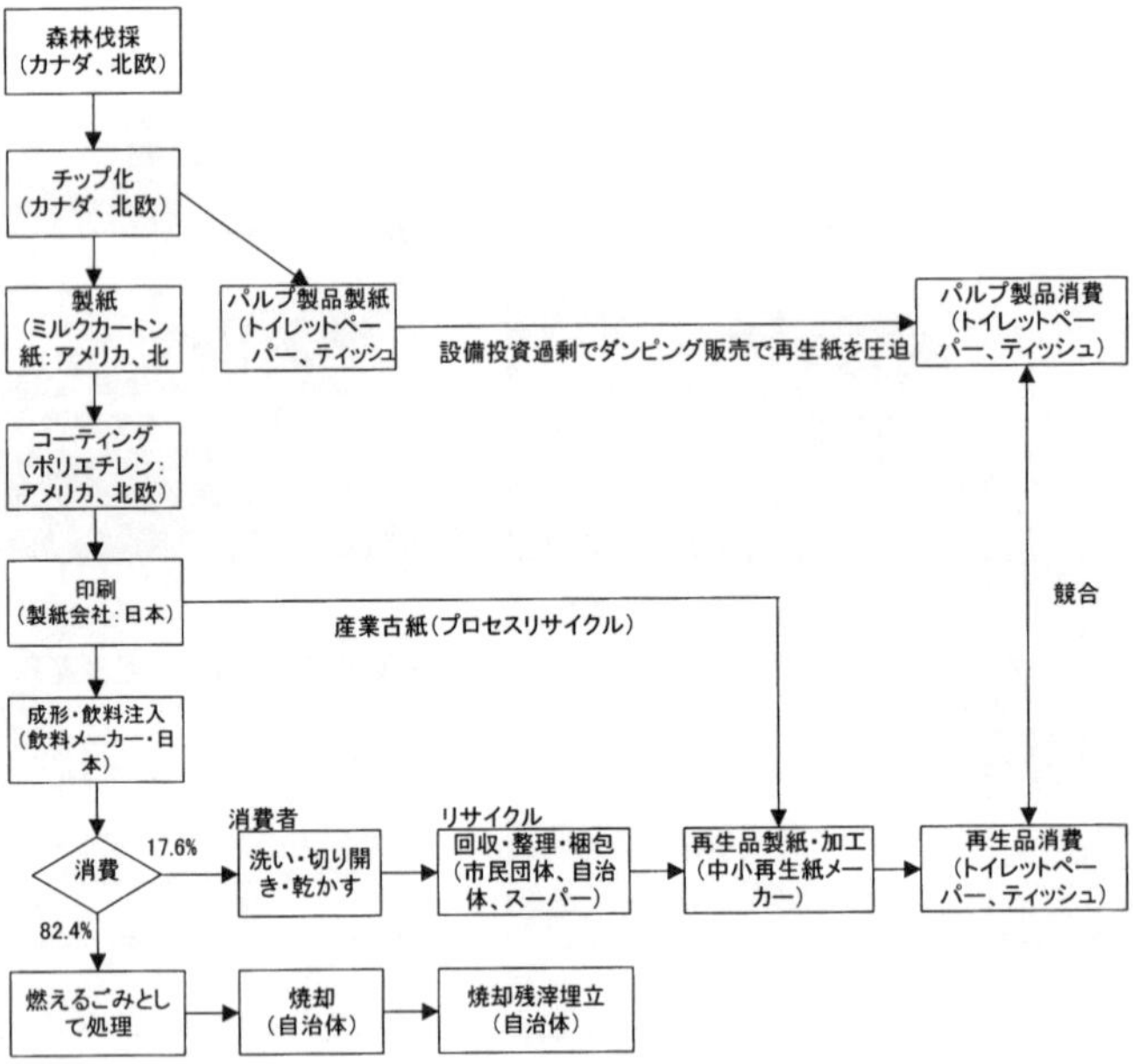

図３　牛乳パックリサイクルの流れ（1998年）

わないので、リサイクルのときにはがしやすいのです。内側は液体を入れるので厚めのコーティングを、外側は薄めのコーティングをします。

●印刷　印刷は、日本国内の製紙メーカーや印刷会社が、中の飲み物にあわせて行います。ロール状のまま、コーティングしたラミネートの上に印刷します。大きなロール紙に一カ所でも印刷ミスがあると、その部分を切り取るのではなく、ロール紙一本を全部を廃棄し、リサイクルにまわします。飲料メーカーでロール紙を機械にセットするときに、いろいろな長さのロール紙があっては困るからです。数%も廃棄すると聞いて驚きました。

●飲料注入　各飲料メーカーに届いた印刷の終わったロール紙をカットし、飲み物を注ぎこみ、上をとじて密閉します。カットしたときに発生する端材も、リサイクルします。

②リサイクル

●回収整理　消費者が「洗って、切って、乾かして」回収拠点に出します。回収拠点ではパックの整理や梱包を行います。匂いの残るパックや、内側をアルミコーティングしたパックをとりのぞきます。最後に重ね合わせて針金でしばりあげ、出荷します。

●リサイクル工場　牛乳パックはもう一度牛乳パックの原料にはならず、トイレットペーパーやティッシュペーパーになります。再生メーカーは、中小企業です。まず、溶解釜（パルパー、巨大なミキサー）に投入します。その後、何段階もフィルターをかけて、ポリエチレンコーティングなどをとりのぞきます。牛乳パックは、コーティングの上から印刷しているので、脱墨しなくてもすみます。

③牛乳パックリサイクルの評価

●回収費用を税金に依存していない　牛乳を買った本人が「洗って、切って、乾かして」います。回収も回収団体や販売店が行っています。また、牛乳パックはたたんで積み重ねて送れるので、ほかの容器に比べて大変輸送効率がいい容器です。

自治体がかかわる場合も、回収場所の提供だけが多く、管理は回収団体にまかせています。牛乳パックリサイクルの利点は、ほとんど税金に依存していない点です。

●牛乳パックメーカーの責任　大手製紙メーカーである牛乳パックメーカーは、リサイクル費用を負担していません。それに加え、牛乳パックメーカーの日本製紙や、牛乳パックをつくっていない大手メーカーは、新しい原料のパルプからトイレットペーパーやティッシュペーパーをつくっています。再生品のライバル製品をつくって、再生メーカーの経営を圧迫しているのです。特に、今まで再生紙が主流であったトイレットペーパーにブランド品を投入し、多くの中小再生紙メーカーを減産に追い込みました。しかし、最近は、みずからも回収した牛乳パックを原料にしたトイレットペーパーを生産しています。

回収の現場では多くの人がボランティアで苦労していることや、販売店が多くの労力をさいていることを考えると、牛乳パックメーカーが何らかの負担をするしくみが必要です。

3　コンクリート

①生産から廃棄まで

建設廃棄物の中でもっとも大きな割合をしめるのは、コンクリートです。ビルやダム、トンネルなどの形で日本に蓄積しているコンクリートの量は膨大です。そのコンクリートが寿命をむかえ、次々にごみと化しつつあります。国土交通省が排出量を三五〇〇万トン（二〇〇〇年）と推定していますが、蓄積量から考えると過小評価です。そこで、入手可能なデータから、コンクリートが原料から廃棄物やリサイクル原料となるまでの流れを推定し、将来の廃棄量を予測しました[(2)(3)]。

●マテリアルフローの計算　コンクリートの使い道は、大きく「生コン」と「コンクリート製品」の二つにわかれます。両方で使うセメントや骨材の消費量の統計はありますが、最終的にコンクリートとして使用している量はわかりません。そこで、原料の「骨材」「セメント」「水」と、「コンクリート使用量」を推計しました。

$$\text{コンクリート使用量}=\text{コンクリート用骨材消費量}\times\frac{\text{生コン出荷量}}{\text{生コン用骨材出荷量}}$$

国土交通省の生コンデータは消費量全体を把握していませんが、同じ対象に対する生コン出荷量と骨材出荷量の両方がわかっているので、骨材あたりの生コン出荷量がわかります。一方、全国のコンクリート用骨材全出荷量がわかっているので、この二つを掛け算するとコンクリート使用量がわかります。骨材のうちわけは、国土交通省の生コンデータのうちわけを使って、全骨材に比例配分しました。

図4は一九九九年のフロー推定です。年はちがいますが、一九九五年、国土交通省はコンクリートの排出量を三六〇〇万トンと推定しています。しかし、三菱マテリアルの推定によると、これはかなり過小評価で実際は一億トンにおよぶだろうとしています(4)。

上記計算方法で、一九五四年以後のコンクリート使用量の推移を推定した結果を、**図5**に示しました。

●コンクリート排出量の推定

最後に、これらのデータをもとに将来のコンクリート排出量を推定しました。「平均寿命四〇年、標準偏差五年モデル」を考えました。経済活

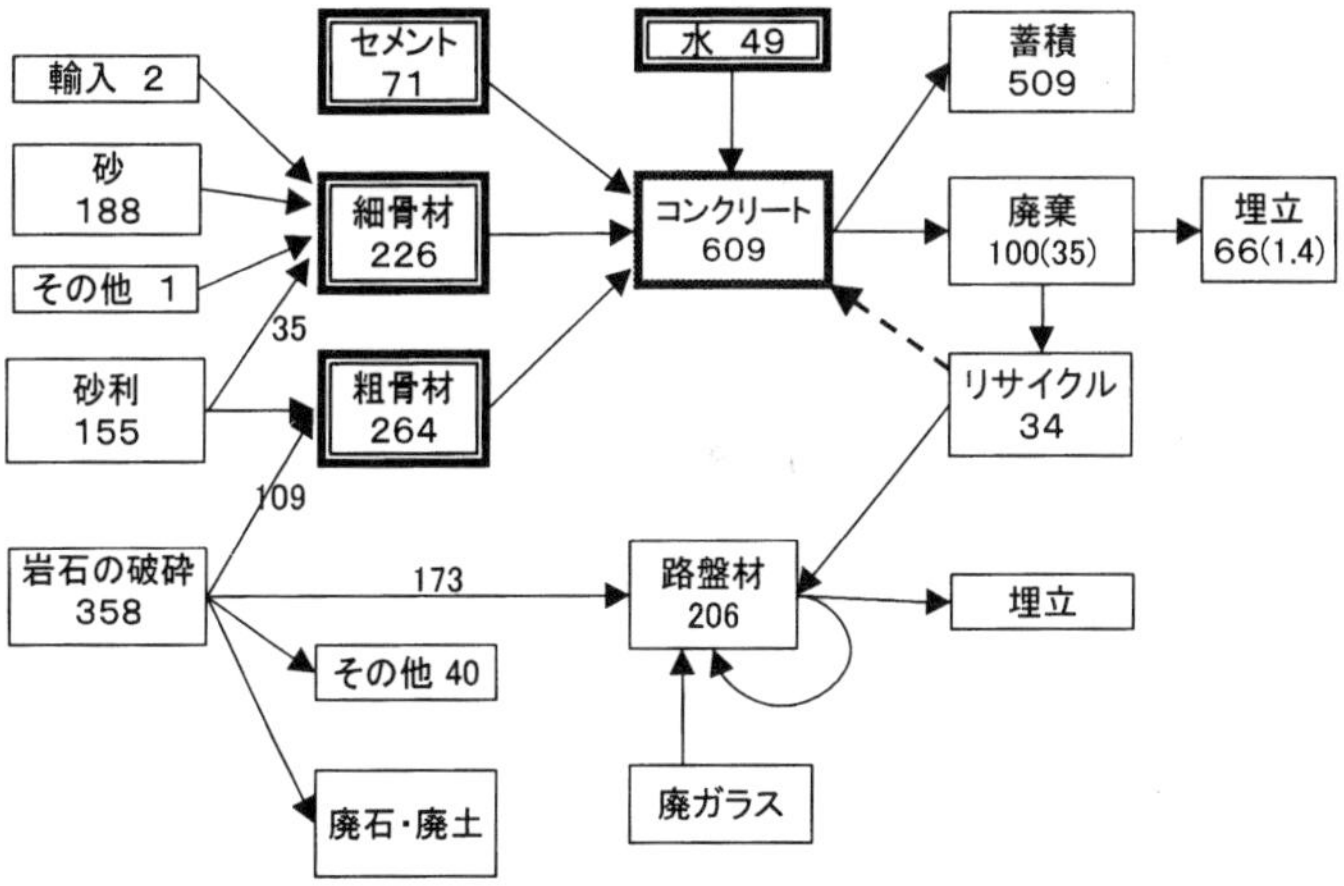

＊単位：百万トン
＊（ ）内：国土交通省（2000年）
＊『セメント年鑑』などから計算。

図4　コンクリートのマテリアルフロー（1999年）

動が活発になると、新たな建築物をつくるため寿命前に解体します。これはコンクリートの社会的寿命です。物理的寿命と社会的寿命のうち早いほうが、現実の寿命になります。このモデルでは、二つを区別していません。計算では、累積生産量は二一六億トンで、その内一九九九年までの排出量は一六億トンにすぎません。蓄積量は二〇〇億トンにもおよぶことになります。これを日本の国土面積で割り算すると、約二〇センチの厚みです。

　現在のコンクリートリサイクルは、ほとんどカスケードリサイクルで、道路の路盤材になります。しかし、コンクリート骨材採取の副産物も大量に路盤材になっていて、このようなリサイクルは限界です。道路の路盤材はいろいろなものの受け入れ先になっているので、「形を変えたごみ処分場」と言えるかもしれません。

　今後は、コンクリートからコンクリートへのリサイクルが必要です。しかし、近いうちにコンクリート使用量より排出量のほうが上回る時代がやってきます。一〇〇％リサイクルしても、廃棄するしかないコンクリートが大量に発生します。このような状況に対応して、建設業界は「建て

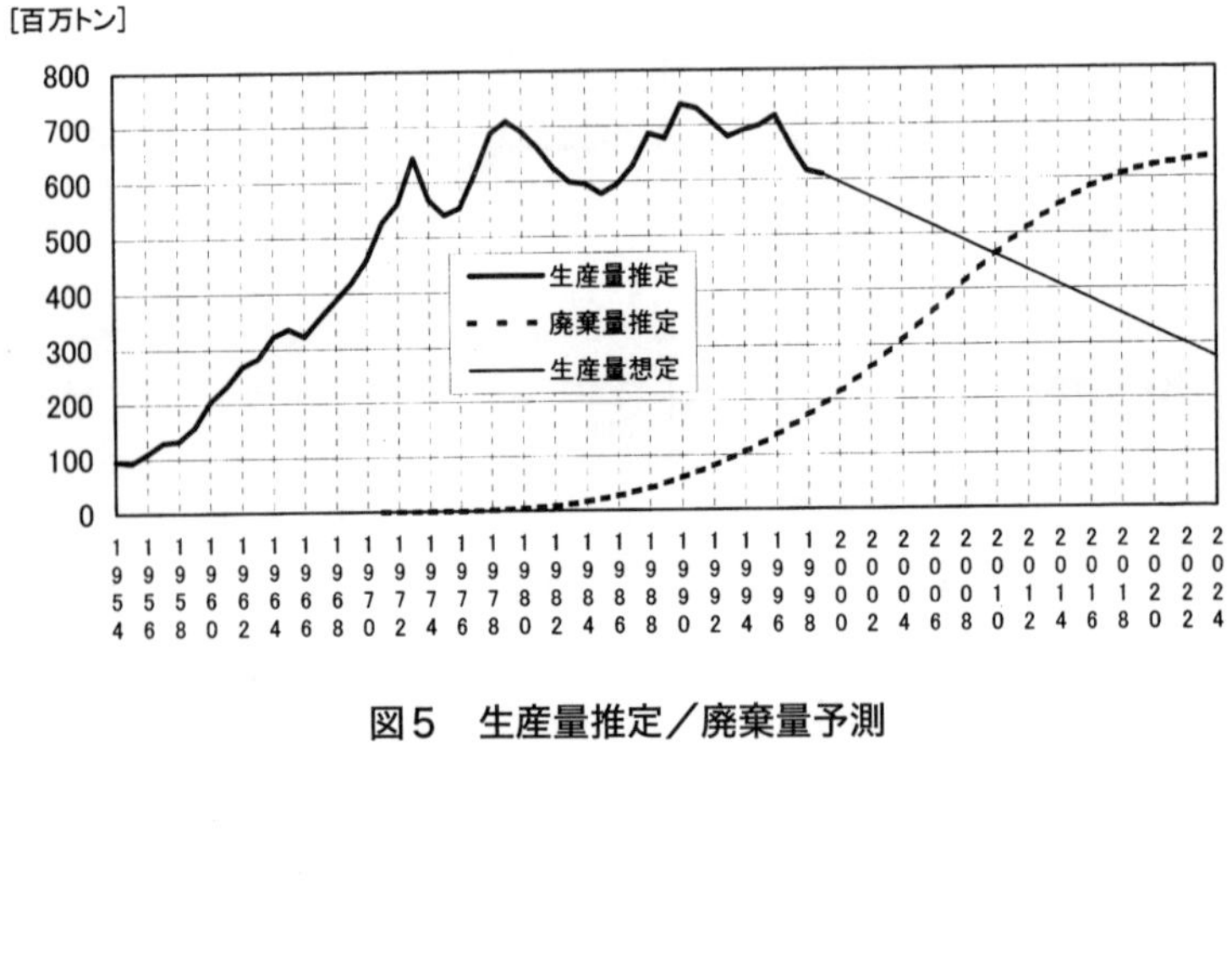

図5　生産量推定／廃棄量予測

かえ」から「修復」へ事業の重心を動かしていくしかないでしょう。新たなコンクリート使用も抑制しないと、大変なことになります。

②公共事業と劣化問題

●公共事業　公共事業で多くの建設物をつくっています。その建設物の多くがコンクリートでできています。お金の面では、その建設費が国や自治体の借金となり、財政を圧迫しています。民間でも、バブル経済の時代に膨大な不良債権を生み出しました。これら借金の物質的な側面が、膨大なコンクリートの蓄積とも言えます。生コンの使い道のうち、五八%が公共事業です。（**表1**参照）

●劣化問題　劣化の原因には、「中性化」が早まっていること、山陽新幹線などでおきている「コールドジョイント現象」、水を入れすぎる「しゃぶコン」などがあります。これらの現象の背景には、コスト削減の影響が大きく影を落としています。多くの建設事業は大手建設会社（ゼネコン）が引き受けますが、下請け、孫請けに作業を任せることが大半です。力関係でコスト削減は下請けへのしわ寄せ

使い道	千m³	%
鉄道・電力	3,231	2.8
港湾・空港	5,362	4.6
道　路	15,648	13.3
土　木	29,859	25.5
建築官公需	13,676	11.7
公共合計	67,775	57.8
建築住宅	30,047	25.6
建築非住宅	19,401	16.6
民間合計	49,448	42.2
総　計	117,223	100.0

＊出典：『セメント年鑑』2001年、357頁第5表

表1　生コンの使い道（経産省調べ2000年）

になることが多く、経費節約の余地が少ない中で、手抜きをせざるをえなくなります。(5)

骨材の品質に関しては、砂利や砂の採取業者が建設会社に買いたたかれて、適正な料金を受け取っていないことが大問題です。運搬するダンプカー業界も運転手が個人事業主なので立場が弱く、運賃のダンピングが常態化しています。このように骨材が不当に安く手に入ることが過剰な建設量を支え、品質の低下を招いています。適切なコスト負担をして採取量を減らさないと、日本の山は荒れ、過剰なコンクリート構造物が潜在的なごみとして脅威になります。

③建設廃棄物問題解決の見通し

●ごみとして処理する経費を適正化する　リサイクル費用と比べて、ごみとして埋め立てるほうが安いので、ごみとして処理しがちです。また、リサイクル費用、廃棄費用が全体として安ければ、解体後の処理費用を考えずにどんどん建設物ができてしまいます。

●寿命前の解体をなくす　人口密度が高い日本では、新たに建築物をつくることが以前の建築物を解体することにつながります。経済活動が活発になると、建設ラッシュが訪れ、同時に解体ラッシュを招きます。それが寿命前の解体を促します。バブル経済のような異常な状態は、その時点の建設廃棄物を大量に生むと同時に、将来のごみを準備します。

●劣化の診断・長寿命化　建築物は、早く修復すれば寿命は伸びます。たとえば、コンクリートのマンションは一〇年目くらいから修復作業を始めないと、劣化が進みます。修復の前には劣化の診断も重要です。地価が高すぎることも、建物にお金をかけにくくしています。

建設時の手抜き防止の制度面の対策としては、施工管理のために建設会社や発注主の監視義務づけが必要です。技術面では、コンクリート工事が終わった後、探知機で品質を非破壊検査することが可能になりました。

●持ち家政策からの脱却　日本政府は、持ち家優先の政策をとり続けてきました。都市では、一戸建は高くつきすぎるので、分譲マンション取得が庶民の目標となっています。ところが建設業者が、安く見せかけるために、修復用に毎月負担する分譲マンションの積み立て金を少なく設定しがちです。住民合意で追加負担額が決まるまでに、建物は痛んでいきます。賃貸住宅だと、プロが管理しているので適正な時期に修復ができます。

●浪費型公共事業の縮小　景気が悪くなると、それ自身必要性が乏しい建設物を公共事業としてつくってきました。住宅政策と言いながら、新築住宅の促進ばかり進めて、建てかえ促進で住宅廃棄物を増やしています。公営、民営住宅のすみわけや、税制、都市計画、福祉政策などを改善し、住生活の質を高めて経費を抑えることが、建設廃棄物減量にも結びつきます。

質疑応答

――容器包装リサイクル法で、各容器の事情の違いは何か。

桑垣　まず、一九九七年に始まった第一段階での回収対象品は、ガラスびん、金属缶（スチール缶、アルミ缶）、紙パック、ペットボトルの四品目です。その中で、自治体がリサイクルしやすいように処理したあとでもリサイクル工場に処理費を払わないといけない逆有償の容器だけ、飲料メーカーと容器製造メーカーが処理費を負担します。メーカー負担があるのは、ガラスびん、ペットボトルの二つです。金属缶、紙パックは、メーカー負担がないのです。メーカー負担と言っても、自治体が処理したあと、リサイクル工場で再生品をつくるための費用を負担するだけです。牛乳パックや食品トレイは、スーパーや生協から独自ルートで回収していますから、自治体にあまり依存していません。

「その他プラスチック容器包装」は、プラスチックの種類をわけず、ごちゃまぜで集めて鉄鋼産業で高炉還元剤として使うだけです。ペットボトルと食品トレイ以外は、高炉利用です。ただし、ポリ塩化ビニルは発生する塩素が炉を傷めるので除く必要があります。また、還元剤としては価値が低いなど、高炉利用にはいろいろ問題があります。

――ペットボトルを使うとすれば、リユースしか道はないのではないか。

桑垣 ペットボトルをリサイクルするには、お金も人手もたくさん必要です。リユースならそれほど負担なくできると思いますが、ボトルを利用した人がきれいにして出してくれないと成り立ちません。リユースするにはPETよりもPAN(ポリ・アクリロ・ニトリル)のほうがふさわしいようですから、ペットボトルの出番はないかもしれません。

――デポジット制度を、どのように評価するか。

桑垣 デポジット制度というのは、預かり金の部分と処理回収費上乗せの部分をわけて考える必要があります。預かり金の部分は代金に上乗せして、店に容器を戻すときその金額を返してもらいます。つまり、回収をうながす制度です。処理費上乗せ部分は、同じく代金に上乗せしますが、そのお金は回収した店やリサイクルルート上の業者が処理費として、分担に応じて受け取ります。もし自治体が分別収集したとすれば、自治体がその処理作業の分担に応じて、処理費を受け取ることになります。

私は、預かり金よりも、処理費上乗せが必要だと思います。商品価格に上乗せして、その商品を製造したり流通させた業者がその上乗せ価格を使って、独自に回収ルートを築くべきです。その中でデポジット制度が有効と考えればそうすればいいし、自治体の分別収集も組み入れたければ入れればいいわけです。

まず、だれがリサイクルする責任があるかという点が大事で、その中でどのような方法がふさわしいかを論じる必要があります。デポジット制度が無理なら、メーカーはほかの有効な方法をさぐらないといけない。「回収責任を負わなくなって助かった」ではないのです。市民運動側も、「デポジット制度＝メーカーの回収責任」という前提で、デポジット制度導入を主張してきました。しかし、まず「メーカーに回収処理責任がある」ということを確認したいと思います。

――容器製造のコストと処理費はどうなっているか。

桑垣　製造コストは、アルミ缶、スチール缶が一缶二〇～三〇円、牛乳パック、食品トレイが一つ五円程度、ペットボトルが一本四〇～五〇円ぐらいだと思いますが、企業秘密なのでよくわかりません。それに対して、中身の値段は、お茶や、果汁のない飲み物が一円程度、果汁飲料では二〇～三〇円程度でしょう。

処理費は、缶で一～一〇円、ペットボトルで三～五〇円などばらばらです。高いほうの場合は自治体の例です。容器包装リサイクル法のせいで、過剰な設備をかかえてしまった稼働率が低い自治体では悲惨な結果になっています。使い捨て容器の飲料を買っていない証拠なので結構な話ですが、稼働率は下がります。

――どうして国のコンクリート廃棄物発生量推定が過小評価になっているのか。

桑垣　各地の地方建設局（現在の国土整備局）に届けのある建設物解体量の統計を使っているので、そこから洩れる部分がたくさんあります。

――日本のマテリアルフローの中で、コンクリート廃棄物の位置づけは。

桑垣　一九九八年現在、国の統計でごみの全埋立量は八八〇〇万トンですが、コンクリートはほとんどリサイクルしていることになっているので含んでいません。実際には、コンクリート埋立て量は数千万トンのはずです。それと、日本の役所は廃棄物にふくめていませんが、コンクリート骨材の採掘過程で出る土砂などは、数億トンにおよびます。

文献

(1) 桑垣豊『リサイクルの責任はだれに』高木学校、二〇〇〇年。
(2) 桑垣豊「コンクリートのマテリアルフローの推定」、『第一二回廃棄物学会研究発表会演論集I』、二〇〇一年。
(3) 高木学校リサイクル班『リサイクルを超えて』高木学校、二〇〇一年。

（4）高杉晋吾『北九州エコタウンを見に行く。』ダイヤモンド社、一九九九年。
（5）小林一輔『コンクリートが危ない』岩波新書、一九九九年。

〈企業の取り組み事例1〉

アサヒビールの環境経営と廃棄物再資源化一〇〇％の取り組み

秋葉　哲

1　廃棄物再資源化一〇〇％達成の背景

アサヒビール株式会社は、一九九八年に全工場で廃棄物再資源化一〇〇％を達成しました。そのプロセスを以下に説明したいと思います。

酒類製造業は農産物加工業です。つまり、穀物と水を微生物で発酵させて商品をつくる産業であり、ビールの絞り粕であるモルトフィードと発酵の主役であるビール酵母が廃棄物の約八〇％を占めるというのはこうした理由からです。さらにこのモルトフィードは、明治時代から牛の餌として再利用されており、また、使用済み酵母は栄養剤、整腸剤として一九三〇（昭和五）年に「エビオス錠」として商品化されて以来、今日に至るまで皆様にご愛顧いただいております。

こうして考えますと酒類製造業にとって廃棄物の再資源化というのは事業特性上、また歴史的経緯から見て、比較的容易であったといえます。

我々の産業は裏を返せば、豊かな自然の恵みを頂戴して商品をつくっているわけであり、自然環境が破壊され、原料調達が不可能になれば成り立たなくなる産業です。この再資源化一〇〇％への挑戦のなかで、昔からこのように比較的再資源化がすすんでいた理由のなかに、自然とこうした考え方が従業員に根付いていたことも理由の一つであったとも言えます。事実、最初に再資源化一〇〇%を達成した茨城工場では、取り組み前にもモルトフィードや酵母のほかに、余剰汚泥や洗瓶した後のラベル粕なども再資源化しており、当時の再資源化率は九八・五%という高レベルに達していました。この時点で既に現場では、この高い再資源化率に胸を張って満足していたというのが当時の担当者の本音でした。

ところが、この高い再資源化率に安心していられない日がやってきました。一九九六年一月、年頭のマスコミの記者発表で、当時の社長が「廃棄物のリサイクル率一〇〇%をめざし、年内には、モデル工場で実現する」という旨を公言しました。このことは（当社によくあることですが）現場に事前に知らされておらず、つまるところ社長の鶴の一声で始まったといっても過言ではありません。すでにできうるものは可能な限り実行していたわけですから、この残った一・五%の達成が至上命題となったわけです。当時茨城工場から年間出る廃棄物の量は約四六〇〇〇トン。この一・五%は約七〇〇トン。この中身を調べてみると廃プラスチックが約九〇%を占め、この他は廃油や蛍光灯などリサイクルするのが困難なものが残っていました。このうち廃プラスチック類は、資材袋や梱包用バンドなど五四種類にも及んでいました。これらは当時再利用の道筋が立たず、産業廃棄物として埋め立て処分、焼却処分をおこなっていました。それでも社長が「処理費、設備費はいくらかけても構わない」とも公言していたため、実現モデル工場となった茨城工場では、必死になって再資源化一〇〇%の道を模索し始めました。

2　達成のポイント

達成のポイントとしては、以下の四点が挙げられます。

①徹底した分別
②分別も仕事の一つである
③トップの明確な指示
④最終的な処分地確認（排出者責任）

プラスチック類を再資源化する（再資源化業者に引き取っ

てもらう）ためには、ポリエチレンやポリプロピレンなど材質ごとに徹底して分別する必要がありました。そこで工場内にＣＧＣ（Clean and Green Committee）委員会という推進機関をつくり、工場の社員全員で廃棄物再資源化一〇〇％の目的、意義、必要性の認識あわせをしました。次に、社員が材質を覚えるための勉強会を開きましたが、種類が多く名前もわかりにくいために素人が分別するのは困難でした。

当初は、分別容器をＰＰ（ポリプロピレン）、ＰＥ（ポリエチレン）、その他の三種類にしていましたが、すぐにその他の容器が満杯になる有様でした。そこで、工場内で分別方法についての社員参画のコンクールを開き、わかりやすい分別方法を募集。そして材質名ではなく、日頃従業員が呼んでいる品名で分別することにしました。梱包用バンドには「つるつる」「ざらざら」の表示も設け、また必要に応じて分別容器に写真・現物・図解等をおこない、分別をわかりやすくしました。そして分別容器は廃棄物発生場所の近くにおくようにし、また、必要な場所に必要数を設置することにしました。この方法を採用した結果、工場内に一一〇カ所の分別容器と二二カ所の分別ステーションが必要となりました。

また、社員以外のトラック運転手・工事会社・納入業者等、スポット的な外来者については当初なかなか協力が得られず苦労しましたが、パンフレットを何回も配布したり、一定期間分別ステーションに社員が張り付いて指導するなどして、かなり改善されました。こうしたプロセスを経て完全分別が達成されました。この間も各分別ステーションに責任者を設置し、パトロールをおこなうなど、軌道に乗るまではかなり地道な努力を要しました。

再資源化会社探しも並行して始められました。再資源化方法を多方面から検討し、業界紙・官庁への問い合わせ、電話帳などあらゆる方法を用いて再資源化会社を探し、そこで再資源化の方法やその後の利用先、販路までを確認しました。特に廃棄物を焼却して熱利用するサーマルリサイクルでは、燃料として需要がないと残りは埋め立てられてしまいます。したがってあくまでもマテリアルリサイクルにこだわって、再資源化してくれるところを探しました。

そして最後まで残ったのが蛍光灯でした。必死になって再資源化してくれるところを探しているうちに、蛍光灯のガラスからグラスウールをつくり、水銀を回収してくれる企業が北海道の山奥に一社見つかりました。当社の九工場の蛍光灯をこの会社で再資源化していることを聞きつけたテレビ局が、この会社を取材して放送したところ、建築会社や自治体などから仕事の依頼が舞い込んで事業が拡大したそうです。当社の挑戦がきっかけでこのようなビジネスが拡大したことは、本当に嬉しく思っております。

こうしたさまざまな取り組みの成果が結集したものが、廃棄物再資源化一〇〇%です。分別さえきちんとできれば、再生してくれるところが必ずあることに我々は気が付きました。私たちは工場から排出するものを廃棄物ではなく、原料と呼んでいます。

さらに、私たちは、再資源化会社に引き渡すにあたって、次のことにも配慮しています。一種類の廃棄物に対して複数の会社と契約することと、必ず年に一回以上、再資源化の実態を自分たちの眼で確認することです。つまり、我々はただ廃棄物を引き渡してしまえば終わりということではなく、最後まで責任を持つということです。一社のみの契約では、その会社が倒産したり何か問題が発生したときに、再資源化一〇〇%が不可能になりますし、我々の事業から発生した廃棄物が不法に投棄されたり、埋め立てられたりすれば、皆様に対する再資源化一〇〇%の約束を破ってしまうことになります。一見単純に見える再資源化一〇〇%には、常にこうした緊張感を持って取り組む事も必要であり、こうした努力を継続していかないと維持は難しいのです。

これは、言い換えれば、市町村でやっているごみの分別収集を徹底してやり、それをいろいろな企業の力をお借りして再資源化していただいているだけなのです。お客様のなかには、「自社ですべて再資源化していないのに再資源化一〇〇%といえるのか」というご指摘をなさる方もいらっしゃいます。「ゼロエミッション」という言葉の定義は、ある一定のエリアのなかで資源を一〇〇%循環させるという意味かもしれません。しかしながら、産業廃棄物は、種類も多種多様で、その量も大量です。したがって、ゼロエミッションも異種産業間で廃棄物利用のネットワークを構築して、トータルとしての廃棄物の最小化を達成することが必要となってきます。

最終処分地確認内容は、①最終処分地の確認、②処分実態の確認、③許可書の確認、の三点です。確認の要点は、①廃棄物（再生前）の保管状態が適切かどうか（保管量が不適切で滞留していたり、周囲の環境に悪影響を及ぼしていないか）、②廃棄物が契約通り処理されているか、また、臭気や騒音がないか、③再資源化後の物品が契約通りの再資源化物品であり、その在庫状況はどうか、④当社保有のマニフェスト伝票と処理会社保管の伝票がちゃんと照合するか、などです。

今後の課題は、当社でいえば、廃棄物の減量化と大きな割合を占めるモルトフィードの再資源化用途の拡大、コストダウンです。特に他用途開発については、当社の研究所において日々研究が続けられています。また、廃棄物の再利用先、販路の調査も引き続き継続していかなければなりません。

3 「廃棄物再資源化一〇〇％」は当社にとってどのような意味があったか

①企業イメージの向上に貢献
②従業員の環境意識の高まりに貢献
③コストダウン

最後に、この「廃棄物再資源化一〇〇％」は、われわれにとってどのような意味があったのでしょうか？

一つには、企業イメージの向上です。ごみゼロ工場のCMを放映したことにより、当社の環境経営度を高く評価戴くお客様が増えました。当時、環境をテーマにしたCMは珍しく、かなりのインパクトがあったようです。オンエアからかなりの年月が経ちましたが、いまだに我々従業員にとっても印象深いCMであり、社外の人々に対して環境への取り組みを宣言したことと同時に、社員への大きな意識改革にも繋がっています。

また、このような取り組みを通じて、生産現場の従業員はもちろんのこと、営業を始め工場以外のいわゆる非生産部門の人間にとっても、当社が環境先進企業として皆様に認知していただいているということを誰しもが感じております。しかしながら、企業の環境イメージは従来漠然としたものでしたが、いまや実態がなければ訴求しないものとなってきており、環境革新技術、商品開発、適切な情報開示の三つがうまく伴わなければ、環境を経営にとっての競争優位性に変えていくことは、今後難しくなってきています。これは私見ですが、そう遠くない将来、環境経営は企業にとって当たり前の経営手法となり、その実態や手法についての信頼性が問われる時代が必ず訪れます。

コストダウンの点ではどうでしょう？

最初に取り組んだ茨城工場の場合、初期の設備投資は、約六〇〇〇万円。処理費用は埋め立て処分費用の五六〇万円に対して、一二〇万円のコストダウンを実現、さらに製造量の増加に伴い処理単価も半減しました。今後は、廃棄物の減量化に伴う更なるコストダウンが求められています。

現在、この再資源化一〇〇%の活動は、グループ会社であるアサヒ飲料、ニッカウヰスキー、アサヒビールモルト、アサヒビールワイナリー社全工場まで拡がりました。近い将来アサヒビール全グループ会社でゼロエミッションを達成できるよう、活動を続けております。

〈企業の取り組み事例2〉

リコーとキヤノンの環境経営

須藤正親

1　㈱リコーの場合

環境活動のコンセプト

リコーでは環境活動のコンセプトとして、**図1**のようなコメットサークルを描くことによって、すべてのステージにおいて、より少ない資源で、より環境負荷が少なく、より効率的な活動を行い、資源循環のループが小さく、コメットサークルの内側に向かうよう努力している、としている。

●全ステージでの環境負荷の把握と削減　社会全体の環境負荷を最小限にするために、リコーグループの他、仕入先、顧客、リサイクルを共に進める事業者など、すべてのステージおよび輸送段階で発生する環境負荷を把握し、技術開発やリサイクルのしくみづくりによって環境負荷を削減する。

●内側ループのリサイクルを優先　資源の経済的価値が最も高まるのは、製品として使用している状態だとし、使用済み製品を再び価値の高い状態に戻すために必要な資源・エネルギー・コストを最小にすることを目指し、内側ループでのリサイクルやリユースを優先的に採用している。

●重層的リサイクルの推進　リサイクルを可能な限り繰り返し「重層的」に行うことにより、資源の消費や廃棄物

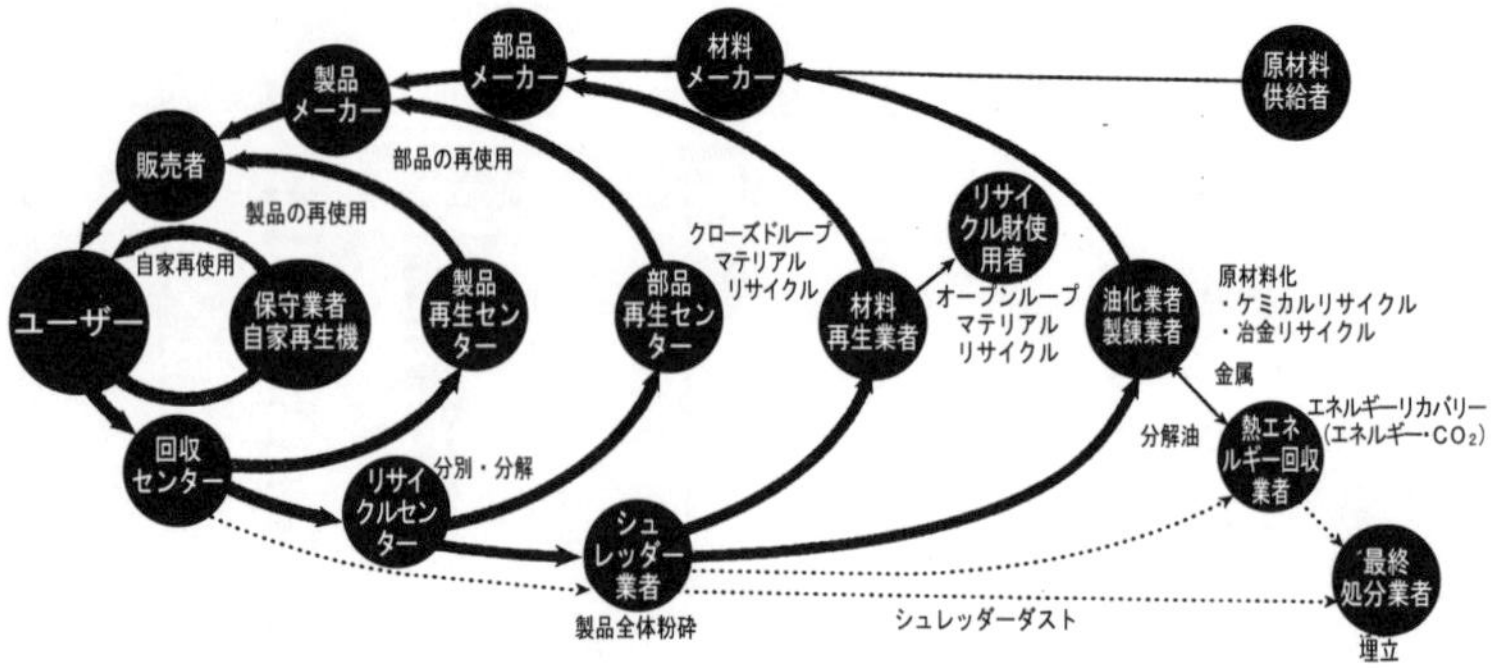

＊出典：㈱リコー「2000 年版環境報告書」

図１　循環型社会実現のためのコンセプト

の発生を削減し、埋め立て廃棄物ゼロを目標とする。

●経済効果のあるリサイクルへ　リサイクルシステムを構築するために、リサイクル対応設計などによってリサイクルコストを削減するとともに、再生・リサイクルされた製品を評価し、優先的に購入する社会システムの構築も重要だとしている。

（出所）㈱リコー「二〇〇〇年版環境報告書」

2　キヤノン㈱の場合

●省資源活動の一環としての廃棄物削減と管理　廃棄物をゼロにするために、まず生産工程で排出物を出さない、次に再資源化することで資源生産性の最大化を追求するとしている。

キヤノングループの生産拠点で分別している排出物は二三〇種類以上とされ、これらの排出物データ（マニフェスト伝票データ）、排出物の委託先業者に関する情報、リサイクルの推進に関する情報などを一元化するオンラインデータベースシステムを一九九七年から稼動させ、排出物全般に関する情報を共有化し、排出物の管理をしている。
このシステムにより、収集された情報を利用し、廃棄物の対策やリサイクルの推進を実施している。

●化学物質管理と有害化学物質の排除　キヤノンで使用されている化学物質は約九〇〇〇種類に及び、それらすべてに登録番号をつけて、環境影響を配慮して管理するとしている。新たに未登録の化学物質を使う時は、地区委員会と本社の審査を経て、承認されたものだけが登録番号を与えられて使用できるようになっている。こうした申請手続きから各種情報検索までを処理するオンラインデータベースシステムを一九九七年から稼動させ、特定の化学物質の使用状況、職場ごとの化学物質の在庫量、使用量等を管理している。

金属の脱脂洗浄用として使われるトリクロロエチレン、テトラクロロエチレン、ジクロロメタンなどの有機塩素系溶剤は、一九九七年末に一部の用途を除いて廃止した。

また、人の健康や環境に有害な化学物質を約二〇〇〇種類リストアップし、それらを有害性に応じてＡＢＣに分類して、Ａ使用廃絶、Ｂ使用量削減、Ｃ環境への排出抑制に取り組んでいる、としている。

●環境効率と経済効率を向上させるＥｃｏ―物流　キヤノン精機の関係会社弘前精機で生産された製品は、これまで、関東地方の物流センターへトラック輸送し、コンテナに詰めて東京港から輸出していたのを、一九九七年に東北地方に物流センターを設け、コンテナで最寄りの仙台港から輸出するようにルート変更した。その結果、トラックの走行距離になおすと一二八万㎞短縮したことになる、としている。

また、阿見事業所では数年前から、生産した製品は事業所内でコンテナ詰めにし、東京港で通関を済ませて輸出するというさらに進んだシステムにしており、長浜キヤノンやコピヤ、キヤノン電子などの関係会社なども同様のシステムを推進している。

●業界他社との連携　「製造業者がリサイクルをする」という原則に基づき、下取りした他社製の複写機を効率よく各製造業者へ戻すための仕組みである「回収複写機交換センター」の設立に参加。東京地区で正式にスタートしたのは一九九九年五月からで、一月からの試行期間を含め、一九九九年にこの交換センターを通して各製造業者に戻された複写機は、一万三九八台にのぼったという。二〇〇一年一月からは、東京交換センターの対象地域を、関東一円に広げる一方、近畿地区の交換センターを新たに設立したことによって、交換される台数が大幅に増加すると予測されている。

（出所）キヤノン㈱「環境報告書二〇〇〇年」

III 物質循環——技術と評価

1　循環型社会における技術のあり方

井野博満

1　はじめに

循環型社会形成推進基本法や個別法の整備状況をみてもわかりますように、これらの法律は廃棄物処理とリサイクルが主体になっています。リデュース・リユース・リサイクル・熱回収・適正廃棄処分と優先順位が法的に定められましたが、中心はリサイクルです。リデュース・リユースが具体化されていない。ここが一番の問題であると思います。リデュース・リユースを具体化していないということは、現在の産業構造をどう変えていくかについて、法律が手をつけていないということです。リサイクルをちゃんとやれば、もちろんいろいろなインパクトがあるわけですが、さらにリデュース・リユースに手をつけていかないといけない。リデュースするとその分企業の利益を減らすわけですが、そこまで踏みこむことが大事だろうと思います。その時に、技術からすればどういうものの作り方をするのか、材料屋はどういう材料を使っていくのか、という材料選択の問題を考えないといけなくなります。

菅野さんの話は、自然の物質循環の中で堆肥化をどうするかという問題です。工業が直面しているリサイクルの問題はそれとは違うわけですね。リサイクルは人間がやるのであって、自然の物質循環にのせようという話ではない。そこには非常に大きなギャップがあるということを認識して、議論しないといけない。しかし、本当は両者はつながっていかなければいけないので、それをつなげるキーはその地域での物質循環です。大量輸送を伴わない物作りへ工業を移行できるかどうか、ということにポイントがあると思います。

環境問題を材料学と熱力学から見ると、①資源が廃物になる。これは熱力学の第二法則です。②その廃物の行き場がない。③それからその廃物が生態系に害を及ぼす、ということになります。この逆をやっているのが地球の物質循環システムで、物質循環が起って汚染が浄化される。廃物がまた資源になる。で、廃物が生態系を豊かにする。しかし、これができるのは生態系に適合した廃物のみであって、農業とか一次産業ではそういう可能性がある。ビール会社の秋葉哲さんのお話（本書一二二頁）にあったように、ビールは自然の産物をもとに作ってますから、廃物がエビオスという胃腸薬になったり牛のエサになったりします。これは、地下資源に依存した多くの工業にとっては難しいことです。

生態系に適合した廃物しか許されないとなると、材料の選択基準はどうなるか。**表1**は、一九九〇年にスウェーデンのロベールという人が作った「ナチュラルステップ」という運動体の基準[1]ですが、四つあります。①地下資源の利用を抑制する、②人工物質需要を抑制する、③自然の生態系と適合させる、それから④資源の公正で効率的な利用を進める。これはスウェーデンやヨーロッパの産業界、市民の非常に広い支持を得て広がっています。この内容は、エントロピー学会が言っていることとだいたい同じですね。

この①と②の条件を厳しく考えて、地下資源や人工物質は使わないとして、たとえばエネルギーも自然エネルギーということになると、日本では水力発電も含めて太陽光ベースのエネルギーはだいたい五％くらい。残りは石油・天然ガスや石炭、原子力です。材料も木・土しか使えなくて金属は使えない。これは、すぐにはちょっとやりようがないでしょう。しかしもう少しゆるく考えますと、not systematically increase ですから、系統的に増やしてはいけない、だけど系統的でなければ適当に使いましょうという風にも読

System condition 1 Substances from the lithosphere must not systematically increase in the ecosphere.	**システム条件1** 地殻からの物質を生態圏に系統的に増やしてはいけない。
System condition 2 Substances produced by society must not systematically increase in the ecosphere.	**システム条件2** 人工的に作られた物質を生態圏に系統的に増やしてはいけない。
System condition 3 The physical basis for the productivity and diversity of Nature must not be systematically deteriorated.	**システム条件3** 自然の生産性と多様性の物質的基礎を系統的に悪化させてはならない。
System condition 4 Fair and efficient use of resources with respect to meeting human needs.	**システム条件4** 人間の必要を満たすことを尊重しての資源の公正で有効な利用。

表1 「ナチュラルステップ」の4原則
(by Dr. Karl-Henrik Robert)

めるんですね。公正で効率的な使い方、ということとのバランスで使っていきましょうという風に弱くとれば、かなり柔軟な姿勢になるわけです。このへんが支持を広げている理由でしょうか。

それで、地下資源や人工物質を生態圏に増やしてはいけない、そのためにはなるべく使わないようにしようということですが、地下資源といってもいろいろあるわけだし、人工物質にもいろいろあるわけで、その中の何がいけなくて何がそんなには悪くないかということを考えていかなければならない。材料屋とか工学部の人間は、十把一絡げにしないで、材料ごとに評価・選択をしていくことが大事だと思います。

2 材料選択の四つの基準

そこで、どのように材料を選択していくのか。四つ基準があると思います。

①材料の製造・使用・廃棄・リサイクルにおいて、毒物の生成がない物質やプロセスに変えてゆく(「毒物の排除」)。

②廃物が「自然サイクル」にのって浄化され、環境負荷にならない物質やプロセスを選択する。
③製品が長期間の使用に耐えるような、あるいは繰返し利用が可能な、材料や製造法を選択する（「長寿命化」）。
④廃物が「人工リサイクル」しやすい物質や製造法を選択する。

この四つのどの方向を選択してゆくのか、それは、どういう製品か、どういう材料の使い方をしているか、によってちがうので、個別に考えていかねばなりません。しかし、材料側からのある程度の基準は提示できます。

まず、上記四つの目標は並列ではありません。①**「毒物の排除」**、これが環境負荷を減らす大前提になります。たとえば、レストランや家庭の残飯を飼料や肥料に「リサイクル」しようとするとき、重金属とか、有機塩素化合物とかの混入が問題になります。また、毒物が「自然サイクル」にのってしまうと広領域の汚染になります。ＰＣＢの汚染が北極グマに及んだことは、物質の拡散と生物濃縮という自然界の法則が負の効果をもたらした例の一つです。

毒物汚染として伝統的に知られているのは重金属です。水銀・鉛・ヒ素中毒など、鉱山開発の歴史は採鉱・製錬にともなう鉱害史でもありました。これら有毒重金属は、たとえば、銅の製錬の際その副生品として地上へもたらされました。それに加えて近年は、有機水銀（水俣病）、カドミウム（イタイイタイ病）、六価クロム、タリウム、ビスマス、アンチモン、セレンなどが加わっています。さらには、いろいろな機能材料として毒性金属元素が使われようとしています。半導体素子であるガリウム・ヒ素化合物、超伝導材料候補のビスマス酸化物やタリウム酸化物。これらは、製品に組込まれた場合、一つ一つは少量である反面、回収が手間で放置されかねないという問題があります。

次に利用を極力制限すべきは、放射性物質およびそれを不可避的に発生する原子力関連事業でしょう。医療用コバルト60が混入したリサイクル鋼材が団地の鉄筋に使われ、多量の放射能被曝を受けた例が台湾でおこっています。日本でも、製鉄所の入口のモニタによって水際で発見されて、事なきを得たケースがあります。大量の核廃棄物を生み出す原子力発電は、循環型社会とは相容れないと言えます。

三番目の毒物は有機塩素化合物などの発がん物質や環境

ホルモン物質です。これらは極微量で著しい作用を生命体に及ぼすので、その対策は重金属汚染とは異なったものにならざるを得ません。松崎早苗さんの報告（本書一四八頁）にゆずって、ここでは省略します。

②「自然サイクル」にのせる。毒物の問題さえなければ、これが廃物処理としてベストです。しかし、工業材料では、それがいかに難しいことであるか。工業製品の原料の多くは、地下から掘り出した鉱石です。自動車や家電製品をみても、鉄鋼が過半を占めます。次いでアルミニウムや銅などで、合わせて八〇％程度。残りが人工物のプラスチック、ゴムなどです。金属は自然環境に放置されれば金属イオンになりますが、過剰のアルミニウムや銅のイオンは生命体にとって有毒です。プラスチックは分解しないので、処置に困ります。燃やせばエネルギーが回収でき（サーマル・リサイクル）、炭素の物質循環に入ります。しかし、燃焼過程でダイオキシンを発生する危険性の高いポリ塩化ビニル（PVC）以外にも、プラスチックには多くの添加剤が使われており、その汚染や、各種の有機化合物気体の発生が問題になっています。

光分解性バクテリアなど、金属や有機物を食べて「自然サイクル」にのせる微生物の利用が宣伝されるけれども、大量生産された工業製品の廃物を質的・量的にどの程度の範囲でどの程度処理できる見通しがあるのでしょうか。当面、それらを「自然サイクル」にのせることは望めないでしょう。それが可能なのは、食品工業など農業生産物を原料とした工業だけです。しかし農業生産でも、地下資源である石油が動力源として、あるいは農薬の原料として使われていて、「循環型農業」への道は平坦ではありません。各地の先進的農民が有機農業を軸としてその道を切り拓いており、循環型社会を形成する上でも、農業などの第一次産業の復権が最重要課題の一つです。

③「長寿命化」もまた非常に重要であることを強調したいと思います。日本の自動車や住宅の使用年数がヨーロッパにくらべて短いことは、よく言われます。乗用車解体後のリサイクルや建設廃材のリサイクルも重要でしょうが、社会的耐用年数を増やせば、たとえば二倍にすれば大雑把に言って生産量は半減し、廃棄物の量も半減します。リユースは、リサイクルのカテゴリーに入れるのではなく、長寿

命化の一つと位置づけるべきです。飲料容器のＬＣＡ分析で、リターナブルびんの環境負荷がワンウェイ・ペットボトルや缶のリサイクルより小さくなるのも、リユース＝長寿命化の優位性を示しています（本書一六一頁、中村秀次講演）。

長寿命化は、使い古した製品を使うということでもあります。材料が劣化し安全性を損なうような状況で使用すべきではないという原則は、第一にかかげられねばなりません。三二年の使用を想定して安全審査を通った原発の圧力容器を五〇年も六〇年も使おうとする原子力業界の姿勢は、はなはだ危険だと思わざるを得ません。事故のときに想定されるとてつもない環境汚染を考えると、そのリスクはあまりに大きいのです。

ポンコツ車を走らせていると、ガソリンは喰うし、修理代もかさむ。乗用車のように環境負荷の相当部分が走行時のものであるときは、長寿命化による効果は老朽化によって相殺され、全環境負荷を走行時間で割った環境負荷の大きさは、どこかで最小値をとるでしょう。そこを製品の寿命とし、そこまで使い切るという社会的選択が必要になります。車などの製品を、所有するのではなくリースによって利用すべきだ、という提案は、廃棄物処理の軽減・リサイクル利用の推進だけでなく、生産物の限界的利用を促すという面でも有効であり、面白いと思います。

「長寿命化オプション」がなぜ産・官の「大きなかけ声」とならないのでしょうか。「リサイクルオプション」が静脈産業という需要を喚起するのに対し、そういう経済効果がないばかりか生産を細らせる、とみられているのが一因でしょう。しかしそうであるならば、「リサイクルオプション」はエネルギー消費を拡大し環境負荷を増やす、という批判が当たることになります。まさに産業界や経済産業省の姿勢が問われています。「長寿命化オプション」は修理（メンテナンス）関連の需要を呼び起すから、経済効果がないわけではなく、多くの雇用を生み出すでしょう。人間の手の労働を重視した産業構造へ移行することが、二一世紀の課題なのではないでしょうか。

3　リサイクルについて

それで、そのリサイクルの役割をどう考えるか。リサイクルは一般に①原料資源の節約、②エネルギー資源の節約に役立つと共に、③有毒物質の排出削減、④ごみの減量（処分場の節減）という効果が期待できます。しかし、すべてのリサイクルがそうであるわけではありません。確かに①と④は必ず実現されますが、②と③は逆に増えてしまうこともあります。またリサイクルを行うために別の資源を使えば、その資源に関しては①と④も増えることになります。ゼロエミッション、つまりどんなものでも再資源化できるんだという話がありましたが、再資源化のために非常にエネルギーを使う場合もあるわけです。それから、再資源化の途中でまた毒物が出ることもあります。それで、何をリサイクルして再資源化するのがいいかということは、物質ごとに考えていかなければなりません。

『リサイクルしてはいけない』という本があります。[2] 著者の武田邦彦さんはペットボトルのリサイクルには意味がない、まずコストが非常に上がってしまうといいます。事実そうですね。税金をたくさん使わないと実施できない。また、リサイクルをすると廃棄物の量も増えると言ってます。リサイクルしないで焼却すれば減る、と言っています。ただしこの人は、焼却を積極的にすすめるんではなくて、長寿命化しろと言っています。ただこれはペットボトルについてであって、リサイクルがすべていけないということにはならない。

図1を見て下さい。精錬・製造・使用・廃棄処理、そしてリサイクル処理。ＬＣＡで環境負荷を評価するのにこういう図を書くのですが、コストも考えなければいけません。リサイクルした時の環境負荷が製造と廃棄の負荷より下、すなわち、$X_R < X_P+X_W$ ならば、これは環境的に意味がある。それから、商売になるリサイクルと商売にならないリサイクル。リサイクルでコストが減るのなら商売になる。$C_R < C_P+C_W$ となる場合です。この両方のファクターを表したのが**図2**です。環境負荷はいろいろあるのですが、抽象的に一つの軸で表しています。

それで、さっきのプラスチックの話です。コストも上がるし、リサイクルは無理なんじゃないかというのが武田さんのご意見。この点については佐伯康治さんという日本ゼオンのエンジニアだった方がいい本を書いています。[3] まず、マテリアルリサイクルは商売にならない。コストが非常に大きい。ペットボトルをリサイクルするのも同じ。それから埋立処理は非常に環境負荷が大きい。ところが焼却処分は、コスト的にはいいのですが、塩ビが入っているとダイオキシンが発生しますし、色んな添加物によって環境負荷が非常に大きくなってしまう。ですから、マテリアルリサイクルもダメで埋立処分もよくなくて焼却もダメというのがプラスチックだと思うんです。現状の利用形態では。容器包装リサイクル法では結局、コスト的に自分でできないので、補助金でリサイクルさせようとしています。そうするとそれで有利になって、リターナブル・ガラスびんのほうが環境負荷が小さいのに、ペットボトルの生産量が拡大しているのが現状です。環境負荷の大きい材料を減らすように法律が機能しないといけないのに、逆効果になっています。プラスチックはプラスチックでなければならない用途、あるいは長寿命の用途に限定して、生産を縮小していくべきである、と私たちは認識すべきではないかと思います。導電性プラスチックでノーベル賞をもらったことを旗印に化学界は、プラスチックは非常に面白い材料だと宣伝しているけれど、環境負荷という点からすると利用を制限

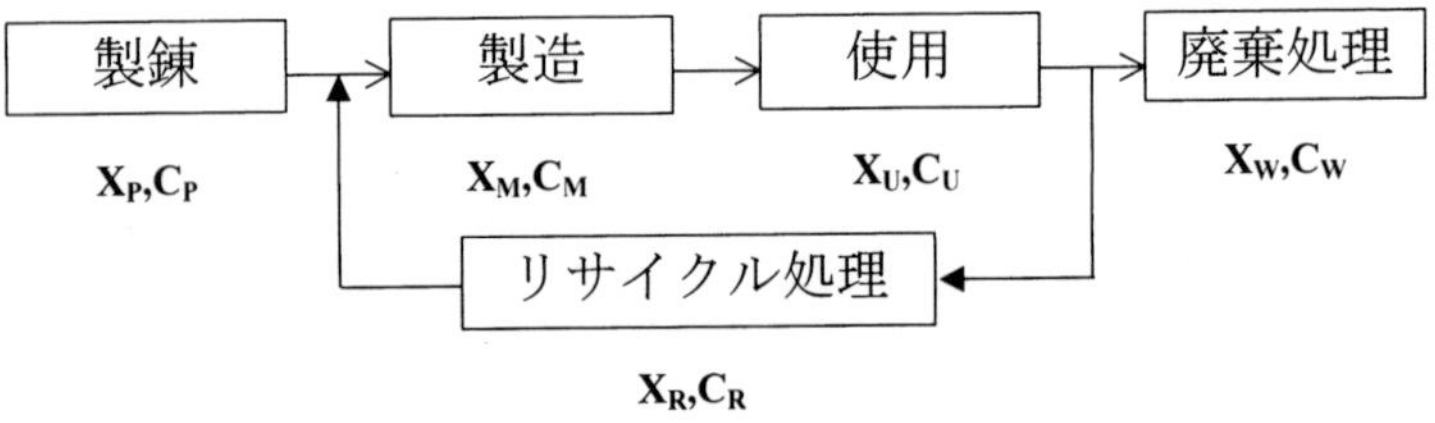

図１　リサイクルを含む生産—消費—廃棄のプロセス
（Ｘは環境負荷、Ｃはコストを表す）

すべき材料です。ただ、家電リサイクルの話にありましたけれど、高炉で還元剤として利用することは評価できるかなと思います。一種の焼却処分ともいえますが、これは石油をプラスチックに変えて燃やすカスケード利用になるわけで、石油を直接燃やすよりはいいのかもしれない。有害物質が生成しなければ。

次に金属材料をどう見るか。金属は地殻にあるときの形態によって、親銅元素・親石元素・親鉄元素と分けて考える必要があります。親銅元素というのは、採掘と製錬のとき硫黄とか、水銀とか、砒素とかいう物質がたくさん出てきます。製錬を減らせば環境負荷も減る、というのが親銅元素です。親石元素というのは、アルミニウムのように非常に酸素との結合エネルギーが高い金属で、製錬のときエネルギーをたくさん食うわけです。ですから親石元素は、リサイクルすればエネルギー消費を減らすことができる。エネルギー消費が大きいということは、SO_X、NO_X、CO_2も大量に出すわけで、リサイクルで環境負荷が減ることになります。しかし環境負荷については、エネルギー以外にいろいろな問題があります。アルミ缶の塗装をもっとシン

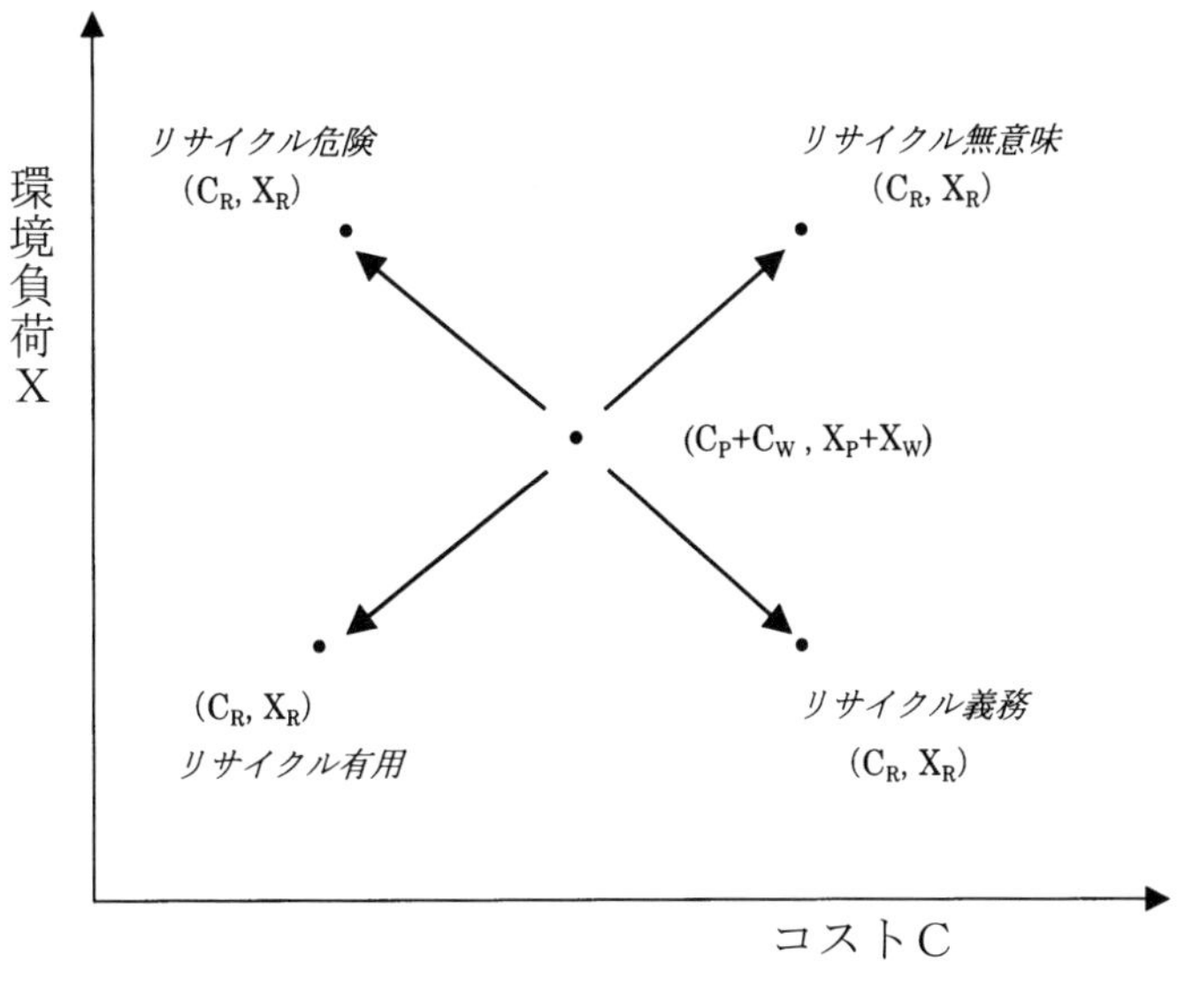

図2　どのようなリサイクルが意味があるかを概念的に表す

プルなものにして、再溶解したときに有害なものが出ないようにするとか、そういうことをやるという前提で、銅とかアルミニウムというのはリサイクルに適合した材料だと判断していいのではないか。

それから鉄というのは、アルミとか銅に比べると環境負荷が少ない元素で、これは非常に広く使われているし、それだけの理由があるいい元素であると思います。ただし現実には、あまりにも大量に使いすぎている。もうひとつ問題は、リサイクルの効果がそれほど大きくない。私のところの学生がやったLCA（ライフサイクルアセスメント）の結果[4]では、アルミ缶ですとエネルギー消費がリサイクルで三〇%ぐらいに減る。ところがスチール缶は少し減る程度です。SO_x、NO_xについても同じようなことになっていて、さほどリサイクルの効果は大きくない。それからもっと大きな問題は、銅や錫などの不純物がリサイクル中に混合するために、たとえば自動車のボディーからもう一回自動車のボディーを作ることはできていない。建築用の棒鋼とか、カスケードの利用になるわけです。除去困難な不純物があって、それをどう解決していくかがこれからの問題です。

4　環境負荷評価の重要性

何がよくて何が悪いかを言うには、きちんと環境負荷評価をやらなければいけません。環境負荷評価は、歴史的にエネルギー解析からLCAへと発展してきました。それは、資源や資源効率を問題とする立場から、環境影響を重視する立場への変化でもあります。LCAの現状は、データの客観性や解析範囲設定の恣意性、インパクト評価の困難性などさまざまな問題を抱えています。しかし、個別の製品やプロセスについての解析から生産システム総体の解析・評価へと方法論の進展がみられ、環境に適合した技術システム・社会システムを考察・構築していく上で、有用な手法となっていくと思います。

LCAを補うものとして私たちはエクセルギー解析を進めています。[5][6] LCAの評価項目が個別の環境負荷物質やエネルギー消費であるのに対し、エクセルギー解析は、エネルギーと物質を統合してエクセルギーの変化を追うものです。エクセルギーを持った物質が環境に放出されれば環境に悪影響を与える可能性を持つから、それを環境影響ポテンシャルとして考えようというものです。廃棄物処理で、廃棄物がそれ以上分解したり溶け出さないようにする、安定化処理をすることが大切ですが、それはエクセルギーをゼロにして捨てろということです。そういう意味で、排出された物質のエクセルギーを調べることは、一つ新しい視点を提供するのではないかと考えています。

もう一つは、エントロピーコスト評価です。これは、環境汚染を元のきれいな状態に戻すのにどれだけのコストがかかるかを、エントロピーで表そうというものです。LCAやエクセルギー解析が環境への影響の大きさ(処理の優先度)を評価するのに対し、エントロピーコストは汚染のたちの悪さ(処理の難易度)を評価しようとするものです。さっき話しましたように、技術を環境負荷XとコストCの両面から把えることが必要であり、そのツールとなることをめざしています。

5　むすび

最近マテリアルリースという考えが注目されています。要するに、機能だけを買って使えばいい。素材屋さんがマテリアルを貸し出して、それを全部回収する。そうすれば適切な材料選択ができるし、ベストなリサイクルや廃棄物処理ができるという提案です。これが本当にできれば非常に面白いと思うのですが、輸出入に絡んだ国際マテリアルリースという図をあっさり書かれると、南北問題はどうするのだと、とまどってしまいます。それと、地域の物質循環が大事だということとどう関係するのか。

昔は環境から身を守るのが技術だったが、今は環境を守ることが生存基盤の確保であり身を守ることだ、という風に変わってきています。自然の再生力を奪わない、また破壊された再生力を回復するような技術、そういう技術システムになっていかなければいけません。

材料選択という視点でまとめますと、まず毒物の排除。これについては有機化学物質の管理が今直面する問題ですが、松崎早苗さんのお話があるので私は省略しました。それから、自然サイクルに適合するよう農業と工業が連携していけるのか、その模索という問題があります。人工リサイクルについていえば、マテリアル・リース。そのためには大量生産技術と地球規模の長距離輸送システムからの脱却。廃棄物についていてはバーゼル条約による制約がありますが、資源や生産物についてはどうなのか。グローバリゼーション一辺倒の考え方からの脱却。このへんをわれわれはこれから考えていかなければいけないのではないでしょうか。

質疑応答

片桐望 リユースが一番よくてリサイクルがそれの次で……というような簡単な話ではないでしょう。ペットボトルが、結果的に廃棄が増えたという。事実はそうかもしれませんが、リユースのいろいろな技術の展開や社会システムの構築で、そういう問題は解決できる。だから、単純にプラスチックが有害で、減らす方向にすべきだという議論ではないように思うんですが。

井野 おっしゃるとおり、社会システムとその材料の性質と両方あると思います。材料の性質で一方的に切ってはいけないけれど、やはり材料の性質が基盤にある。金属でいえば、親銅元素・親石元素・親鉄元素という特徴がそれぞれあって、それに伴う環境負荷がある。プラスチックは現時点でリサイクルに非常にコストがかかっていて、それを税金で負担している。もし事業者にその負担を全部負わせれば、たぶんリサイクルは成り立たない。いずれは経済合理性があって環境負荷を減らすこともきちんとできる、そういうリサイクル技術がプラスチックにも生まれるかもしれません。そうであればいいわけだけれども、一九七〇年代から試みられていてうまくいっていないことがその難しさを示している。現状のプラスチックは非常によくない材料になっていると思います。

片桐 たとえば、鉛は有害元素だから使うな、となったら自動車産業は成り立たなくなる。使ってもちゃんと回ればいい。バッテリーは回収するからいいが、散弾で環境に放置することは規制すべきです。必要があってわれわれが使うから、それが生産されるのですから。

井野 私の分類では鉛は「リサイクル義務」で、全部回収して、バッテリーに使いなおすという風に、きちんと使っていくべきだと思います。

司会（黒田光太郎） でも、どうしても環境に出ていく要因があって、ＯＥＣＤでも抑制していくことになっていますね。

松崎早苗 金属のリサイクルを考える場合、たとえば鉱山で掘る時に広大な土地を破壊するというようなことは考慮に入っているのですか？　資源の枯渇と、その資源の採取に伴う環境破壊。今もうわれわれは採取された素材を十分持っている、その素材を使いまわす社会システムと技術を追求する、という、発想の転換期じゃないかと思います。

井野 先ほどの学生の研究はスチールやアルミの素材ではなくて、スチール缶とアルミ缶のリサイクルによる環境負荷評価の結果です。鉱山での採掘や製錬も含めて、評価しています。ただし評価項目として土地を荒らすというようなことは入っていません。とにかく今の材料の使い方、大量生産を前提とした材料の使い方をやめる形のリサイクル。そういうのを目指すべきです。

司会 脱物質化（dematerialization）という言葉がありますが、その元には松崎さんが言われたような、すでにもうわれわれは十分資源を持っていて、それを有効に使っていく段階である、という考えがあります。

江口雄次郎 私は国際経済論・国際経営論が専門で、中央環境審議会の循環型社会計画部会の委員です。とくにアジア圏での循環型社会の形成が重要で「アジア環境経済圏」を構想すべきと主張しています。地域物質循環というときにその「地域」をどう考えて話をしておられるのか。アジア、特に北東アジアと日本は一体化しているのだから、長寿命化製品についての技術基準などについて、中国や韓国やアジアの人達と交流するような意思を持っておられるかどうか。さきほどマテリアルリースの国際関係の図を、わからないとおっしゃったが、あれは「わからない」と言わずに「大事な」と言っていただきたい。バーゼル条約の問題が入るとややこしいから、審議会では国内に限定して下さいというのですが、それでは国際的問題が抜けてしまう。実際に国際統一が進んでいることを前提として、マテリアルリサイクルの技術を考えないといけません。

もう一つ、リペア（repair）という発言が一回もなかった。三Rじゃなくて四R、五Rがあるんで、固定した概念では議論が発展しないと思うのです。

井野　バーゼル条約というのは、廃棄物を輸出してはいけないという問題ですね。一方で、産地に環境負荷をもたらした資源を日本が輸入している、その問題はどうなのか。そういう問題をすべて議論して、第三世界と日本とが対称的であるような関係を作らないといけない。ですから、とまどってしまうっていう言い方をしたんです。

「地域」と言ったのは、もっとローカルな、菅野さんの長井市の話などをベースに物質循環を考えたのですが、もちろん、アジアとの交流も考える必要があります。ポンコツの中古車を輸出するというような、やり方によってはバーゼル条約すれすれの問題になる。アジアを含めての中古品の利用は一概には否定できないけれども、そういうものを海外へ出すならば、修理の技術やシステムを全部一緒にして、当然廃棄の問題まで考えてゆかねばならない。南北問題も含めて、われわれがどういう選択をするかという問題になると思うんです。

経済については丸山さんにひとことお願いしたいのですが。

丸山真人　バーゼル条約というのは片手落ちで、物を製品として輸入する段階にもチェックシステムを入れなければバランスがとれないじゃないか、というのが経済制度を考える時には当然出てきていいと思います。バーゼル条約を撤廃するのではなくて、むしろ物を入れるところでもセーブするように拡げる。市場経済は、条件が与えられたらその下でどう節約をするか、ということで原理ができているので、制度作りに関して市場の側からものをいうのは逆立ちで、制度ができればそれに従って市場は回る、というのが基本的なとらえかたではないかと私は考えます。

文献

(1) カール＝ヘンリク・ロベール『ナチュラル・ステップ』市河俊男訳、新評論、一九九六年（原文は一九九二年）。

(2) 武田邦彦『リサイクルしてはいけない』青春出版社、二〇〇〇年。

(3) 佐伯康治『物質文明を超えて――資源・環境革命の二一世紀』コロナ社、二〇〇一年。

(4) 中島謙一、井野博満、原田幸明「飲料缶のライフサイクルアセスメント」、『日本金属学会誌』六四巻八号、二〇〇〇年。五九一～五九六頁。

(5) 添野良彦、赤司豊、井野博満、白鳥紀一、中島謙一、原田幸明「環境負荷評価としてのエクセルギー解析」、『日本金属学会誌』六六巻九号、二〇〇二年。一〇一～一〇四頁。

(6) Y. Soeno, H. Ino, K. Siratori, K. Nakajima, K. Halada "Exergy Analysis to Integrate Environmental Impact", 第五回エコバランス国際会議 Proceeding, in press 二〇〇二年。

2 プラスチック・リサイクルは化学物質の健康影響を減らすか

松崎早苗

1 はじめに

「材料のリサイクル利用における化学物質問題」というタイトルを頂きましたが、私はリサイクルの専門家ではありませんので、現場でどのような化学物質がどんな問題を起こしているかということをお話しすることはできません。ただ、いわゆる材料リサイクルでは金属の再利用ということが中心でしたから、エネルギー効率や回収効率ばかりを議論していて、化学物質の毒性の視点が欠けていることを懸念しておりました。そこで、化学物質というものがいかにやっかいであるかをお話しすることで、プラスチックのリサイクル問題に警鐘を鳴らすことができればと考えています。

リサイクルの目的は、資源の節約と排出物による環境負荷の軽減です。したがって、この二つの物差しに照らして循環型社会に貢献するかどうかで、そのリサイクルが妥当かどうかを判断すればいいのです。現時点の情報を提供したいと思います。

2　化学物質問題における最重要課題は何か？

この設問は、これまでの化学物質管理政策は成功してきたか？と問うことでもあります。医薬品と農薬（農業用に限る）はそれぞれに対応する法律があります。それ以外の化学物質を管理している法律は「化学物質の審査及び製造等の規制に関する法律[1]（化審法）」です。一九七三年に制定されましたが、動機はＰＣＢを禁止するためです。ご存知のように一九六八年に西日本でカネミ油症事件が起こって、世界中にショックを与えました。当時すでにＰＣＢは環境を汚染していることが知られていたので、ＰＣＢの人間への被曝が黒い赤ちゃんを産むことにつながったことを知って恐怖を覚えたのです。化審法は、その時代の最先端の考えを盛り込み、既に市場で扱われている化学物質を「既存化学物質」とし、法律制定後に登場する化学物質は審査をすることとして「新規化学物質」と分類しました。いずれも年間一トン以上の取り扱い量のものを法律の対象物質とし、それより少ない量で生産・輸入するものは届け出のみで審査はしないこととしました。しかし、化審法はＰＣＢを禁止することを主な目的にしていましたので、審査内容が限定されました。つまり、環境中で分解せず生物に蓄積する化学物質のみを規制する内容で、ある程度分解すると判定されたものは毒性を問題にしない形になっています。これは今でも変わっていません。

一九七三年当時、「既存化学物質」は二万種類ありました。それ以後に審査・許可された化学物質は、二〇〇〇年現在で四一〇〇種類にのぼります[1]。つまり、企業が利用を目的として年に一トン以上取り扱っている化学物質は、日本で二万四一〇〇種類を数えていることになります。しかし、一トン以下の少量化学物質は法律の適用外で、その数は毎年五〇〇〇から一万件もあるそうです[2]。二万種類については国が順次、分解性のテストと環境モニタリングをすることになっています。難分解性物質は化審法上の特定・指定化学物質として規制対象になりますが、その数はわずかです。テスト法が三〇年間進歩しておらず、生態・健康上問題となる物質を新たに見つけられる可能性は低いでしょう。また、モニタリングされている化学物質の数と地点、および、継続性などが極めて貧弱で、こうした日常作業から問題が指摘されたためしはありません。

工業的使用を目的として工場で生産され売られる化学物質のほかに、ガソリンを燃やして車を走らせれば、排気ガスの中にさまざまな化学物質が入ってきます。これは非意図的化学物質と呼ばれますが、これらはコントロールできません。ごみを燃やせば、炉の中で変化して環境中に放出されます。これらの非意図的化学物質の最右翼が皆さんご存じのダイオキシンです。また農薬を散布すると、環境中に飛散した後に化学反応することもあるし、使った場所ではないところに存在するようにもなります。こういうものをどう管理していけばいいのでしょうか。

一般に化学物質の有害性を評価する手法としては、動物実験が基本です。急性毒性ならどういう濃度、慢性毒性ならどういう濃度で影響が出るかという実験をします。繁殖の阻害、催奇形性、発がん性など、個別の化学物質に対して影響の出る濃度、影響の出る摂取量を調べて、その最低量、あるいは、これ以下では影響がないという無影響量を決めます。それらは実験した動物についてのものですから、人に対しては安全係数（あるいは不確実係数）を掛けます。これをヒト毒性値とみなします。毒性値がすべての化学物質について決められているわけではありません。現在世界中で使われている全化学物質について満足のいく毒性テストを実施するには、五〇〇年かかるとも言われています。

日本における二万四〇〇〇種類の化学物質は、政府あるいは製造企業がその有害性（毒性）試験をし、実際に環境や食物から生物がうける曝露を予測してリスクを評価することになっています。しかし、世界一強力な米国の環境保護庁の研究資源（研究者・研究設備能力・資金）をもってしても、五〇〇種類程度しかリスク評価はできておりません（米国の毒物目録には八万種類が登録されているのに）。じっさいに政策面で規制をする、規制値を決めるという作業はどのように行われるでしょうか。さまざまな毒性試験結果から化学物質が有毒であるというだけで禁止したり使用制限したりすることには、製造業者側が激しく抵抗します。本当にリスクがあることを示せ、リスクの可能性を科学的に示せ、と迫るわけです。そこで、毒性試験だけでなくリスク評価（アセスメント）の研究が盛んになりました。それにもとづいて行政が規制に乗り出すことになります。リスク評価は、平均的な人が七〇年の生涯に被曝し続けたと仮定して、毒性に照らしてどの程度の発病の危険、死亡の危険があるかを計算することです。リスクが百万分の一ならば我慢せよ、一万分の一ならば何か手を打とうというようなことです。こういう手続きのことを、「リスク評価に基づくリスク管理」とよびます。

「リスク評価に基づくリスク管理」は一見すると科学的に見えます。しかし、一物質のリスク評価に数年かかることを考えれば、ひどく非現実的で、非科学的ですらあります。たとえば、米国を舞台にビスフェノールAの低用量論争が延々と続いています。わずかな投与量で仔の雄性が成長阻害されたという実験結果に対して、そんなはずはないと産業界が反論実験を実施しました。現在は両論併記の状態です。ポリカーボネートその他のポリマーに広く使われている一般的な化学物質ですから、少しでも懸念の証拠が出されると都合が悪いので、産業界は総動員で論争を仕掛けてきます。そして決着がつかない状況がつづくのです。鉛の毒性からガソリン添加を止めるべきかどうかという議論では、警告的証拠から規制まで四〇年もの年月が費やされました。ですから、理屈ではリスク評価に基づくリスク管理というのは正しいように聞こえるかもしれないけれども、現実問題としては決して科学的とは言えません。議論に費やされた何十年もの間に、とり返しのつかない影響がでるかもしれないのです。このことを認識していただきたいのです。しかも、検討されるのは一物質ごとであって、現実に数百物質以上に同時に曝されている状態については検討されていないのです。

それに加えて、「提案されるリスク管理は、必要な費用に照らして十分なメリットが得られるかどうかを検討してから実施されるべきだ」という枠がはめられてきました。これが、コスト－ベネフィット分析の要求です。米国の産業界は共和党を説得して、この要求を各州の議会で法制化してきました。いくら毒性（有害性）の大きい物質でも、また、一般人にとってリスクが大きくても、そのリスクを減らすために払うべき費用が適切であると証明されなければ、規制政策は実施されない、という状況をつくることに成功しました。けれども、二〇〇一年二月ようやく最高裁判所が、公衆衛生にかかわる規制措置については必ずしもコストーベネフィット分析を先行させる必要はないと判決しました。一〇年以上も後退を強いられてきたＥＰＡ（環境保護庁）がようやく一矢報いた判決と報じられました。

以上が、現行の化学物質管理の実態です。

3　材料のリサイクルとは？

効率のよいリサイクルとして初期の頃から念頭にあったものは「金属」です。鉄、銅、アルミ、そして貴金属のリサイクルは歴史が長い。しかし、ここでは有機合成物質、すなわち、石油系ポリマーのことを中心に考えます。

金属の場合は、利用される状態は元素そのもの（金属の形態）が中心で、化合物は少なく、また、利用に際して行われた精錬で品質が高くなっています。すなわち、金属原子が整然と並べられてエントロピーの低い状態が実現されているわけです。そのリサイクルでは、高品質の金属を物理的に集める技術（再溶融など）で、同じような低エントロピー状態を実現することができるでしょう。混合金属を再分離することが難しいケースもあるかもしれませんが、それについては金属の専門家に任せます。

それに反して、有機合成物質は分子化合物です。結合エネルギーが低いので反応しやすいという特徴があります。イオン結合を主体とする無機化合物とは違います。プラスチック、すなわちポリマーは、ある一種類か二種類の化合物を重合して大きな分子にしたもので、化学結合と化学反応がリサイクルの要素となります。

リサイクルの第一目的は材料の節約ですから、まず量的な面を見ておきましょう。石油利用の大部分は燃料ですが、ポリマー用は全体の何割になるでしょうか？　日本におけるナフサ販売量で簡単にチェックしてみます[3]（**表1**）。

このデータから、薬品やプラスチックなどの製品に回る石油は約三六〇〇万kl（比重を〇・九とすれば三二四〇万トン）で、全体に対する割合は十数パーセントで年々増えていることが分かります。日本プラスチック工業連盟の統計によれば、一九九八年のプラスチック原材料生産実績は一四〇〇万トンですから、全ナフサの約四〇％強に当たります。リサイクルはこのプラスチックや繊維の増加を押さえるこ

年度	燃料油計（万 kl）	ナフサ（万 kl）	ナフサの割合（%）
1985	18,147	2,436	13.4
1990	21,762	3,111	14.3
1992	22,771	3,596	15.8
1993	22,558	3,605	16.0

表１　日本でのナフサ販売量

とに貢献しているでしょうか？　もう一つの問題は、リサイクルがエネルギー問題とエントロピー問題と化学物質汚染問題への回答になっているかどうか、です。

①有機溶剤の回収・再利用

溶剤は、溶かす、洗うという目的に使われますが、目的を達した後の汚れた液を再び分留法などできれいにして回収することは、物理的方法の範囲内で可能です。化学反応が起きるような高い温度は必要なく、二次汚染やエネルギーの多消費も避けられます。ただし、ＰＣＢ類似物質のように有毒で生物分解もしないものは、その製造・使用・処理を安全に行うことが困難で環境に危険であると認識されて、リサイクルではなく禁止と分解処分が命令されています。また、毒性は低くても禁止されたフロンのようなケースもあります。

揮発性の物質が大部分である溶剤のリサイクルを徹底すれば、理屈では素材の節約になり、環境排出量を減らすことにつながるはずです。その場合は本当に労働者と周辺住民の健康が守られるのか、環境排出量が減るのかを監視するシステムが必要です。

② プラスチックのリサイクル

プラスチック業界では燃料化と再材料化を有効利用と称しています。再材料化にはプラスチックへの再生と高炉での炭化水素利用を含めていますが、再生利用だけがいわゆるリサイクルの名にふさわしいでしょう。日本プラスチック工業連盟のホームページ[6]によれば、二〇〇〇年度に原材料一四四五万トンが生産されました。それがどんな製品になったか把握されているのは六〇九万トン、すなわち五五・二%で、残りは不明です。それにもかかわらず、廃棄段階では把握率が異常に高く報告されています。廃プラ処理統計表は、生産量一四七四万トン、製品消費量一〇九六万トン、廃プラ排出量九九七万トン（うち、一般廃棄物五〇八万トン、産業廃棄物四八九万トン）と述べています。しかし、ペットボトルを除いては一般廃棄物中のプラスチック量が正確に測られ、その利用、処理内訳が数値化できるとは信じがたいことです。ゴミ焼却炉には分別しないままのごみが投入されるのが普通ですから。

このホームページの物質フロー図では、廃プラの五〇%が有効利用されていることが示されていますが、その中でマテリアル再生利用は一四%にすぎません。特に一般廃棄物からの再生利用は三%（一六万トン）にすぎません。一般廃棄物中のこの数値はペットボトルを指していると思われますが、後に見るように本当に再生利用量なのか疑問です。

●燃料化　使用済みプラスチックの高度利用としては、①燃料として使う、②材料として使う、の二者が実施されています。燃料としては、油化、ガス化、固形燃料化の技術開発が推進されています。技術者たちはこれをサーマル・リサイクルと呼んでいますが、燃料に持っていくのはリサイクルとは呼べないと思います。言葉のまやかしではないでしょうか。しかも、その技術が確立されていると言えるのは、使用済み材料の質が一定している「産業廃棄物」の場合であって、それを一般ごみに適用するのには非常に大きな技術的ギャップを克服しなければなりません。そのあたりの真実を見逃さないことが大切です。

素性の分かった「産業廃棄物」から燃料を作る過程で出てくる化学物質は特定可能かもしれません。元の材料についての知識が豊かな企業によって設計・運営されるのですから、期待はできます。しかし、産業廃棄物であっても、いったん会社から外に出たさまざまな製品の混合物となれば、プラスチックの原料だけでなく多彩な添加物を構成する化学物質が大量に含まれています。これらの加熱過程をどうコントロールできるというのでしょうか？　燃料化の加熱過程で化学物質の排出を押さえたとしても、実際に燃やす際に再び別の形の化学物質が発生することになります。そういう意味で産業廃棄物の混合物の燃料化ははなはだ難しく、不可能でしょう。一般ごみはさらに困難です。燃料化にともなう化学物質排出のリスクは、まだ、評価されていません。実際には、一般ごみの燃料化プラントは建設が進んでおり、たとえば一九九六年からは自治体がガス化溶融炉を発注し始めています。残念ながら、その排気中の化学物質の分析結果を入手できません。

●再材料化　材料に戻す技術にもさまざまな試みがあるようです。消費者の手に渡った製品のリサイクルに関しては、早くから始まっていた発泡スチロールと容器包装リサイクル法にもとづくペットボトルについての試みがあります。発泡スチロールの再商品化率は、マテリアル二〇％、ケミカル（高炉原料）七八％、発泡スチロールトレー二％となっており（一九九九年度分、日本容器包装リサイクル協会調べ）[4]、材料に戻されているのはほんのわずかです。二〇〇〇年の発泡スチロール国内総流通量は一八・三万トン、マテリアルリサイクルは三四・九％、サーマルリサイクルが二二・六％、残りは焼却か埋立てです。このリサイクル分の内訳は九九％が産業廃棄物からです。

ペットボトルからペットの素材を回収する技術はまだ開発途上で、食品用ペットボトルに戻せるのはアイエス社だけと言われています。その他は繊維素材にしているので、その先の再材料化は視野に入っていません。したがってリサイクルとは言い難く、一回だけの廃棄延期に留まっています。

二〇〇一年までの各社のペット処理計画量は合計一〇・七万トンとなっています[5]。これを二〇〇〇年の中空容器生産実績三八万トン[6]と比べると二八％に当たりますが、プラスチック原材料生産実績一四七四万トンと比較すれば〇・七％です。ＰＥＴボトル協議会の予測では二〇〇一年度の回収需要は四二・六万トンとしているので、二〇〇〇年よりもさらに中空容器の生産量が増加する見通しです(7)。報道ではペットが頻繁に取り上げられていますが、プラスチック・リサイクルの主役を担っていないことは明らかです。

塩ビ（塩化ビニル）は年間生産量が二四〇万トンですから、全プラスチックの二割近くを占めています。塩ビ工業・環境協会によれば、約一〇〇万トンが使用済みで排出されその三〇%がリサイクルされているそうです。農業用塩ビ五万トン、電線被覆材四・四万トン、パイプは四四%（重量不明だが、三〇万トンの四四%ならば一三万トン）がマテリアル・リサイクルされていると言っています。廃塩ビは、塩素の除去に費用がかかりすぎて高炉原料に利用することはできません。燃料にも適しません。そのために、逆に塩ビから塩ビへのマテリアル・リサイクルの技術開発が進んでいるのです。

以上、主として量的なものを見ました。一般消費者が手にしたプラスチック製品のマテリアル・リサイクルは微々たるものです。産業廃棄物から原材料に戻す道がある場合には、生産量の一割程度まで行っているので、そちらを推進すべきです。しかし、一般廃棄物から回収してマテリアル・リサイクルすることは基本的に中止した方がよいでしょう。ここでは調べられなかった産業廃棄物として、建設、自動車、家電のような主要部分が、今後どう動くかが注目されます。

次に、リサイクル過程で発生するであろう「非意図的化学物質」の問題を述べます。

4 「非意図的化学物質」の問題

はじめに述べたように、化学物質の利用を意図して初めて管理が念頭に浮かぶので、「非意図的化学物質」対策は非常に遅れました。また、対策の手法は本質的に従来の管理手法とは異なる必要がありますが、その研究は緒に就いたばかりです。

「非意図的化学物質」のうちで最も重大なものは、言うまでもなくダイオキシンです。塩素を含有するプラスチックから塩素を除去する過程で、ダイオキシンが発生する。除去した部分にも含まれます。その取り扱いは、他のプラスチックの再処理・再生技術の障害になります。したがって、塩ビと他の樹脂との混在を避けなければならないのです。

塩ビのリサイクルは妥当でしょうか？　他の樹脂と分離して流通させる社会システムは可能でしょうか？　塩ビのリサイクル率が高いと言って業界は胸を張っていますが、たとえ工場内プロセスではうまくいっていても、廃塩ビを工場に持ち込むまでに環境負荷を起こしていれば判断を誤ります。農業用塩ビを集めて泥などを落として工場に持ち込む前段階の工場では、その泥の中に大量の塩ビカスやダイオキシンが溜まっているそうです。ですから、リサイクル・プラントの入り口から出口までだけを監視しても駄目なのです。農業用塩ビのように柔らかい塩ビは、このように再生工場なり、焼却炉なり、埋め立て地なりへ到達するのが早いので、利用は中止した方がいいと考えます。また、堅い塩ビでも、一般消費者に渡った場合は分離回収が非常に難しくなるので、一般ごみのルートに関係しない塩ビだけが再利用可能ではないかと思われます。

リサイクル工場で実際にどんな化学物質が発生しているのかは、情報がありません。そこで、すこし逸れますが、**表2**にプラスチック工場労働者の健康影響の文献[8]を示し、また、テレビが火事で燃えた場合に何がでるかという実験報告から類推してみようと思います[9]。スウェーデンが行ったもので、自国のテレビと米国のテレビを現実的な条件で燃やして測定しました。ベンゼン、トルエン、スチレン、フェノールなどの揮発性炭化水素とフルオランテン、ベンゾピレンなどの多核芳香族炭化水素が数多く検出されました。塩化ダイオキシンや臭化ダイオキシン、アンチモンも出ています。酸素が多いか少ないかによっても発生する化学物質は変化しますが、ごみプラントでの実際の化学物質の反応を知ることはできないでしょう。そのようなものを社会的に推進することは許されないのではありませんか？

それとともに私が心配しているのは、ごみという、中身がわからないものにプロセスを加えることです。杉並病をご存知と思いますが、単に圧縮して容積を小さくするというだけのプロセスであのように健康被害がでているのです。現在、ジイソシアネートへの疑いが被害者たちから指摘されていますが、これはウレタンフォームの材料です。そして、非常に感作性が強い（いったん高濃度で曝露されるとその

①塩ビモノマーに労働被曝したあとに血管肉腫と血管腺細胞腫になった、EHP108：793,2000
クロアチア、1944 年生まれ男性、1969-1971 と 1971-1973、被曝量 1000ppm まで
クロアチア、1937 年生まれ男性、7 年間塩ビポリマー粉、被曝量 50-100ppm
1974 年に塩ビ労働者に肝臓の血管肉腫が報告された。一般人では 700 万人に 1 人。今後 30 年間に欧州では 300 人、米国では 1200 人がかかるだろうと予測されている。

②プラスチック製造の新しい技術、EHP107：423-427,1999
米国のプラスチック製造では 1992 年に年間 5 億 6700 万ポンド（*0.45kg）の有害廃棄物を出した。これを避けるため、CO_2 超臨界流体を使ってメチルメタアクリレート MMA を合成する方法を開発した。

③ゴム工業における病気（米国、ノースカロライナ）、EHP17：13-20,1976
1964-1972 年、40-60 才と 65-84 才のゴム・タイヤ労働者を調査。白血病とリンパ肉腫、および、胃がん、大腸がん、前立腺がんによる死亡が一般人より多いことが分かった。他の慢性病については特段の差は認められない。職場によっては、曝露の増加と肺がん死の増加に相関がみられた。肺の慢性病のために辞職した人が多かった。また、喫煙と職業曝露が重なると肺の病気による辞職が増加した。

④ゴムのプロセッシングと廃棄の化学、EHP17：95-101,1976
ゴムのプロセッシングは高分子開裂：
1. こすれば（mastication）分子の大きさが 1/10 にも減る（1820 年）
2. 天然ゴムは自動酸化する（1861 年）、紫外線が助長
3. mastication は熱と酸素でも起こる
4. mastication 中に揮発性アルデヒドが発生し、またゴム中の N_2 が出やすくなる
5. 硫化プロセス：Dicumyl peroxide, Benzotrichloride+Pb_0, S_6, 二重結合分子
6. 変成（加熱、空気酸化）：酸化防止剤、抗オゾン剤
7. 再生ゴム（戦前は天然ゴムは再生して使用していた）
8. 廃棄（埋立て、土壌改良用、漁礁）
9. パイロリシス（蒸し焼きで重油回収）：回収率 40%、発生ガス（H52%、Me19、Et19、Pr5、Propy3、I-Bu0.5、n-Bu0.5…）、重油成分（アルキルベンゼンとアルキルナフタレンが主、フェノール、三環 AH、ビフェニル、アセナフテン、など）

⑤ゴム工場空気中の有毒物質測定（ＵＫダンロップ）EHP17：117-123,1976
新品 PVC：100-200ppm モノマー
旧品 PVC：5-50ppm　（使用中に 50 %～ 95 %外に出た ！）
ゴルフシューズ・インナー：0.5ppm、ホース：0.6ppm など
ネオプレン／クロロプレン：新品ラテックス：4000-5000ppm
　　　　　　　　　　　　　旧品ラテックス：1500-2000　(50-70%出る ！)
ベンゾピレン（タイヤ中）：(1ng/m3 増加するごとに肺がん死亡者が 5%増加)

⑥プラスチックと合成ゴム工業の健康影響の調査の必要性、EHP17：5-11,1976
候補物質――塩ビ、スチレンなどのモノマー、ハロゲン炭化水素、可塑剤、鉛化合物、ハロゲン化エーテル、発がん性物質の代謝物、3,3-ジクロロベンジジンなどの誘導体、ビスクロロメチルエーテル。
プラスチックの生産量増加（1930：10 万トン、1970：3000 万トン）に比べて健康影響研究が少なすぎる。

⑦ゴム労働者の病気、EHP17：31-34,1976
1. オハイオ州 25000 人に対する研究――1925-1971、胃腸がんで 75 歳以上で死んだ人はプロセッシングに携わっていた人がもっとも多い。肺がんによる死亡はタイヤ労働者で多い。35 年間働いて 75 才以上で死んだ理由では膀胱がんが最多。25 才より前から働いている人では白血病だけが多い。
2. tire curing fume worker 121, compounding worker 60, talc exposed worker 80, control 189。慢性気管支炎の割合が高い。fume worker の 25%が慢性肺機能圧迫病と診断された。これはコントロールの 3 倍。手動で車のタイヤをプレスする労働者の肺機能障害リスクが最も高い。プロセッシング・ダストを吸っていた労働者は咳が多く、FEV/FVC 比が減り、呼吸速度は 50%減、肺活量は 25%減であった。talc exposed worker は咳が多く、慢性肺機能圧迫病が多い。喫煙とは無関係であった。

⑧意外なところにエストロゲン、EHP103, Supple7：129-133,1995
ポリカーボネートのフラスコに水を入れて 30 分 125℃でオートクレーブするとエストロゲン様物質が溶出した。ビスフェノールAである。

⑨プラスチック・リサイクルにおける分別技術、EHP105,1997

1	15℃　キシレン	ポリスチレンを溶かす
2	75℃　キシレン	低密度ポリエチレン
3	高温　キシレン	高密度ポリエチレン
4	さらに高温　キシレン	ポリプロピレン
5	120℃　キシレン＋シクロヘキサン	塩ビ
6	180℃　キシレン＋シクロヘキサン	PET

このように、一つの流れで順に液化すればよい。ただし、大規模でなければ経済的に見合わない。フィリピンのようにプラスチックの輸入国では成り立つかもしれない。

表2　プラスチックの健康影響、および廃棄関連技術

後、わずかな量でも反応してしまう）物質です。ウレタンフォームは日本で毎年二六万トンも製造されていますから、もしもその原材料が環境中に漏れでてきたら大変です。杉並ごみ中継所は人体実験をしているようなものです。このように、結果が分からないようなプロセスを住宅地で行うことは、許されないことでしょう。

以上のように、非意図的化学物質問題は深刻です。私たちの倫理にもかかわる大問題です。循環とか、リサイクルとか、技術面ばかりに目を奪われていてはとり返しがつかなくなります。

5　おわりに

政策としてリサイクルを推進しているプラスチック（ペットと発泡スチロール）に関しては、生産が増加しています。したがって、プラスチックのリサイクルは資源節約に貢献していません。塩ビだけがわずかに減少していますが、これはダイオキシン問題と環境ホルモン（フタレート）問題があって、他のプラスチック類とは比較にならない環境負荷をもっと認識されたせいでしょう。また、リサイクル・プロセスに伴う非意図的化学物質の発生があるので、プラスチックの利用は徐々に撤退する方向が望ましいと思われます。プラスチックの利用で私たちは大いに便利になったわけですが、廃棄過程を考えていなかったことは明らかで、未来世代に対する倫理的責任が生じています。プラスチックはリサイクルして利用するのではなく、できるところから天然素材に切り替え、かつ、天然物であっても大量利用を止めるようにしなければなりません。

文　献

（1）http://www.nihs.go.jp/law/kasin/kasin.html
（2）日本がＯＥＣＤに提出した文書による。OECD/GO (97) 33, "Report of the OECD Workshop on Sharing Information about New Industrial Chemicals Assessment"（日本政府に要求すること）
（3）『日本エネルギー学会誌』六五、七〇、七一、七三号。
（4）『環境新聞』二〇〇〇年五月二四日。

（5）『環境新聞』二〇〇一年七月一八日。

（6）日本プラスチック工業連盟ホームページ http://www.jpif.gr.jp/3toukei/conts/y_seihin_c.htm

（7）『環境新聞』二〇〇一年四月二五日。

（8）EHP: Environmental Health Perspectives. 米国の国立環境衛生科学研究所の公式雑誌。

（9）SP Swedish National Testing and Research Institute of Fire Technology, "Fire-LCA Model: TV Case Study", SP Report2000: 13

3 リサイクルとリユース、どっちがおトク？
――LCA評価と社会コストの比較――

中村秀次

1 生活クラブのリターナブルびんの取組み

今日は、どういう容器が環境にいいのか？という点について、LCAの研究結果などを紹介しながらお話を進めたいと思います。最初に、生活クラブ生協のリターナブルびんの取り組みを紹介します。醬油一リットルのびんもオレンジジュースのびんも同じ大きさ、同じ形をしています。同じ規格で作られています。また、五〇〇mlのびんでは、中身が食酢であったり、ソースであったりと一二品目です。三六〇mlのびんでは三品目、二〇〇mlでは六品目と、びんが同じで中身が違うという、規格統一されたリターナブルびんに、種類の異なる中身を詰めるという特徴的な取組みをしています。

リターナブル容器を規格統一することで、回収・選別の効率が非常によくなります。こうした例は世界的にも珍しく、高い評価をいただき国際的な賞もいただいています。この取り組みは一九九四年から始まりました。九九年には五〇〇万本の回収があって、びんの回収率は八割になっています。

2　LCAでの環境影響結果

次にLCAの研究結果について、お話します。LCA（ライフサイクルアセスメント）とは製品の原料採取から廃棄に至るまでの環境負荷を評価するものです。ここで紹介するのは東京大学の安井至教授を座長として研究してきた「LCA手法による容器間比較」の結果[1]ですが、その研究会に私も加えさせていただき、進めてきたものです。

比較した容器は、ワンウェイガラス、リターナブルガラス、アルミ缶、スチール缶、紙パックなどです。そしてそれぞれの容器のシナリオを設定するわけですが、ペットボトルですとカスケード利用率三五％で、「容器→容器」はありません。ワンウェイのガラスの場合は、「容器→容器」が五四％、しかし将来七四％までになるとどうなるのかという未来シナリオも行いました。アルミは「容器→容器」が約六割でシナリオを立てています。

LCA結果ですが、CO_2の排出量の比較では、**図1**に示すように、一番多いのがスチール缶です。二番目にワン

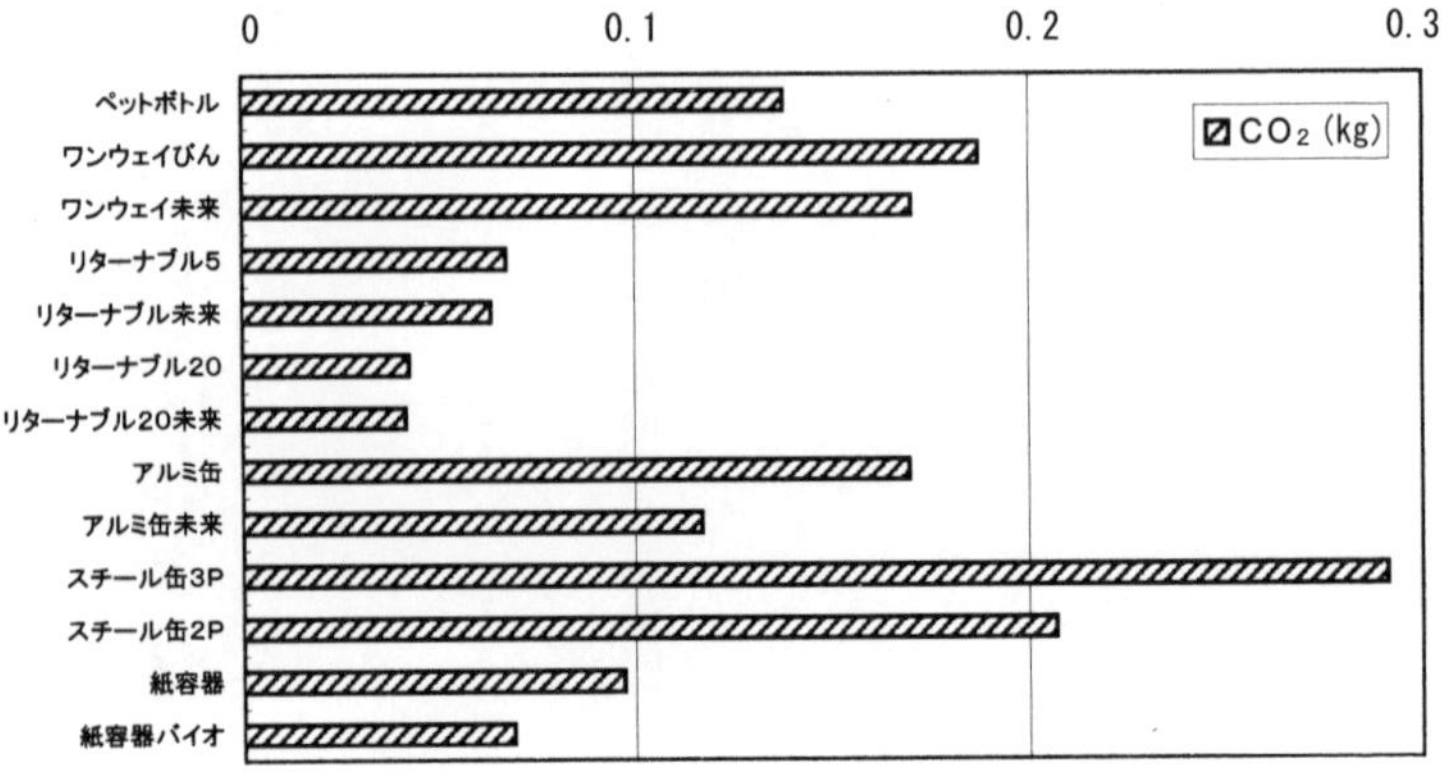

図1　CO_2排出量の比較

ウェイのガラスですね、次にアルミ缶がきます。それで少ないのがリターナブルびん、紙容器ということになります。アルミ缶ですと缶一つで、おおよそ一四〇gのCO_2を排出します。リターナブルびんにしますと四〇gぐらいになりますから、アルミ缶をリターナブルびんにすると一〇〇g以上のCO_2の削減効果があることが、この研究から分かります。

次に、大気汚染物質のSOx、NOxです（図2）。ペットボトルは大気汚染物質の排出という点では、あまりよろしくない。リターナブルびんは、よろしいということが分かります。

次は水の使用量ですね（図3）。五〇〇mlのペットボトルですと、一二リットルほどの水を使います。次にアルミ缶が多く、六リットルを越えます。紙も多いです。そして一番少ないのは、リターナブルびんで一リットルの水です。よく誤解されるのですが、リターナブルびんは、回収して洗うため水の使用量が多いと思われますが、一番少ないのです。

次に水質汚濁です（図4）が、紙容器は水をすごく汚す

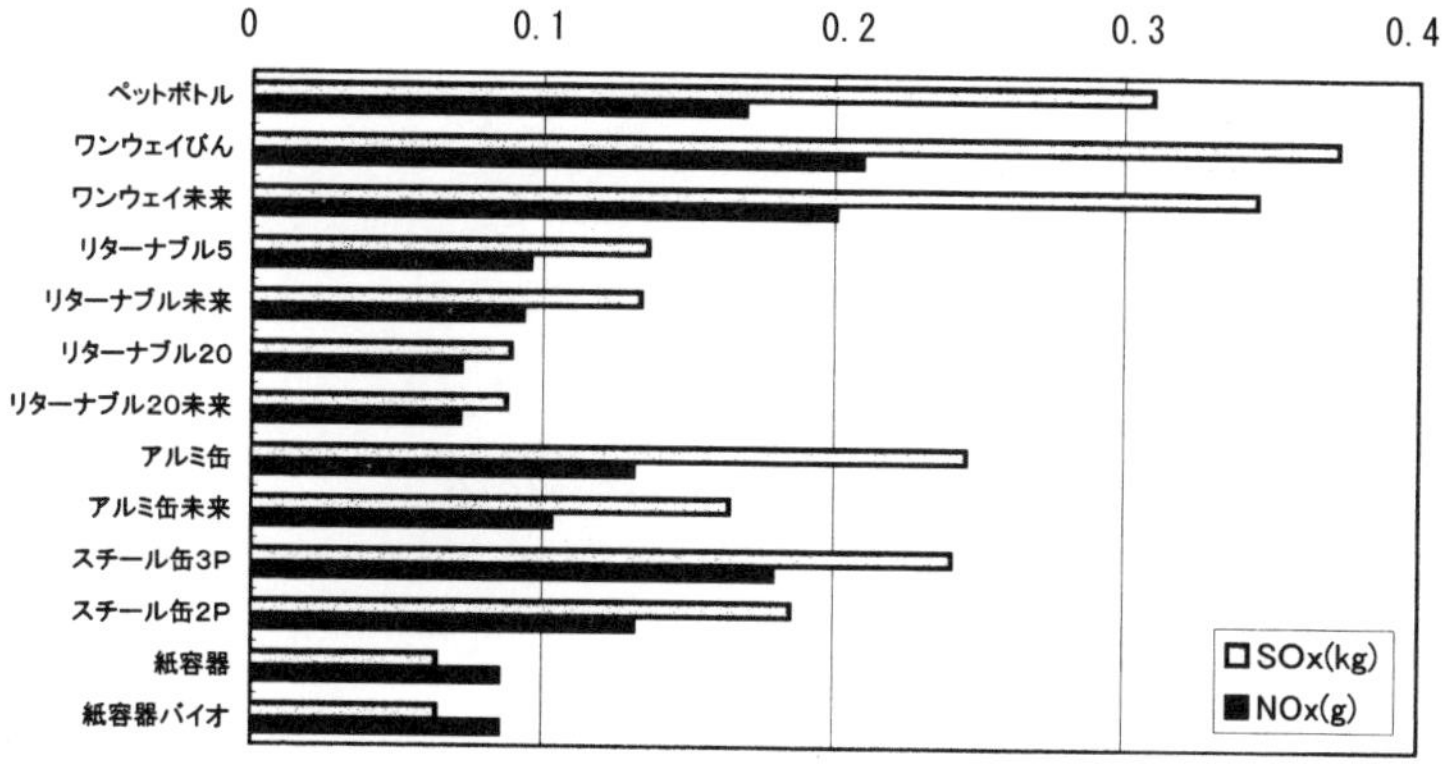

図２　大気汚染物質ＳＯｘ、ＮＯｘ排出量

ことがわかります。そしてペットの汚す量が比較的多い。それで一番少ないのはやはりリターナブルびんということになります。リターナブルびんは、回収して洗うから水を汚すと思われるかもしれませんが、そうではないんですね。ワンウェイも原料カレットにするときに洗うのでそのときに汚します。

次に廃棄物です（図5）。現状のリサイクル率では、最終的にこれだけのごみが発生します。ワンウェイのガラスは重いですから、大体一〇〇gと一番多い。少ないのは紙容器とリターナブルびんです。

さて、CO_2とか水汚濁、ごみの発生量といった、質の異なる環境負荷をどのように総合的に評価すればいいのかということが難しいのですが、水の汚染が一番重要な問題になる地域では紙パックは駄目ということになりますし、CO_2が一番の問題だとするとリターナブルびんや紙パックがいい、ということになります。それで、総合評価については、今後の課題となっています。

それでも大雑把に比較すると、使い捨てのガラスはいろんな項目でよくない。使い捨てのペットボトルもリターナ

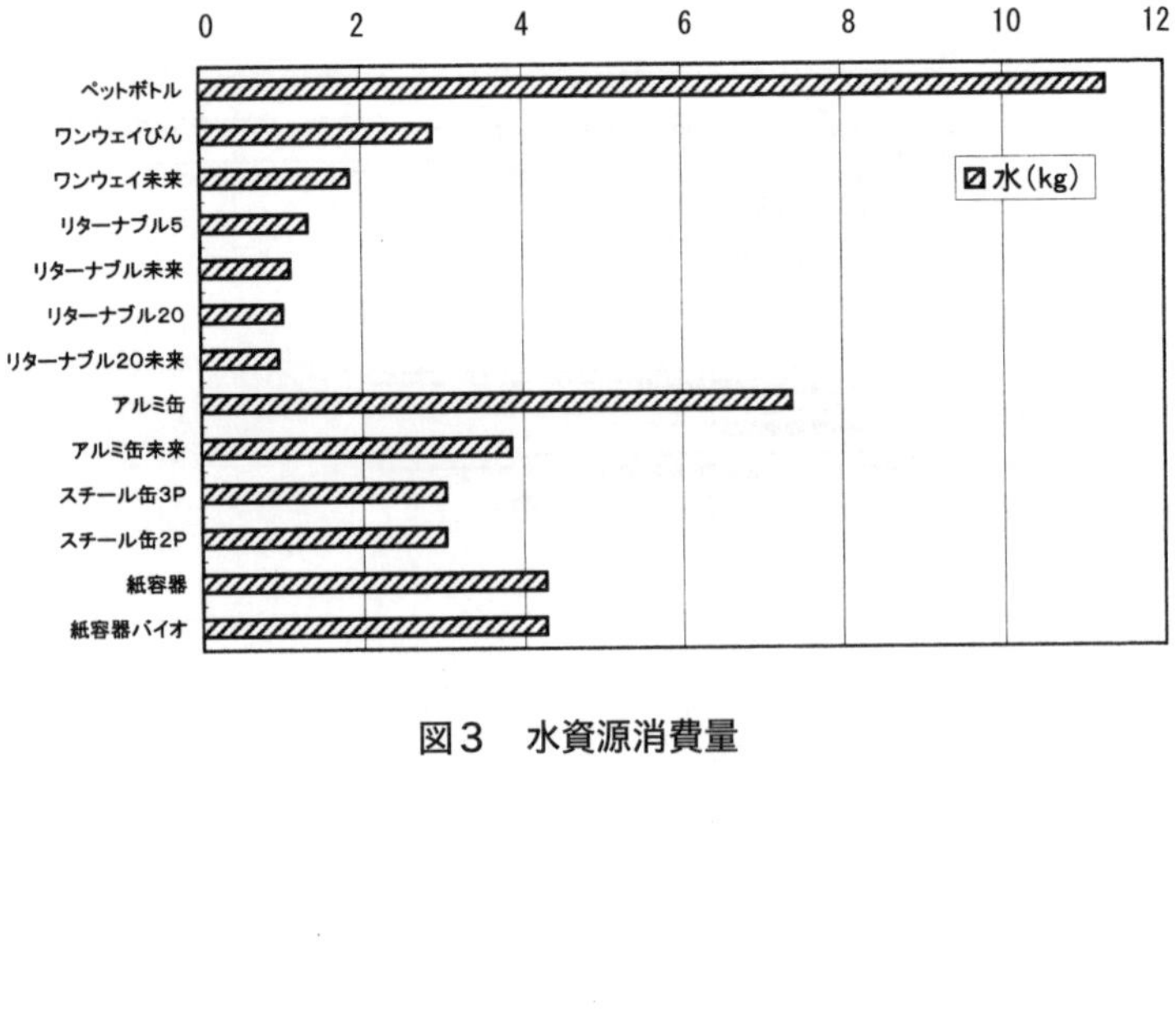

図3　水資源消費量

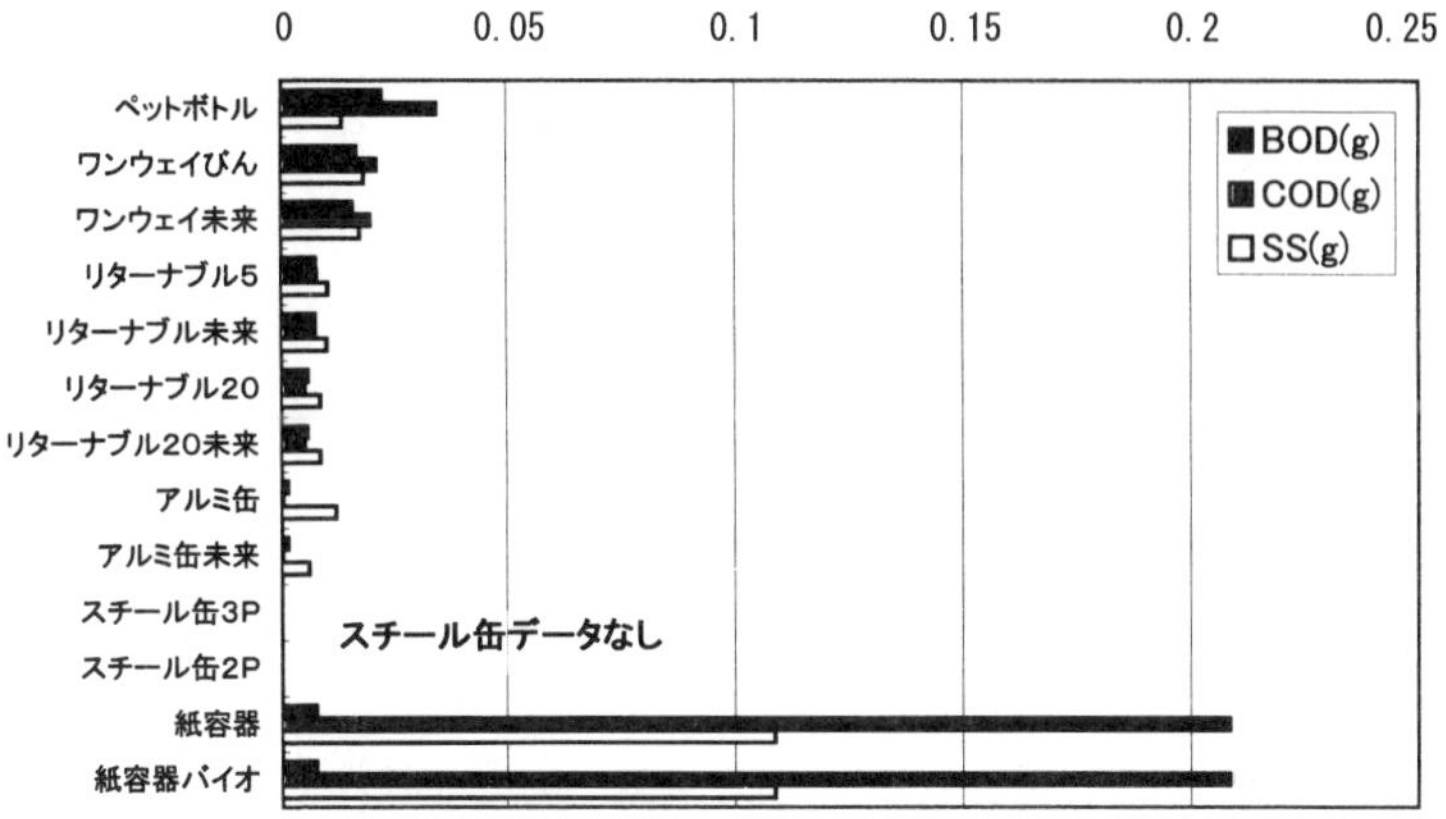

図４　水質汚染物質ＢＯＤ、ＣＯＤ、ＳＳ排出量

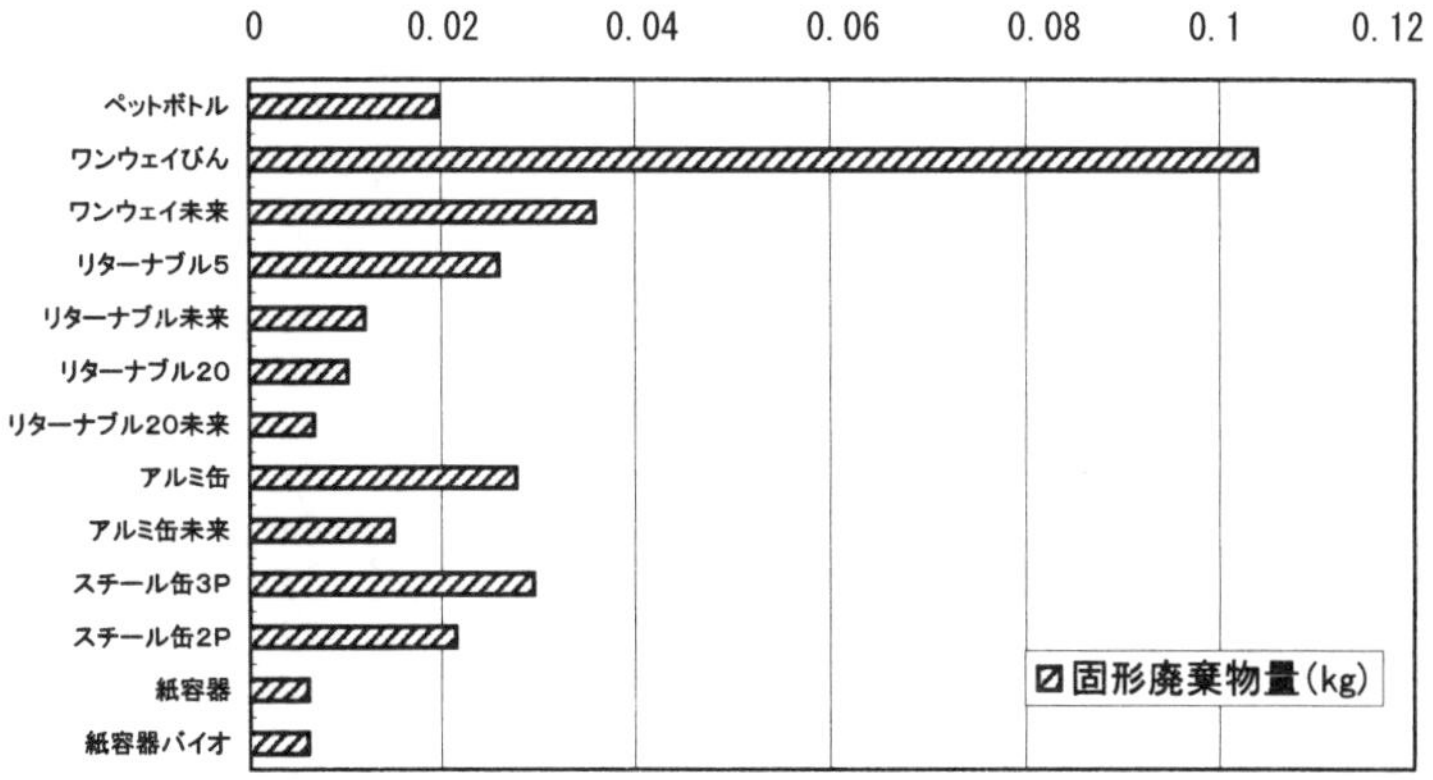

図５　固形廃棄物量（kg）

ブルびんと比べるとよろしくない。水の汚濁を考えなければ紙パック。そして、ほとんどの項目で良い成績は、リターナブルびんということになります。

3 牛乳を紙パックからリターナブルびんにすると

次は、生活クラブ生協が牛乳を紙パックから牛乳びんに換えたら、どういう効果が現れたのか、ということを報告します。年間二五〇〇万本の牛乳を生活クラブでは扱っています。CO_2排出量は、ガラス瓶ですと一本が八〇gくらいですね。紙パックは一二〇g弱、つまり、リターナブルびんにしたことで、一本あたり四〇g、年間に八八〇トンCO_2を減らした、となります。水の使用量も、年間一〇〇〇トン減らした、ということになります。

4 日本中の容器がすべてリターナブルびんになったら

次に、日本中の容器がすべてリターナブルびんになったらどれだけ環境負荷を減らせるか、という試算をしましたので報告します。日本では、お酒、食酢、牛乳、ビールにリターナブル容器があります。大体これをあわせると五五億本です。その他のリターナブルでない容器、使い捨ての容器が四九〇億本ですから、日本のリターナブル容器の割合は、大体一割強です。ドイツでは七割ですね、デンマークが九割以上ですから、日本が全部リターナブルにならなくても、ドイツやデンマーク並みになれば、どうなのか、というように考えてもらえばいいと思います。

リターナブル化の試算の結果ですが、まずCO_2の排出量は、現行が一三六万トンですがそれが全部リターナブルびんになれば五八万トンになります。七八万トンのCO_2が削減できます。CO_2を削減する方法にサマータイム制度というものがあります。その効果が三五万トンですね、それに対して七八万トンですから大変な効果がある。それから国民がエコドライブを実施するという方法、アイドリングストップだとか、急発進しないだとか。これですと八〇万トンくらいの効果があるということで、飲料容器をリターナブル容器にする効果と、同じくらいです。これだけ大きな効果があるんだということが、試算で分かったのです。

大気汚染物質のSO_xも四割削減できます。NO_xも五割削減できることが分かりました。固形廃棄物は、これは劇的に減って九割の削減になります。現状では、一五〇万トンですが、一五万トンに減ります。日本の一般廃棄物の最終処理量は一三〇〇万トンですから、全体の一割、ごみ処分場を延命できるんだということが分かります。

このように、大変環境に良いリターナブルびんですけれども、使用量が年々減っています。ビールの容器別シェアでは、一九八八年では七割がリターナブルびんだったものが、一九九五年では四割を切ってしまいました。わずか七年間で三割シェアを落としています。清涼飲料で、リターナブルびんの一人負け、ということがわかります。

5　リサイクルで倍増したごみ処理費用

次の話ですが、九〇年代、日本ではリサイクルは進みました。しかし、それに伴ってコストも増えました。リサイクルが進んで大量生産・大量消費・大量廃棄の時代は変わったのか？ということを考えていきたいと思います。

図6は、九〇年代のリサイクル率のグラフです。九〇年初めに大体五割をきっていたのが九九年に八割以上となりました。わずか一〇年間でこのような動きがあったわけですね。九〇年代は、リサイクルの時代といえます。それに伴って自治体のごみ処理費用が**図7**に示すように急速に上がりました。全国三三〇〇の自治体がリサイクルを始めました。それがごみ処理の費用を急速に上げました。一九八八年に一兆二千億、それが九三年には二兆三千億になっています。わずか五年間でごみ処理費用は倍増したのです。これは、年間一人あたりでは九三〇〇円の増加です。つまり私たちは一人あたり一カ月約八〇〇円を、リサイクルのために税金から払いました。四人家族ですと三二〇〇円です。

6　使い捨て容器は、本当は高い容器なのです

では、リサイクルとリターナブルの、どちらがお金がかかるのか、考えましょう。

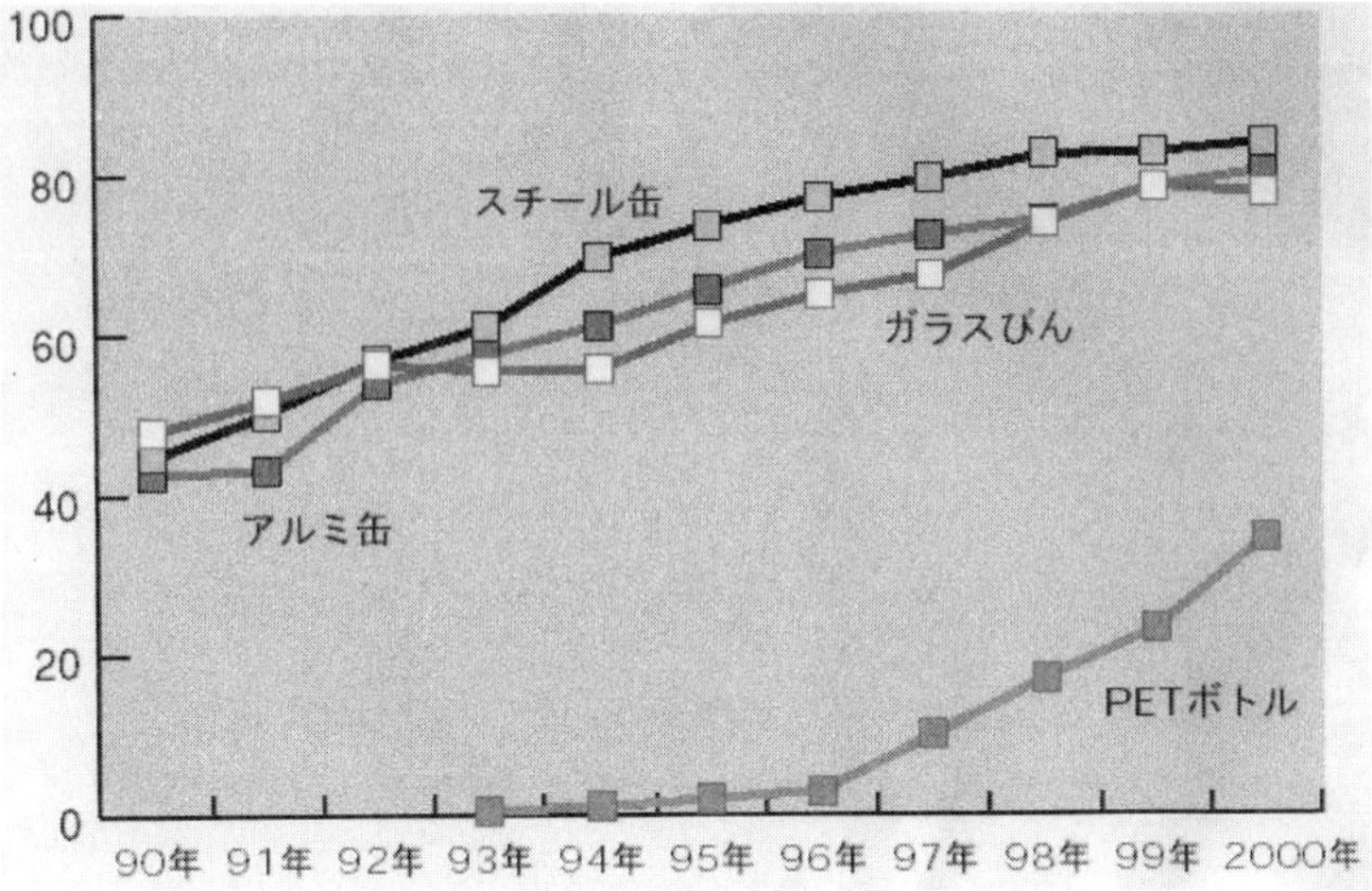

＊ (財)クリーンジャパンセンターのデータより作成。

図6　リサイクル率の推移

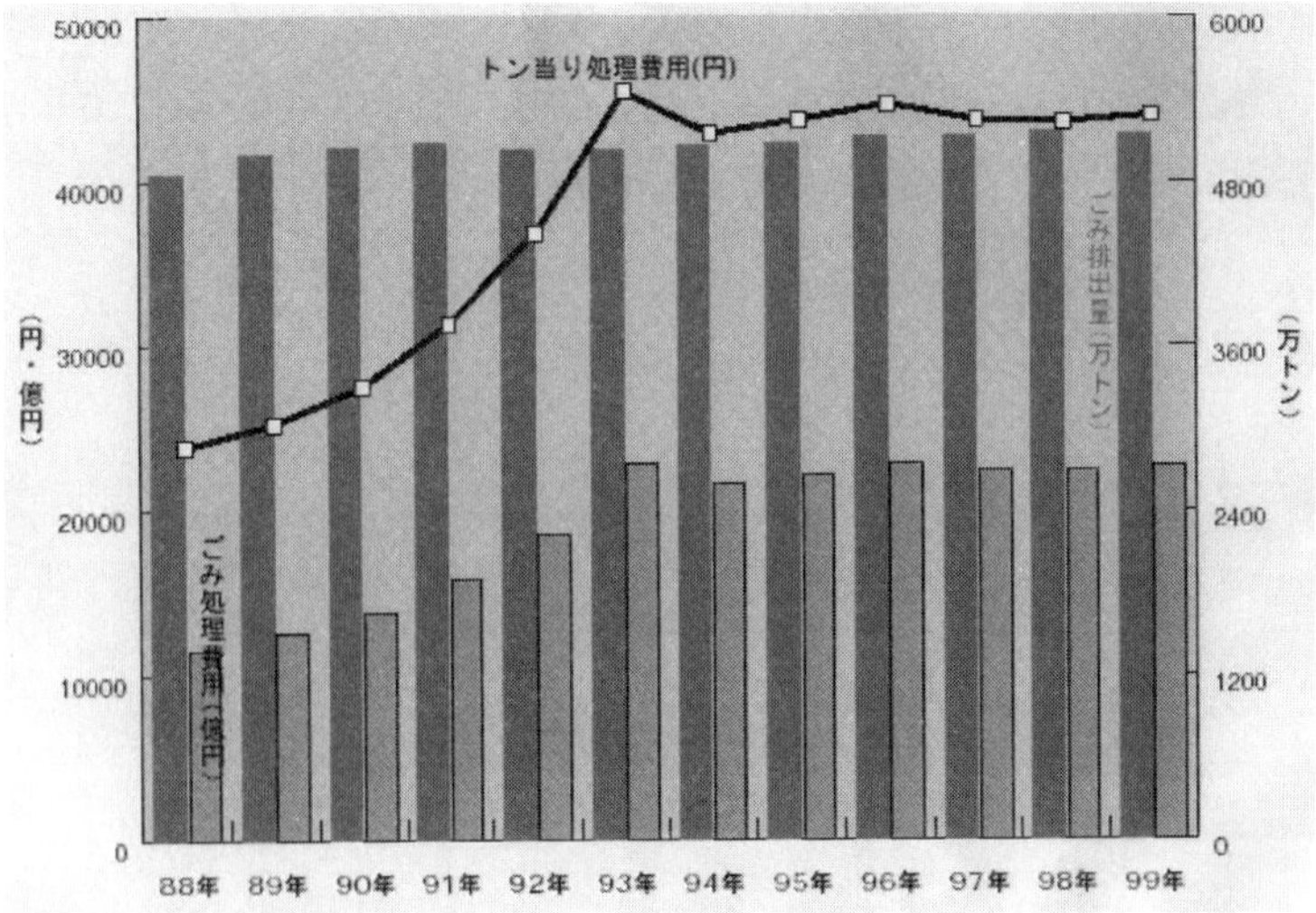

＊環境省データより作成。

図7　全国のごみ排出量と処理費用の推移

五〇〇mlの食酢を例にとります。生活クラブでリユースする場合、消費者、この場合は組合員ですが、組合員からびんを回収します。そして選別をします。選別したびんを洗びん工場へ持っていきます。ここで洗ったものを食酢メーカーに納入するわけです。そのリユースコスト、これが二九円です。

一方、ワンウェイ容器は、自治体が消費者から回収し、分別、保管までおこないます。この費用ですが、名古屋市の例では二九円です。これは税金です。そして自治体から引き取ったびんをびんカレット業者がカレットにして容器メーカーに納品します。その原料を使って新しいびんが作られます。びん製造費用は二五円です。もしドイツのように、メーカーが容器を引取り、リサイクルするとしたらどうでしょうか。回収・分別費用二九円に容器代金二五円をたした五四円が、容器代金となります。

このように、ワンウェイ容器にリサイクルの回収・分別・保管費用を商品価格に含めると「使い捨ての容器は高い」という、当たり前の事実が浮かびあがってきます。そして「使い捨て容器に入った商品は高い、だからリターナブル容器を選択する」消費者が増えることが期待できます。しかし容器包装リサイクル法では、この当たり前の事実が隠れてしまいます。事業者は、負担の軽い使い捨て容器ばかりを選択します。リサイクルを税金で行うことを前提にしている容器包装リサイクル法の下では、リターナブル容器は駆逐されるばかりです。

7 容器包装リサイクル法の問題点

一九九七年四月に施行された容器包装リサイクル法は、自治体が回収し、分別し、保管した資源ごみを、自治体から引き取って再商品化することをメーカーに義務づけたものです。自治体が回収—分別—保管しないものについての引き取り義務はありません。さらに、自治体が再資源業者に有償で売ることができる資源ごみは、その時点で「商品化された」ため、メーカーの再商品化義務から除外されます。「アルミ缶、スチール缶、紙パックがそれに該当します。

お金を付けないと引き取られない「逆有償」品目であるため、メーカーの再商品化の義務対象となったのが、ペットボトルとガラスびんです。容器メーカーおよび中身メーカーは、容器包装リサイクル協会と契約し、それらごみ資源の再商品化義務を果すことになります。協会は、メーカーから集めた契約金で、再資源化業者（ペットやびんの再生業者）と契約し、自治体からそれらを引き取らせます。

メーカーが協会と契約する金額は、ペットボトル一本あたり中身メーカーが一・四円、容器メーカーが〇・三円、ガラスびんでは、中身メーカーが〇・四円、容器メーカーが〇・〇三円と、ごくわずかな金額です。しかしリサイクルで一番費用がかかるのは収集運搬、分別、保管です。たとえば名古屋市のリサイクル分別収集コストは、五〇〇mlガラスびん一本当たりで計算すると二七円です。この金額と、メーカーの負担額との差は実に七〇倍にもなります。あまりにも自治体の負担が重く、メーカーの負担が軽いことがわかります。メーカーはこんなわずかな金額でリサイクル義務を果したとされるのですから、負担の大きい自主回収や、リターナブル容器を選択しません。五〇〇mlの小型ペットボトルの爆発的な増加が、その代表的な事例といえます。

8　拡大生産者責任（EPR）を基本として、法律の改正を

最後に、容器包装リサイクル法の問題点を整理してお話します。

まず、リサイクル・コストの七割が収集・分別・保管費用といわれ、これは自治体が負担しています。今後ペットボトルやその他プラスチック、紙、生ごみなどのリサイクルを進めようとすればするほど、自治体のコストは増加し、財政を圧迫します。このままではリユースの普及どころか、リサイクルの取組みも前進しません。

次に、リサイクルのメーカー負担は、三割にすぎません。これでは、真剣にごみ量を発生源（製造段階）で減らす努力や、リターナブルを採用する動機付けになりません。消費者にとっても、リターナブル容器を購入して減量に努めても家計支出を減らすことにならず、ごみ減量の動機付けになりません。

リターナブル容器が使い捨てのワンウェイ容器より高くなってしまっている現状では、環境問題を考えても価格の

点から敬遠されて、売れなくなります。売れなければメーカーも製造しなくなります。

リサイクルのワンウェイ容器は、自治体がその費用の七割を負担しているのでメーカー負担は三割です。しかしリターナブル製品はすべてメーカーの自己責任でリユースしているので、一〇割負担です。これでは、リターナブル容器を採用するメーカーはなくなります。

こうした容器包装リサイクル法の問題点は、リサイクルを税金で処理していることから発生する問題です。税金ではなく、ＥＰＲ（拡大生産者責任）を基本としてリサイクル・コストを製品価格に上乗せするように、軌道修正をする必要があります。

質疑応答

――リターナブルやリサイクルには、回収品の輸送距離の問題があります。北海道のようなところと東京では違うと思います。もう一つ、ＬＣＡの判断には第三者の見解を書いた方がいいと思うのですが。

中村　輸送距離についてですが、一〇〇〇㎞以上容器を運ぶと、リターナブル容器とワンウェイ容器の環境負荷は同じくらいになり、リターナブル容器の優位性はなくなります。しかし、一〇〇〇㎞というとかなりの範囲を含みます。関東、中部、近畿といった経済圏の中でのリターナブル容器の取り組みは、大変優位性があります。

二つ目の質問ですが、質の違うＣＯ²と水とエネルギー、廃棄物、有害物質の評価をどうするのかということに関しては、評価方法が固まっていません。発展途上の技術だと考えています。

文献

（1）『ＬＣＡ手法による容器間比較報告書改訂版』容器間比較研究会、二〇〇一年八月。

4　材料技術から見た循環型社会の可能性と課題

原田幸明

1　はじめに

二〇〇〇年から循環型社会形成推進基本法が動き出しました。国是として循環型社会を志向するという、国レベルでは他に類を見ない画期的なものです。しかし実際に動き出してみると、本当に物質の循環を考えているのではなくて、「回すことで目の前のごみがなくなればいいんだ」という考え方がかなり入り込んでいます。それではおかしいのではないかというので、「リサイクルはしない方がよい」という主張も最近出てきました。そのへんの問題を整理して、どういうところに誤解や錯覚があるか、解きほぐしていこうと思います。

2　エコマテリアルとは

まず、エコマテリアルとは何かということを説明しておきましょう。**図1**は、一九九一年にエコマテリアルというコンセプトを出した時の絵です。基本的に、材料の発展には三つの方向がありますよ、というものです。まず、横に伸びるX軸がフロンティア性。材料特性を伸ばしていこうという方向です。それからZ軸、上に伸びているのが環境調和性。環境にやさしくしていこうという方向です。もう一つ、手前に伸びるＹ軸がアメニティ性、人への優しさ。この三つの方向を合わせたものが、エコマテリアル化です。エコマテリアルに「化」という言葉がついているわけですが、これは、今使っている材料以外のものでエコマテリアルをポンと作り出そうというのではなく、今使っている材料をエコマテリアルという総合的な方向に向けていこう、ということです。

　では、そのエコマテリアル化とはどういうものでしょうか、材料の使用分野ごとに見ましょう（図２）。まず一つが拡散型材料分野です。「特殊な機能を期待して」と書いておきましたが、たとえば透明で透けてみえるのでラッピング材料になる、薄くて丈夫なので缶の材料になるなどです。使用者の求める機能を持っていて、大量に頒布・消費される材料の分野です。この場合には、使用や廃棄の段階で有害物をなくし、有害物に転化するような物質も含まずに目的の機能を果たしてゆく。たとえば、ＰＶＣ（ポリ塩化ビニル）をラッピングに使うのかどうか、という問題があります。また使用までは安定でも、シュレッダー等にかけた後

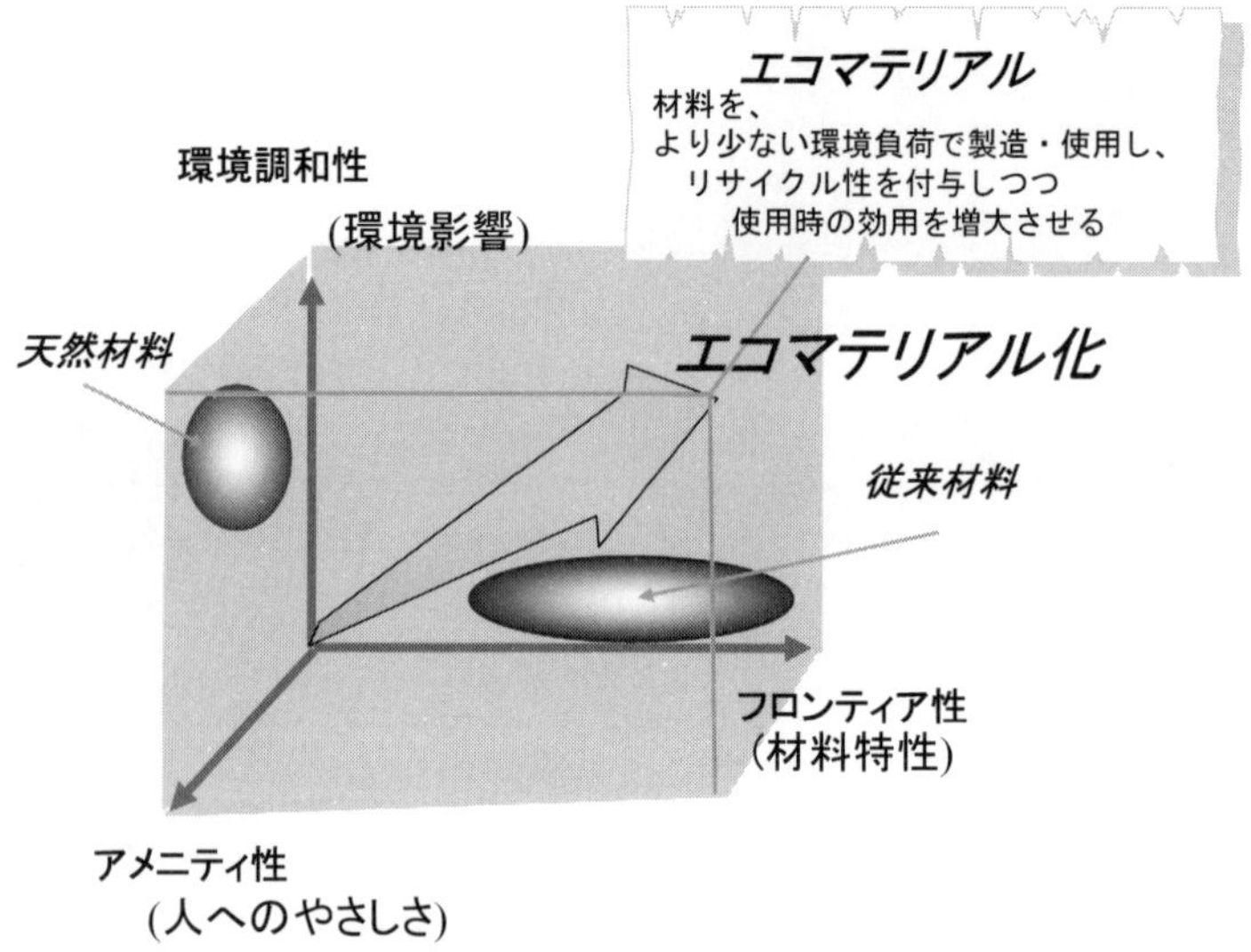

図１　材料の総合的発展の方向

の処理の段階で表面の皮膜が変化するようでは困るわけです。有害になる物質を置き換えて無害化して、解決してゆく。たとえば、プラスチックに入っている難燃剤。これは、自分が燃えてプラスチックを守るわけですから熱的に不安定で、そんな不安定な化合物が人体に曝露することが好ましいはずはありません。だからやめるかといったら、火災などの危険を考えるとプラスチックが安心して使えなくなってしまう、というジレンマが生じます。ではどう対応するかというと、材料機能に対する考え方を変える。燃やさない方法は、先に自分が燃えて熱を奪う以外にもいくつかあります。例えば酸素を断てばいい。ということで今、シリコン系が開発されています。シリコン系は自分が分解するのではなく、融けてプラスチックの表面を覆って、中に酸素が入らないようにするのです。このように、有害になる物質が果たしてきた機能のメカニズムを正確に見て問題を解決し、有害物をなくしていく方向で開発がすすんでいます。

　同じような例が乾電池です。乾電池に水銀ゼロと書いてありますね。マンガン乾電池になんで水銀が入っていたの

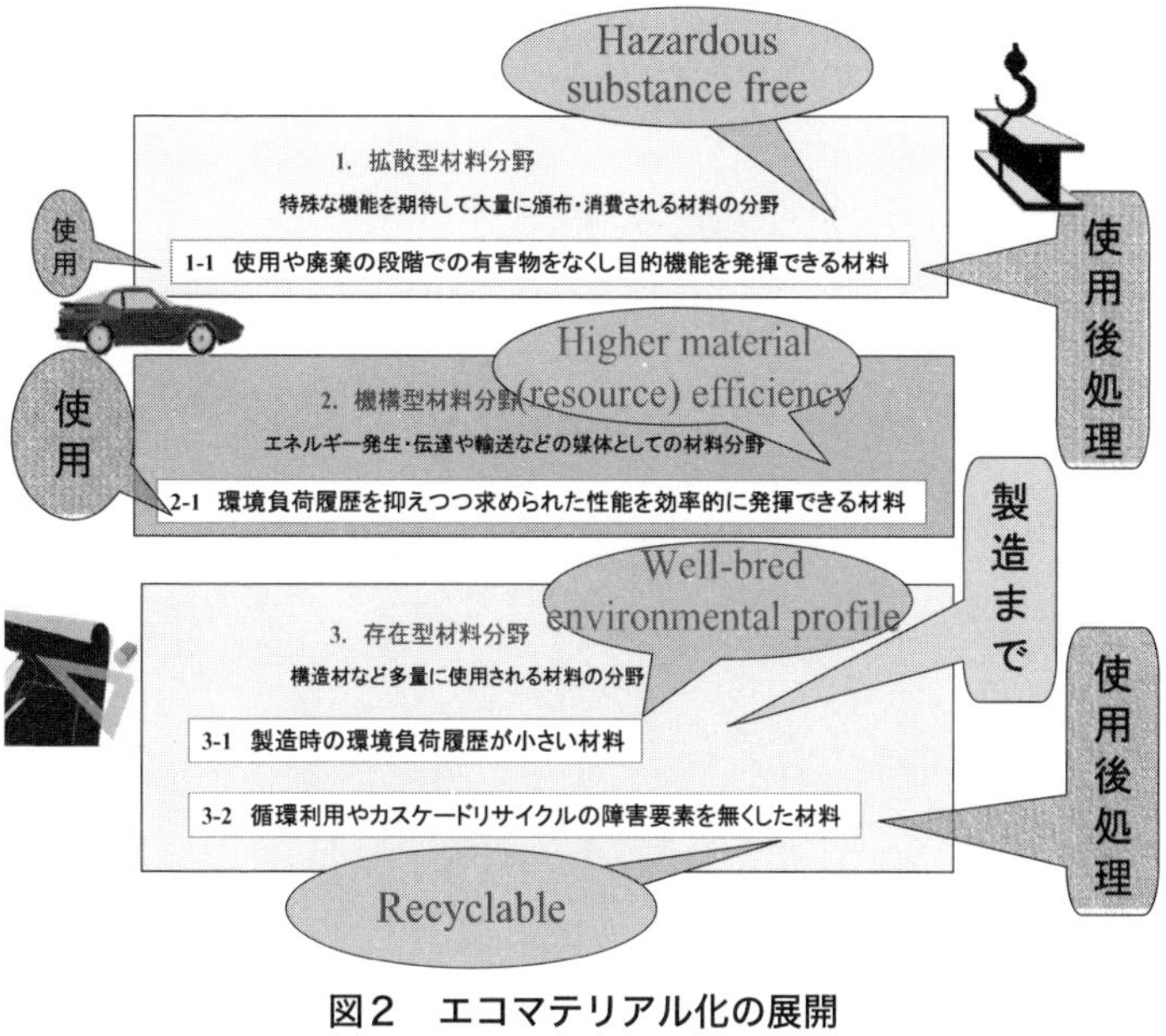

図2　エコマテリアル化の展開

でしょう。多くの人は水銀ゼロ化というと、水銀電池をなくしたと勘違いしています。実はマンガン電池の中には、昔一〇％近く水銀が入っていました。マンガン乾電池にはまん丸い亜鉛の粒が入っています。まん丸い粒では互いに接触している部分は限りなくゼロに近いわけで、電気が流れるには効率が悪い。そこで水銀をちょっと入れると、アマルガムになってくっつくわけです。内部の電気抵抗を落とすために、水銀が入っていたのです。で、今水銀ゼロにはどう辿り着いたかというと、最初は別のものでくっつけようと探しました。まず鉛が候補に上がり、インジウムでできないかなというのもありました。鉛で落ち着かなくてよかった。もしそうだったら、今頃鉛フリーのマンガン電池を開発しなくてはならなくなっていたかもしれません。その中で、賢い人が気づいたのです。目的は何だろう。要するに、電流を流せばよい。そう考えて、何で流れ難いのだろうと調べてみた。すると接触の面積ではなくて、亜鉛の中の微量の鉄が接触部分にあつまってきて、抵抗を増やしているのがわかったのです。その微量の鉄の濃度を一桁落としたら、水銀を使用したものと同じレベルに電気抵抗が落ちたのです。何も別のものを添加する必要はなかった。ただ鉄の少ない亜鉛粒子を作ればよかったのです。このように、目的をきちんと捉えて果たすべき機能をチェックすることで、今まで使っていた有害物質の代替ができたわけです。このような例は、他にもたくさん考えられます。材料屋としては「あまり〇〇フリーというな。材料の可能性が狭まる」といいたくなるのですが、実は機能で考えると、〇〇フリーへの挑戦は材料の可能性を広げてゆく入口、という側面をもっているのです。

次に、機構型材料分野とあります。これはエネルギーの発生とか伝達とか、輸送なんかの媒体として使われているものです。エンジン用の材料などをイメージしてください。たとえば自動車の軽量化といった時、皆さん何を連想します？　鉄からプラスチックへとか、アルミ、マグネシウムなどへの移行を連想する方が多いでしょう。しかしもっと効果があるのは、ピストンや弁の部分の材料をいかに軽量にするか、ということです。もちろん囲っているフレームを軽くするのは重要なことです。しかし、軽くしたいのは燃費を向上させたいのです。それなら、ピストンの弁を半分軽量にして燃焼効率を上げれば、燃費は急激に変わります。そのへんのところに気づかない議論がたくさんあるのです。もちろん自動車関係の方は意識していまして、どういうエネルギーロスがあるのか、どの部分の改善が効果的かを検討しています。たとえば燃焼方式の変化につながるような鋳造技術や、トランスミッション効率アップのための高強度素材です。このようにエネルギーがまさに使われている部分というのは、ほんのちょっと、とはいっても技術的にはかなり難しいのですが、材料や設計のコンセプトが変わることが大きく影響します。今注目されているのが、オートマチック車のギヤ伝達の無段連続変速です。チェーンのようなものを巻いて伝達し、車全体で二％もの効率化になることが見込まれます。それをアラミドなど高分子ベースにするのと、鎖状の金属の連結体でやるのとで、どちらが効率がよいかというところで競争しています。実はこれは、外国で実用化できなかった特許を日本の会社が実現したことから始まっています。最初に開発されたのが金属連結体で、チェーン的に動きますのでかなりの強さと硬さが要求されます。そのための加工技術がものすごいノウハウで、外国の眠っていたアイデアの実用化を可能にしたのです。そこに高分子は極めて引っ張り強度が強いということで、より効率化をすすめようとしています。そういう意味で、力学的なメカニズムで非常に面白い闘いが行われているのですが、これが大学の教育などでは出てこない。こんな課題を学生に出していけば、昔のような夢のある教育も再生できるのではと思うのですが。

三番目の存在型材料というのは、存在感のある、橋だとかビルディングだとかで多量に使われている材料群です。多量に使われていますから、それ自体の環境負荷が小さくなくてはならない。また多量に都市空間に存在する資源でもありますから、循環型、つまりリサイクルに対応しなければならない。低環境負荷で製造され循環される、という姿が想定されるわけです。ここでようやく、本題の循環型社会と材料技術に入ります。

3 廃棄物の処理から抑制へ

循環型社会形成推進基本法について、私流に重要なポイントを確認しておきましょう。画期的なことは二つあって、一つは「廃棄物処理法」が変わった際に、適正処理といっていたのが廃棄物の抑制に変わった、ということです。要するに自己を否定したわけです。今までは廃棄物屋さんがきちんと処理しましょうということでしたが、今度はもう廃棄は止めましょうという方向をだして、できたら廃棄物処理のない世の中にしたいと。自分はいらない法律になる、と廃棄物処理法というものが法的に宣言したわけです。これは意味のあることです。次にもう一つは、「資源有効利用促進法」が、今までの有効利用から廃棄物の抑制へと変わった。ここが、この後の話にもかかわってくる一番重要なポイントです。今までは「役に立つものがムダになっているから使いましょう」でしたが、「このままにしていたら邪魔なものになるのだから、どうにかして使えるようにしてくださいよ」ということなのです。この二つが、個別法でどこまで徹底するかは別として、考え方として重要な転換をしている、ここをまず押さえておいてほしい。個別のリサイクル法の不十分な点などに批判はあるかもしれませんが、ここに一番のポイントがあるのです。

ここで**図3**のような流れで、「リサイクル幻想」について話を進めます。最近こんなタイトルの本が出たようですが、先述したような法的な変化やリサイクルの仕方に対する変化に現実がついていってない中で、リサイクルに対して「そんな夢ばっかり言うなよ」ということが出てきているわけです。リサイクル幻想とか循環型幻想とかいう指摘は、現実にあたっている面もあります。私の結論は図の右に書いてありますが、それでもモノは回らせる、と言っておきます。いろいろ問題もありますが、それでもモノは回らせなくてはいけないのではないか。ここで回るというのは、単に人間圏の中で回るのではなくて、自然も含めて回らせるという意識で考えていかなくてはいけない。実は、人間圏の中で回るものを少なくすることが一番のポイントです。

人間圏の中で回るということでは、まず現実について、論議のポイントが五つあります。第一に、リサイクルは儲かる「はず」と思っている話が非常に多い。また、リサイクルは省資源・省エネになると思っている。次に、金属は本当にリサイクルの優等生なのか。数字では、九〇%だとか七〇%だとかでてきます。それから、評価やシステムの認識に関する論点です。私はＬＣＡを進めてきましたが、ＬＣＡでリサイクルを評価して欲しいという話がよくきます。また批判する際にも、このリサイクルはＬＣＡ的に考えて成り立っていない、と議論されます。私に言わせると、今の日本型ＬＣＡではリサイクルをきちんと評価することはできません。その理由は後で言います。さらに循環型でゼロエミッションという絵をよく描きますが、脱物質化（dematerialization）がない循環型というのは、絶対ゼロには近づかないわけです。もちろんゼロエミッションというのはあくまで目標であって、完全なゼロにできるわけではないことも前提です。要するに自然と循環とを考えた上でゼロに近づけていくのだとしたら、循環だけでなく、循環＋脱物質化、と考えるべきです。「循環型社会形成推進基本法」というのは、正式な英語訳はなくて官庁が便宜的に使っている翻訳では「recycling-based society」ですが、外国の人にはこれが持続可能社会と結びつくというのが伝わらないのです。「recycling-based dematerialized society」と言ってはじめて、その重要性が伝わります。dematerialization というのがポイントです。

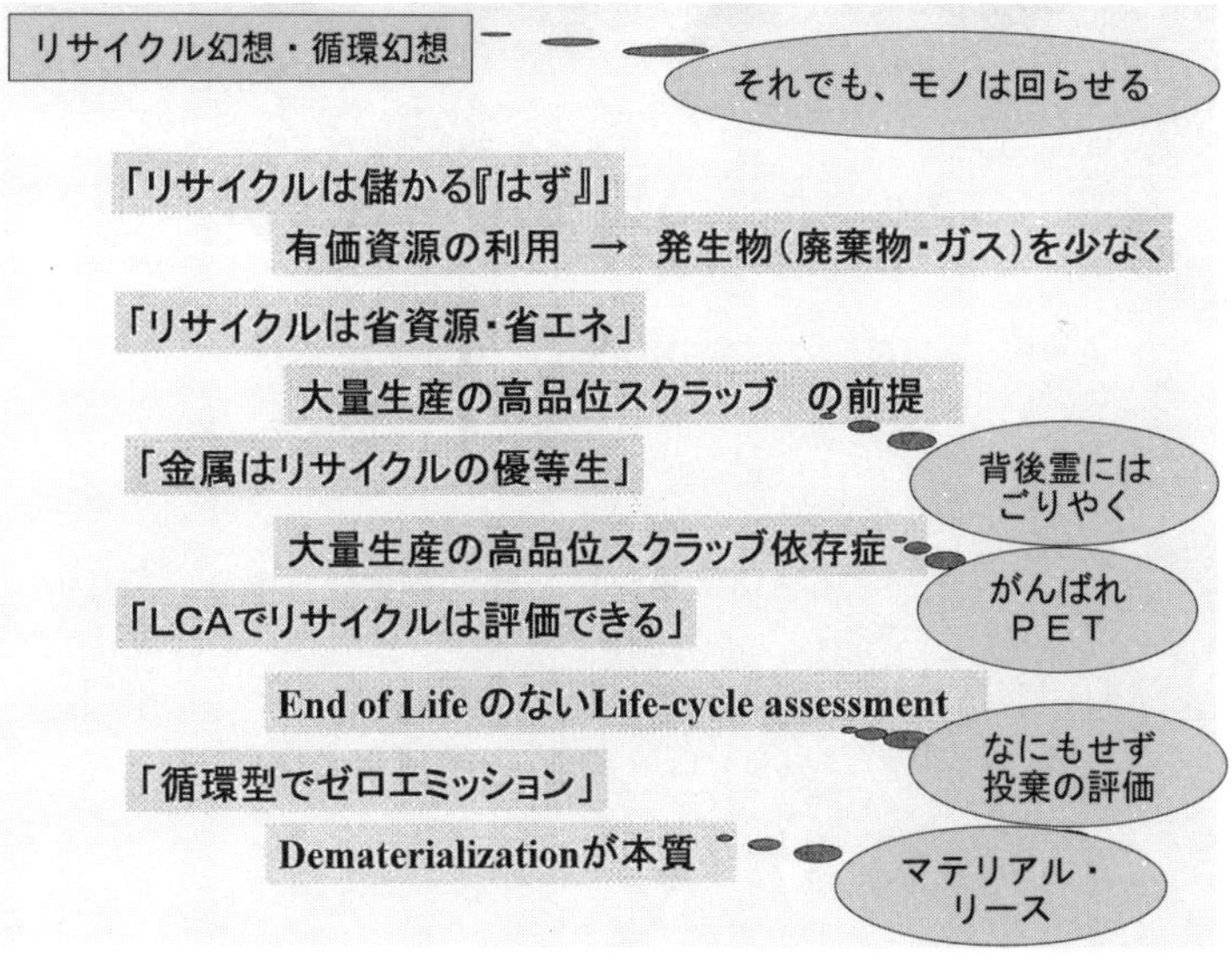

図３　リサイクル幻想

4 「リサイクル幻想」

ではまず、リサイクルは儲かるはずという幻想からはじめましょう。リサイクルの推進力はいくつかあります。今までは資源確保ということで、顕在的な経済的効果が当てにできました。しかし今は、環境コスト的な経済効果、直接現れない、社会の中で誰が払っているのかわからないコストを考えて、廃棄物の減量、リサイクルに回しましょうという話が出てきているわけです。もちろんその中間で、たとえばアルミニウムをリサイクルすると環境負荷削減とエネルギー消費量が減る経済的な側面の両方を兼ね合わせた部分もあるわけですが。今廃棄物の減量という方向に向いてきているとなると、リサイクルで直接儲かるということは絶対にありません。だから「リサイクルは経済的になりたっていないからおかしい」というのは当たり前の話で、何も目新しい主張ではないのです。

たとえば乾電池の再資源化がかなり進んでいるわけですが、その時にインゴットの価格とリサイクル素材が占めるシェアの大きさはどうか、というのが**図4**です。横軸はリサイクル回収物の占める割合です。たとえば左下の方にあるマンガン（Mn）や亜鉛（Zn）は、乾電池で戻ってくる分は数%しかありません。資源の確保としての値打ちはきわめて低いのです。また価格もキログラムあたり一〇〇円程度で、儲けになりません。でも、それをやっているわけです。たまたまカドミウム（Cd）は嫌われて市場ではカドミ電池しかありませんから、需要に対してほぼ一ですし、コバルト（Co）など限られた成分では、価格的に乾電池リサイクルが資源の確保という意味を持ちえます。

次に、リサイクルが省資源・省エネかということに触れます。資源がなくなるという話の際に、耐用年数という言葉がよく出てきます。耐用年数は石油でいう可採年数と同じで、確認埋蔵量を年間生産量で割ったものです。この耐用年数で、「あと何年で資源がなくなる」と危機感を持つ人もいれば、あてにならない、という人もいます。実際亜鉛の耐用年数は、一九五五年には二五年だったものが一九七〇年になっても二〇年で、今はそれから三〇年以上たっているわけです。注意しなければいけないのは、耐用年数というのは今現在経済的に資源として認識している埋蔵量を、その時点の生産量で割った数字に過ぎないのです。埋蔵量が少なくなるとどんどん資源を探すわけです。錫の場合などは、世界の錫の協会で耐用年数二〇年を目安においています。それが危うくなったら資源を探す。錫はものすごく局在していますから、過剰な競争を避ける手段でもあるわけです。それを知らずに錫資源が二〇年でなくなると言ったら、錫屋さんに笑われてしまいます。

問題は耐用年数そのものではなくて、その耐用年数を確保するための資源採掘の状況です。要求する鉱石の品位を下げると、量が増えます。その増え方は、経験的に指数関数（等比級数）的です。問題はその鉱石の中の金属の量です。品位を下げたおかげで取れることになる金属の量は、最大値を通って減少することが簡単な計算（次頁上段を参照）でわかります。その最大値を通り越すと、掘れば掘るほど大変だということですから、耐用年数よりこっちの方が大事なポイントです。

図5は、金属一トン製造の時のCO$_2$の発生量です。アルミニウムの二次地金はかなり低い。一次アルミの場合は

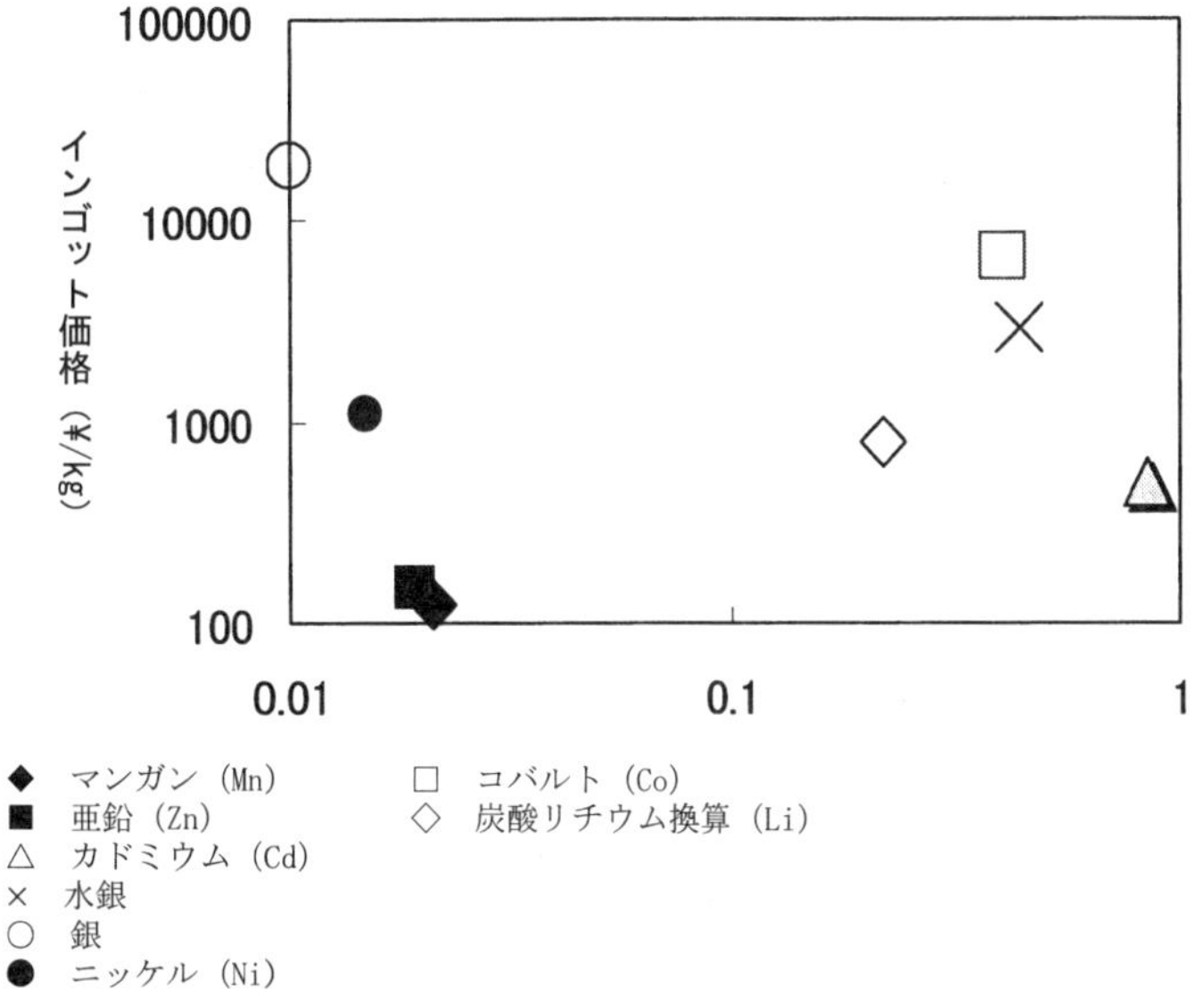

図4　乾電池再資源化ポテンシャル量／需要量

鉱石の品位をxとして、その品位の鉱石の量を $t(x)$ とする。たとえばニッケルや亜鉛の場合、ある品位以上の鉱石の全量 $T(x)$ は指数関数であることが実測データからわかっている。

$$T(x) = T_0 \exp[-bx],$$

$t(x)$ は $T(x)$ の微分の逆記号だから、

$$t(x) = T_0 b \exp[-bx],$$

であり、その品位の鉱石の中の金属の量 $m(x)$ は、

$$m(x) = T_0 bx \exp[-bx],$$

である。この関数は $x = 1/b$ で最大となり、両側で小さくなる。

一九八九年現在採掘しているニッケル鉱の品位は最大値よりまだ高いが、亜鉛鉱では既にこの値を通り越して小さくなっている。

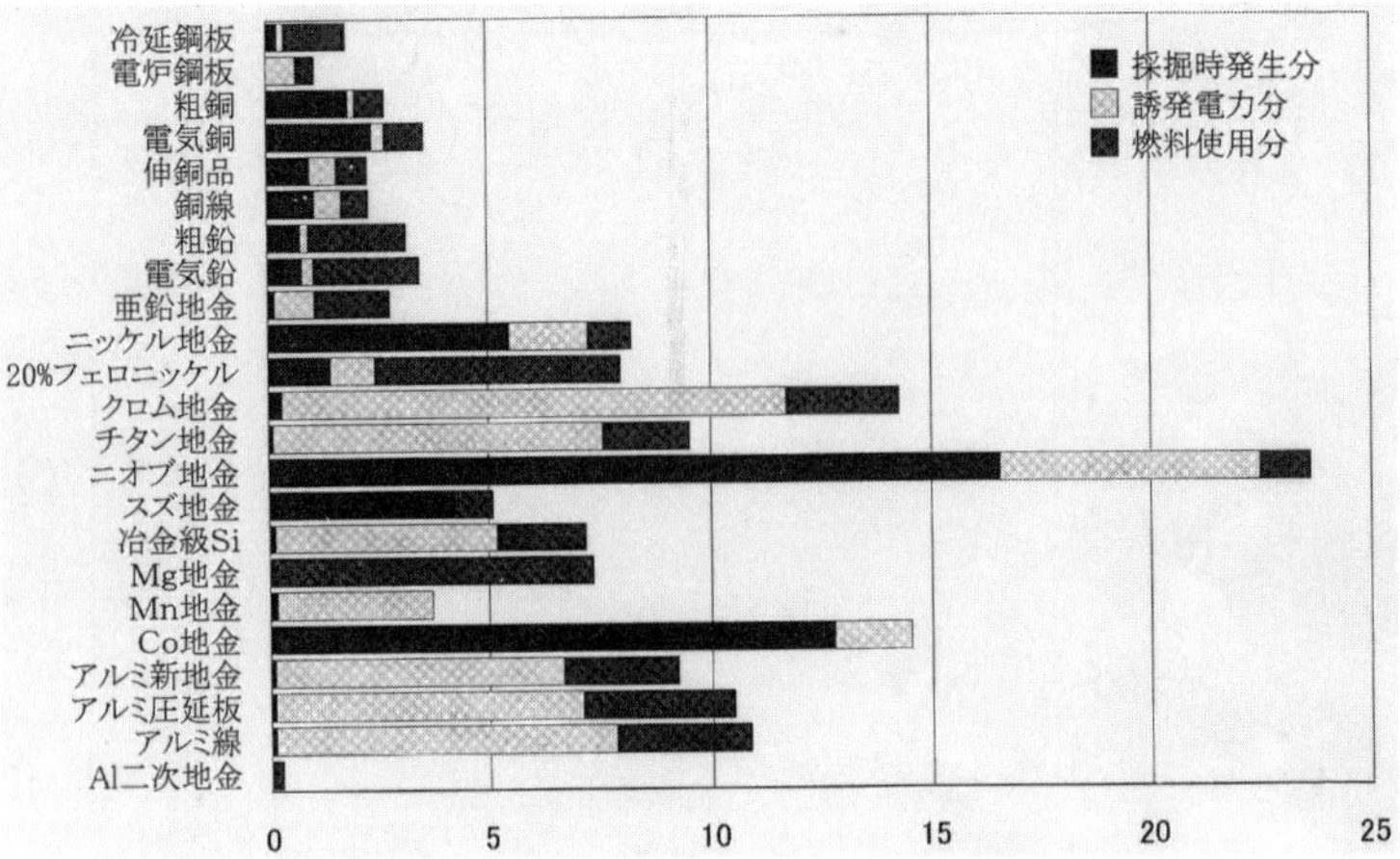

＊誘発電力分CO_2は日本の電力構成に基づいた値。
＊伸銅品および銅線のCO_2が電気銅より少ないのはスクラップ利用分を考慮したため。
＊未踏科学技術協会の資料より作図。

図5　金属1トンあたりのCO_2発生量（t-CO_2）

製錬分の直接の効果だけでなく、使用電力の発電の際の発生量やその前の資源採取の分も入りますので、それのないリサイクルは環境負荷を抑えているわけです。レアメタル類になると、資源採取の分が無視できなくなります。ニオブを一トン作るのに六トンの精鉱をブラジルから運ばなくてはなりません。その六トンの精鉱を作るのに三〇〇トンの粗鉱が必要です。金属としては一トンなのですが、その後にたくさん背負っているわけです。まるで背後霊ですね。その背後霊、ドイツではエコリュックサックと呼びますが、目の前にある物質の背後にあるものが環境に影響するのです。特に輸送の部分。たとえば日本で鉄を製錬するときのSOx排出量よりも、オーストラリアから鉄鉱石を船で運んでくるときの燃料からのSOxの方が多いのです。船舶関係の人にどうにかならないかと聞いたら、空母みたいな巨大な脱硫設備がほんのちょっとの石炭や鉄鉱石を運ぶことになる、というのです。製錬所で一番場所をとっている設備は脱硫設備ですし、火力発電所で一番設備投資がかかる部分も脱硫・脱硝設備です。もう日本のシステムはそうなっているのです。クリーン化が優先されて資金や設備を投資するようになっています。これは外国にちゃんと自慢してよい話だと思います。もう一つ輸送の問題に触れると、今の船のエンジンは硫黄がちょっと入っているところでエンジンの効率をよくするように設計されているのだそうです。ですからきれいな燃料を使えとなると、船はエンジンから変えなければならない。本当に背後霊たれ流しの構造なのですね。

そういう意味でリサイクルは、背後霊の部分に関して結構効果があります。**図6**に日本の物流の絵を書きました。左から三番目の棒が正味の物流量です。こう見ると循環量は非常に少ないですね。ここで強調したいのはその背後です。左から二番目が正味の資源で、輸入分と国内採取分になっています。そして一番左が輸入分の後ろの、外国に置いてきている分です。ですから日本の物流というときには、本当は三番目の棒の上に一番左の棒を立てて考えないといけないわけで、年間二四億トンではなく四八億トンの物質にかかわっている、ということです。この物質量から見ると、リサイクルというのは非常に意味があるのです。**表1**にその背後霊、つまり一トンあたりの関与物質総量と、その値に基づく世界の年間関与物質総量を示しました。ついでですが、**図6**の右のCO_2を見てください。ほかの廃棄物よりはるかに多いですね。CO_2は人類の出している一番多量の廃棄物なのです。温度上昇による海面上昇などの直接影響もありますが、一番本質的な問題は、人間の出している最大の廃棄物が地球環境に影響するところまで来てしまった、ということなのです。**図6**の左と右を管理して少なくできるか。これが地球環境から人間に出されている問題なのです。

5　金属はリサイクルの優等生か

金属はリサイクルの優等生か、という話に入ります。一〇年ぐらい前に金属のリサイクル設計の研究をすると言ったら、批判されました。リサイクルは金属の問題じゃない、社会システムの問題じゃないか、というわけです。今でも変わりませんかね。しかし材料が recyclable かどうかは、よく考えてみる必要があります。「金属はリサイクルできます」といって、戻ってきたときに本当にリサイクルで

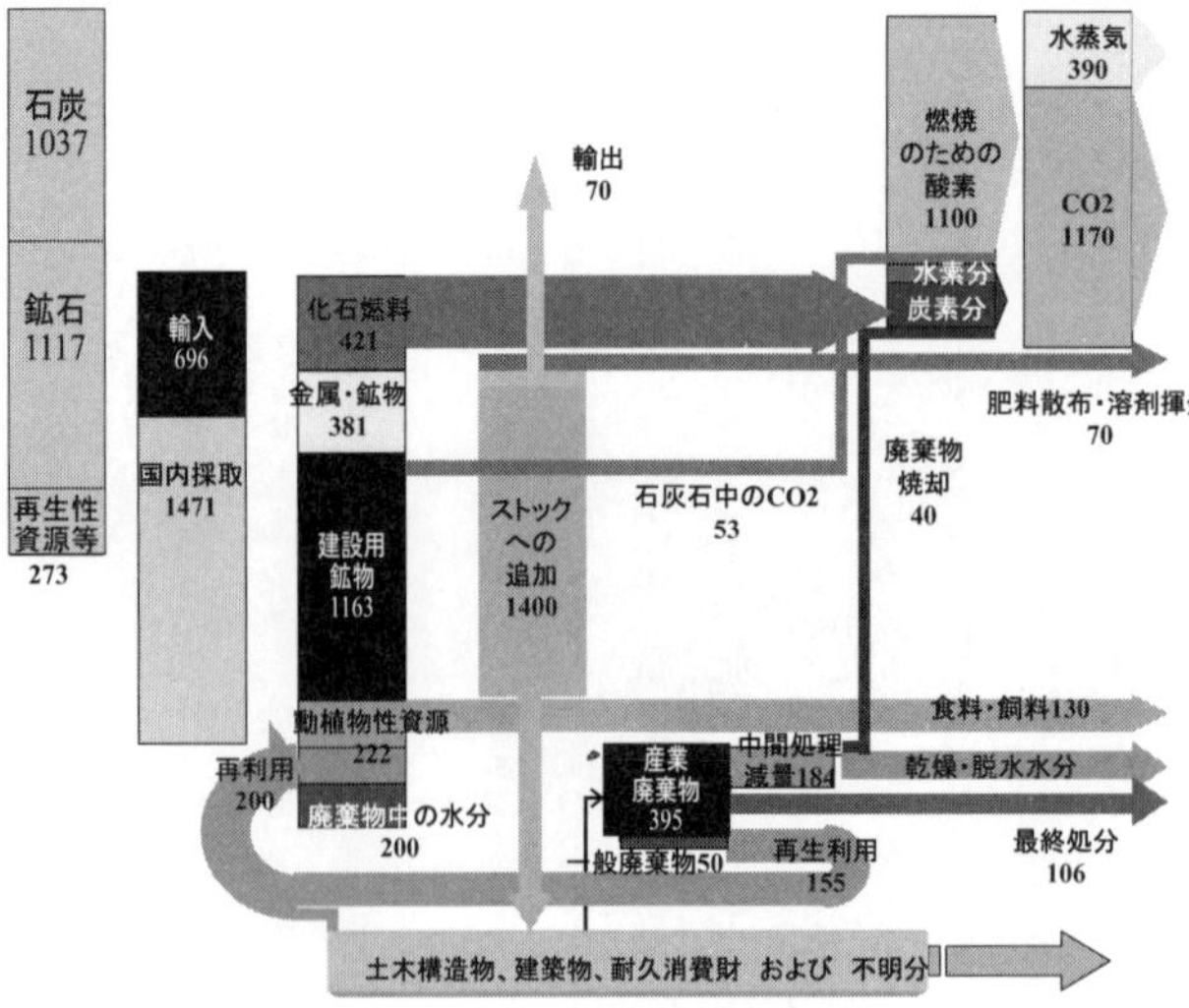

図6　日本の物流

金属	鉱石採掘分の金属トンあたり関与物質総量(t/metal-t)	世界の年間金属需要(t/y)	鉱石分の世界年間関与総量(Mt/y)
Au	1, 800, 000. 0	2, 445. 00	4, 401. 0
Cu	300. 0	12, 900, 000. 00	3, 870. 0
Fe	5. 1	571, 000, 000. 00	2, 912. 1
Ag	160, 000. 0	160, 000. 00	2, 864. 0
U	11, 000. 0	45, 807. 00	1007. 8
Bl	150, 000. 0	17, 900. 00	491. 4
Zn	43. 0	8, 000, 000. 00	344. 0
Pd	1, 800, 000. 0	177. 00	318. 6
Pb	95. 0	2, 980, 000. 00	283. 1
Pt	1, 400, 000. 0	178. 00	249. 2
N	200. 0	1, 230, 000. 00	246. 0
Al	10. 0	23, 900, 000. 00	239. 0
Mo	2, 000. 0	112, 000. 00	224. 0
Sr	500. 0	304, 000. 00	149. 3
Cr	8. 9	13, 700, 000. 00	121. 4
Ce	2, 000. 0	35, 014. 00	70. 3
V	1, 500. 0	42, 000. 00	63. 0
Rn	2, 600, 000. 0	23. 96	62. 3
Mn	8. 0	7, 450, 000. 00	59. 6
La	2, 000. 0	18, 860. 00	58. 5
In	200, 000. 0	220. 00	44. 0
Nd	3, 000. 0	13, 940. 00	25. 1
Cd	2, 000. 0	19, 300. 00	38. 6
Te	270, 000. 0	125. 00	33. 8
Nb	1, 400. 0	23, 600. 00	33. 0
Co	870. 0	32, 300. 00	28. 1
Pr	8, 000. 0	3, 362. 00	15. 1
Sb	200. 0	121, 000. 00	24. 2
Yb	12, 000. 0	1, 958. 00	23. 6
Sm	9, 000. 0	2, 460. 00	22. 1
B	4, 300. 0	4, 270. 00	18. 4
Li	1, 400. 0	13, 000. 00	18. 2
Tb	30. 000. 0	574. 00	17. 2
Od	10, 000. 0	1, 640. 00	16. 4
Ru	800, 000. 0	19. 99	16. 0
Si	4. 5	3, 400, 000. 00	15. 3
Sn	43. 0	200, 000. 00	8. 6
Zr	540. 0	14, 250. 00	7. 7
Ir	2, 400, 000. 0	3. 18	7. 6
Y	2, 700. 0	2, 400. 00	6. 5
Ta	12, 000. 0	513. 00	6. 2
Dy	9, 000. 0	656. 00	5. 9
Mg	20. 0	284, 000. 00	5. 7
W	170. 0	31, 500. 00	5. 4
Lu	45, 000. 0	114. 80	5. 2
Br	9, 40. 0	520. 00	4. 9
Hg	2, 000. 0	1, 800. 00	3. 6
Er	12, 000. 0	240. 00	3. 0
Tm	40, 000. 0	65. 60	2. 7
Ho	25, 000. 0	98. 4	2. 5
Eu	20, 000. 0	82. 00	1. 6
Se	1, 000. 0	1, 400. 00	1. 4
Hf	10, 000. 0	123. 50	1. 2
As	29. 0	40, 000. 00	1. 2
Re	20, 000. 0	43. 00	0. 9
Be	2, 400. 0	356. 00	0. 9
Ga	3, 000. 0	210. 00	0. 7
Ge	8, 300. 0	58. 00	0. 5
Th	9, 000. 0	45. 00	0. 4
Ti	6. 3	51, 000. 00	0. 3
Os	2, 000, 000. 0	0. 06	0. 1

表１　金属あたりの鉱石採掘分の関与物質総量（TMR）

きますか。できないじゃないですか。たとえばアルミニウムは、二〇〇〇系（Al―Cu合金系）、五〇〇〇系（Al―Mg系）、七〇〇〇系（Al―Zn系）などいろいろあります。成分が違う。缶のアルミニウムという一種類ではなく、フタはマグネシウムが多くて、ボディはマンガンが多い。これをいっしょに溶かしても、一〇〇%缶には戻らないわけです。だから一〇〇%リサイクルといわずに「can to can」、フタとボディをまとめてボディに戻す、というのです。

とはいっても、アルミニウムはリサイクル原料を多く使用しています。これは優れたことですが、実は皆さんのイメージしているリサイクルとは少し違うのです。**図7**は自動車用アルミニウムのリサイクルの流れです。一番左側、これは現実の生産統計で出ているアルミニウムの展伸材と鋳造・ダイキャストの量です。展伸材というのは、缶やサッシを連想してください。薄くしたり伸ばしたりできる板類です。鋳造・ダイキャストというのは型に入れて固めます。だから、ちょっと汚れていても大丈夫。車のエンジンブロックとかラジエータを考えてください。ひとつ右に行くと、加工されたときの量です。製品になっている部分は約半分

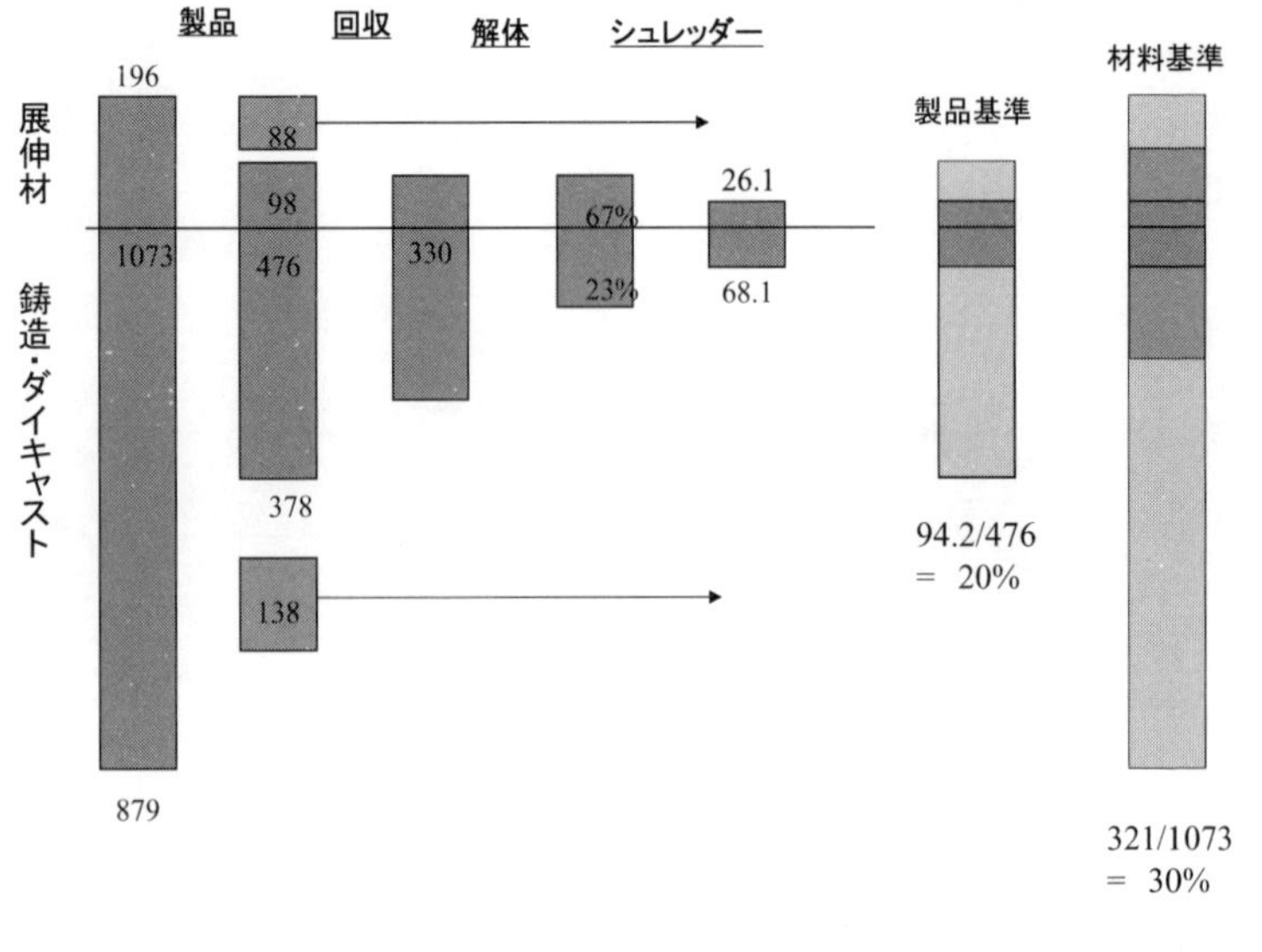

図7　自動車用アルミを例とした製品基準と材料基準のアルミ回収率の違い

です。隙間をあけて書いてある部分は、加工くずとしてリサイクルに回っています。途中で消えている部分もあります。それから自動車になって使用されて、戻ってくる。といっても、一〇〇％戻るわけではありません。解体された残りで、展伸材とダイキャスト合わせて一〇〇くらい。解体の前までは産業統計ですけれど、シュレッダーのところからは溶解屋さんからデータを持ってこなくてはいけなくなる。その間には当然ギャップがあります。最終的にシュレッダーにかけて処理されて、アルミニウムは分離できると言いますが、一部はプラスチックの中に取り込まれたりして、減っていくわけです。最終的な回収が二六・一と六八・一です。六八・一と大きいのは、実はシュレッダーにかけずにエンジンそのものをどぶづけします。つまり、エンジンブロックをそのまま融けたアルミの中に入れると、融けたアルミになります。これができるのでアルミニウムのリサイクル率は高いのです。右から二番目が製品基準のリサイクル率です。製品になった物からのリサイクル。どぶづけをやっても二〇％。これでもよくがんばっている方だと思います。一番右が材料基準リサイクル率。これが一般にリサイクル率と呼ばれているものです。加工屑がリサイクルに回って、加算している。加工くずの量の方が多いのです。

リサイクル率の定義というのはいろいろあります。**図8**を見てください。「リサイクルしたつもり率」というのもあります。ゼロエミッションにしたつもり、っていうのもあります。業者に渡したらゼロエミッションにする。受け取ったリサイクル業者が困るものがたくさんあるわけです。たとえばアルミサッシの表面にＰＶＣなどがコートしてあったら、アルミニウムの融点は六六〇℃ですから、つまりダイオキシン作ってくださいという温度じゃないですか。ＰＶＣつきのアルミニウムなんて融かせないわけですよ。でも渡した方は、リサイクル業者に渡したから俺はリサイクルした、と数えるわけです。

実際にスクラップはどういうものが再溶解されているのか、というのが**表2**です。板・押出し・合金二次地金というのがアルミニウムの種類です。板は薄板、缶を作る板と思ってください。押出しはサッシを連想してください。合金・二次地金はエンジンブロックに利用しています。板押し出し材は、新地金の部分が非常に多い。少しでも不純物があるとだめだからです。で、ほとんどのリサイクル原料は合金・二次地金や Base Metal と呼ばれる母合金になります。この合金・二次地金というのは加工屑と古屑の区別がされていませんが、屑の中身をよく見てください。まず、板屑ですが、缶打抜屑、塗装あり・塗装なしとなっています。塗装無しの飲料缶を使ったことありますか。完全にこれは加工屑です。古屑は印刷板・使用済缶、電線屑・電気ＯＡ機器屑、その他、となっていますけれど、印刷板と使用済缶はそれなりのルートがあって管理されている。しかし他のところは、自動車スクラップ同様に使用済かどうかかなり疑問がある。たとえば表に二〇〇〇系、三〇〇〇系、四〇〇〇系、五〇〇〇系とありますね。こんな区別がついているのは、材料屋さんの内部だということです。製品になった後で、これ五〇〇〇系ですって持ってくる人は絶対にいませんから。金属加工の屑でも、製品加工のくずは古屑として扱われます。材料屋が組成を管理できていないからです。組成を管理できているのが加工屑です。押出し材も同じです。サッシ屑とありますが、実はこの中をビス付・

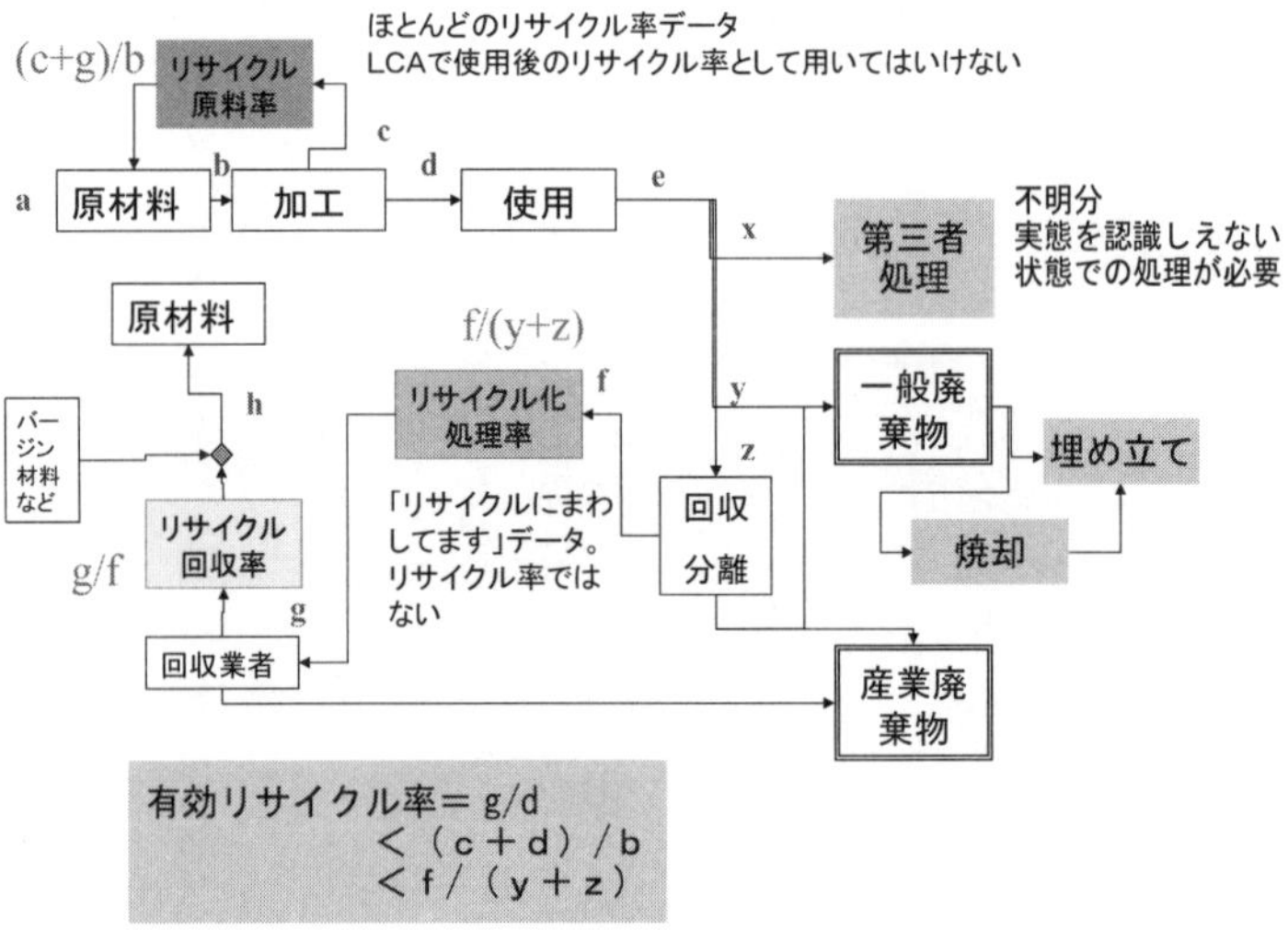

図８　リサイクル率の定義はいろいろあり難しい

	板		押出し		合金・二次地金			
新地金	新地金	643.5	新地金	579.0	新地金	211.0		
二次地金	二次地金	184.2	二次地金	59.2				
	ベースメタル	9.2			ベースメタル	189.0		
加工屑	缶打抜屑（塗装無）	95.0	サッシ屑	71.8	合金削り屑	9.5	古屑	？
	缶打抜屑（塗装有）	16.0	その他	11.7	鋳物削り屑	78.2		
	サッシ屑	0.6			削り屑	1.0	自動車鋳物屑	68.2
	その他	16.6			線屑	1.2	機械鋳物屑	23.6
古屑	印刷版	6.9	サッシ屑	36.0	箔屑	2.7	伸古屑	24.8
	使用済み缶	1.9	印刷版	2.9	伸新屑	22.1	雑鋳物屑	26.2
	箔	0.0	箔	0.0	伸下新屑	9.3	その他合金屑	7.3
	電線屑	0.05			伸中屑	0.3	鋳物系統その他	10.1
	電気ＯＡ機器屑	2.6			2000系屑	33.7	その他アルミ屑	10.7
	その他	7.3			3000系屑	54.0	電線屑	8.1
					4000系屑	2.7		
					5000系屑	33.3	その他	
					6000系屑	121.3		
					7000系屑	3.9	滓（ドロス、灰）	0.8
					混合金屑	53.0	金属珪素	61.5
屑計		146.9		122.4				605.0
溶解総量		986.5		760.6				1067.3
屑比		14.9％		16.1％				56.7％
古屑比		1.9％		5.1％				＜16.8％

＊「アルミスクラップ需要動向調査」（金属系素材研究開発センター、1995年）をもとに作成。

表2　スクラップの利用状況

ビス無しと区別してあります。ビス無しのサッシを使った人はいないでしょう。建築屋さんにいった屑は、使われなくてももう古屑です。ということで、結局この中でどれが本当に使用済屑の分かと考えると、あと自動車鋳物くらいではないでしょうか。本当に使用済のアルミの屑の比は、せいぜい一六・八％以下です。一応、屑比で五六・七％という数字ですけれど、実際はほとんどが管理されている材料屋さんの加工屑だというところが、今のリサイクルを理解するポイントです。

なぜ普通の屑がリサイクルできないかというと、いろいろなものが混ざってしまう。エアゾール缶の一〇七〇と三〇〇四とか、同じアルミでも違う素材のものが使われるわけです。それからプラスチックは付いてるし、細かいことは説明しませんがいろいろなものが混ざってしまう。今気になっているのは、アルミニウムとマグネシウム。これは分けるのがなかなか難しいのです。比重を精度よく計れば分けられますけど。それで、マグネシウムをアルミだと思って再溶解されたら大変です。爆発します。融ける前にマグネシウムが蒸気になって、大気と反応してボンッとなるわけです。金属のリサイクルを考えている人間は、いつ金属のリサイクルは危ないっていわれるかと、ものすごく心配しています。マグネシウムはマグネシウムだけでリサイクルすることを考えないと、非常に怖い。混ぜるともうどうしようもない。鉄・アルミ・銅、こんなもの混ざったら使えませんよ。

鉄のリサイクルの時、一番混ざって問題になるのは銅です。自動車をシュレッダーにかけると銅線が入る。その鉄を電炉で溶解して圧延すると、ピピッとヒビが入っちゃいます。使えなくなる。そういうことがありますので、現実的に鉄のリサイクルもいろいろなレベルをつけて、ごまかしながらやっているわけです。型鋼・棒鋼、ビルディングの鉄筋の材料は電炉で、リサイクル率が高くて九〇%までOKです。普通鋼板とか一般低炭素材では、五〇%くらいしか入れられない。缶や自動車の高張力鋼板などの深絞り用は、一〇から二〇%が限度です。だから、「自動車↓自動車」なんてできないんですよ。「自動車からビルディング」っていうのがせいぜいです。要するに大量生産をベースにして、良いとこ取りの端材を回して、リサイクルやってるわけです。これが二〇世紀型のリサイクルなんです。今までのリサイクルで動いているところは、管理されている素材が不幸にしてたくさんある部分です。今一番問題なのは、管理された素材に依存したリサイクルシステムを継続させようとしているところであって、今みんなが求めているのはそうじゃない。廃棄物の問題として、使用済のものがどう回るかに焦点を置いて考えなくてはならない。

6　材料屋の提案

そこで、材料の方で考えていることを言っておきます。基本的にまず、リサイクルのとき邪魔になるようなものは入れない。次に、入ってきたものはできるだけ取り除く。でも取り除けないものがある。そこでもう一つは、無視する、無害化する。これは、今うちの研究所でやっている超鉄鋼の材料設計の基本にしています。基本的に鉄のベースは鉄とシリコンとマンガンとカーボン。それに対して今までは、ちょっとニオブを入れたりバナジウムを入れたりしました。それをやると、戻ってくると不純物になるわけです。だから、性能を出すのに別の元素を入れない。構造を少し変えて、ちょっと固い部分を作ったり柔らかい部分を作ったりという形で、目的をみたす、というのを今やっています。

取り除くっていうのはもう皆さんやってるわけですけれども、取り除けるものは取り除きましょう。でも、もうそろそろ取り除けないことも考えていいのではないですか。さっき言ったように、良い素材をリサイクルするのではなくて汚れたものをリサイクルするのなら、そういう人工物素材をうまく使うことを考えなければいけないのではないでしょうか。たとえば鉄のなかに銅が入ったとき、銅が問題なのでなくてひび割れができることが問題なのです。そしたら、銅が入ってもヒビ割れが入らないような工夫を考える。これは東京大学の柴田浩司教授がやってますけれども、銅の入った鉄を再溶解したときにひび割れができるのは、銅は融点が低いから、鉄が固まった後その結晶粒界に銅の液層ができて、そこでひび割れを作っている。それだったらもっと酸素を増やして、銅を酸化物にしてやれば割れを作らないのではないか、といった研究をやっています。

さらに、次のはうちの研究所でやっていることですが、そんな酸化物でごまかすなどというのはよくない。使ってしまえ。銅というのは、鉄の結晶の中に入ってしまったら、強くしたり、場合によっては抗菌性（殺菌力）があると期待されたりするわけですね。じゃあもう入れてしまえ、だいたい板にするからヒビが入るんだから、板にしないで、最初から型に入れて作ればいいのではないか。ということで、粉末冶金の技術を使って銅を積極的に入れているのです。

さっき鉄のベースはカーボンとマンガンとシリコンといいましたが、これは別に人間が鉄にマンガンやシリコンを入れたわけではないのですよ。自然にある不純物に妥協しなきゃいけないから、今のプロセスでは入ってしまうわけです。それをベースに材料設計をしている。だから、ダマスカスの剣だとか玉鋼といった昔の鋼は、生産プロセスが違うから、別の不純物体系なわけです。ベッセマーが転炉を作った時にそういう学者がいたら、こういう不純物が入るのは間違いだ、ときっと言ったでしょう。

そういう意味で、人工物も受け入れていかないといけない。入ってくるものは入れておく。アルミもいろいろ合金化しているわけですから、その混じった組成をベースにしてできるものを考える。ポリマーもそうです。ポリマー複合という概念は大分定着しましたけれど、これをもっともっと進めてみると、いろいろ面白いことができるのではないでしょうか。天然の不純物とは我々ずっと妥協してきたので、人工の不純物とも妥協する技術を我々は作っていかなくてはいけない。統合可能な材料体系、人工不純物と共存できる材料技術を作っていかないと、二一世紀型のリサイクル、循環型社会の要請に対して答えることができないことになります。

7 LCAの問題

次に、LCAは正当に評価できるかという話です。みんな期待しているわけですね。何が良い循環システムか、LCAで評価してほしい、選びたい。ところが実際にLCAを使ってリサイクルを評価すると、ロクな結果が出ません。例えば、カナダあたりで水力発電してアルミを作って使い捨てて、アルミ缶だけをうまく集めてつぶして捨てると、有毒物は基本的に出ません。それと比べて、リサイクルすると工場でグルグル回すわけです。環境負荷のデータは、工場で回してるときのデータばかり集める。それで計算してみると、「おお、リサイクルの方がCO_2発生量が増えた」ということになります。そう正直に言えばいいものを一所懸命工夫して、ほんのちょっとリサイクルの方が低くなりました、というのが多い。みんな直感的に違うなって思っているんだけど、数字が出てしまってからどこか計算違いしているんじゃないかなあと、一所懸命修正してるんです。

どこに問題があるか。**図9**にアルミニウムのライフサイクルを書きましたけど、環境負荷が一番大きいのは、採掘・輸送のところに土石・森林破壊・SO_x・NO_xって書いてあります。入口です。それから最後ですね、投棄とか埋立。特にこの投棄です。Life の始まりと終わりが、一番環境と関わっているわけです。ところが、いまのLCAはEnd of Life を評価できないんです。埋め立てた後の溶出や大気汚染で環境負荷が出ているわけですが、その環境負荷を見積もらないんです。この負荷をゼロとしたら、リサイクルの方が環境負荷が高くなるに決まっています。

そこで今私たちが提案しているのは、いろいろなものが溶出したりして、最後には安定なものになる。それなら、安定なものになるために別のプロセスを作ったと思おう。埋立てた、じゃなくて、埋め立てたものは本来安定にすべきだった、そのために全部溶解して、重金属を回収して化学物質は安定なものに分解して、そのプロセスを全部やって、そこをインベントリーデータとして足して、リサイクルと比べよう。エントロピーコストとかエクセルギーで評価しようとか、いろいろ議論はあるかもしれませんが、少なくともその End of Life の負荷の部分を何らかの方法で見積もらなかったら、ＬＣＡはライフサイクルになってないんです。それ抜きに計算して成り立っているのは、おかしい。

ＬＣＡの原則として、システムの境界をそろえて議論しなければならないのに、リサイクルではシステム境界から出ていくものがない。対比システムでは廃棄物が残っている。そもそもＬＣＡというのはインベントリーの足し算で、足し算ではどこからどこまで足すかということで全然違ってしまいます。で、最終処分のところの境界を考えていないということが、リサイクルのＬＣＡのポイントになりま

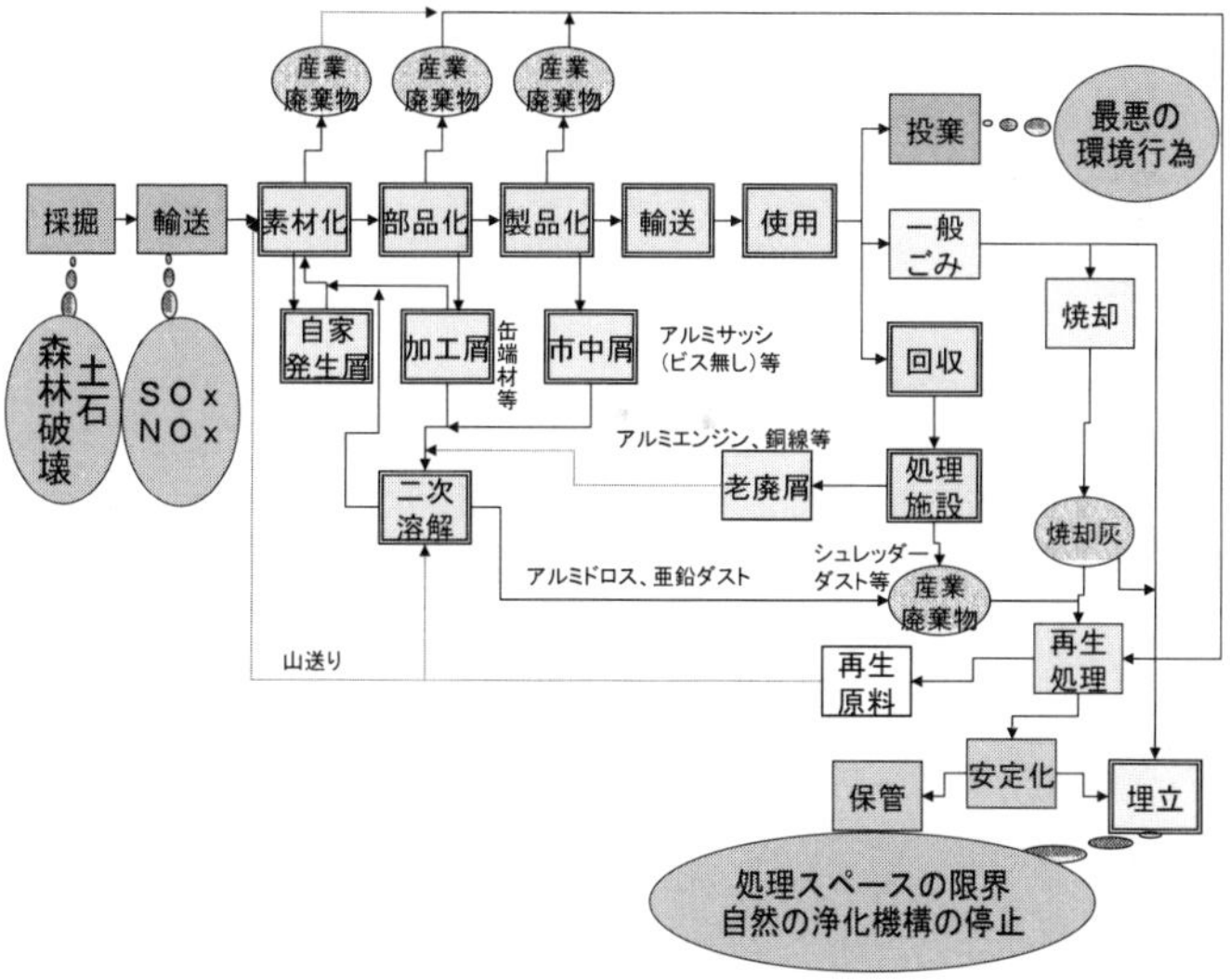

図9　アルミニウムのライフサイクル

す。

8 脱物質化社会へ

今までの話をまとめると、図10になります。今の、二〇世紀型のリサイクルは、要するに大量生産で生じる大量の加工屑をベースにしたリサイクルです。既存の特定素材のリサイクルルートにいかに乗せるか、いろいろなところで悩んでいます。それから脱却しなくてはならない、ということです。処分をゼロにという目標に対して、素材をどう使っていくか。そちらの発想が先に立つ必要があります。今のリサイクルシステムにどう組み込むかというのは、大量生産・大量使用・大量廃棄の延長線なんです。そうではなくて、ものを的確に使っていく。図11はよく使う絵なんですけれど、今までのマテリアルフローというのは、大量生産をして皆さんの欲求を物質化する。物質化してショーウィンドウにわっと並べて、その中から選択して取っていってください。ものの充足という形です。これからは、サービス指向を徹底的に進めていく必要があります。サービス指向で、ものを渡さずに回していくことによって、循環型社会ができる。これは最近あちこちで言われていることですが、そこがポイントです。

そこで、そういうサービス指向でやる場合のものの有効性、資源生産性といった言い方があるわけですけれど、現在資源生産性の向上とその方向性に関する委員会というのを材料関係の先生方を中心に作って、いろいろ検討しています。その中で出てきたことを紹介するのが、図12です。資源生産性の向上に対する材料の役割は三つあります。右にソリューション指向の材料システムとあります。何のために材料を使うのかということで、システムを組み上げよう。どんどん作って、どんどん端材を出して、その中でいいものを取っていこうという形でなく、まず何が欲しいかをはっきりさせて、そのために的確にものを使っていくようなシステムを考える。端材を出さない。資源ももちろん無駄遣いしない。目的に対して絞っていく努力を徹底的にしなければいけない。

それから次に下の方に、国際的マテリアルリース社会とあります。マテリアルリースという言葉をその委員会で強

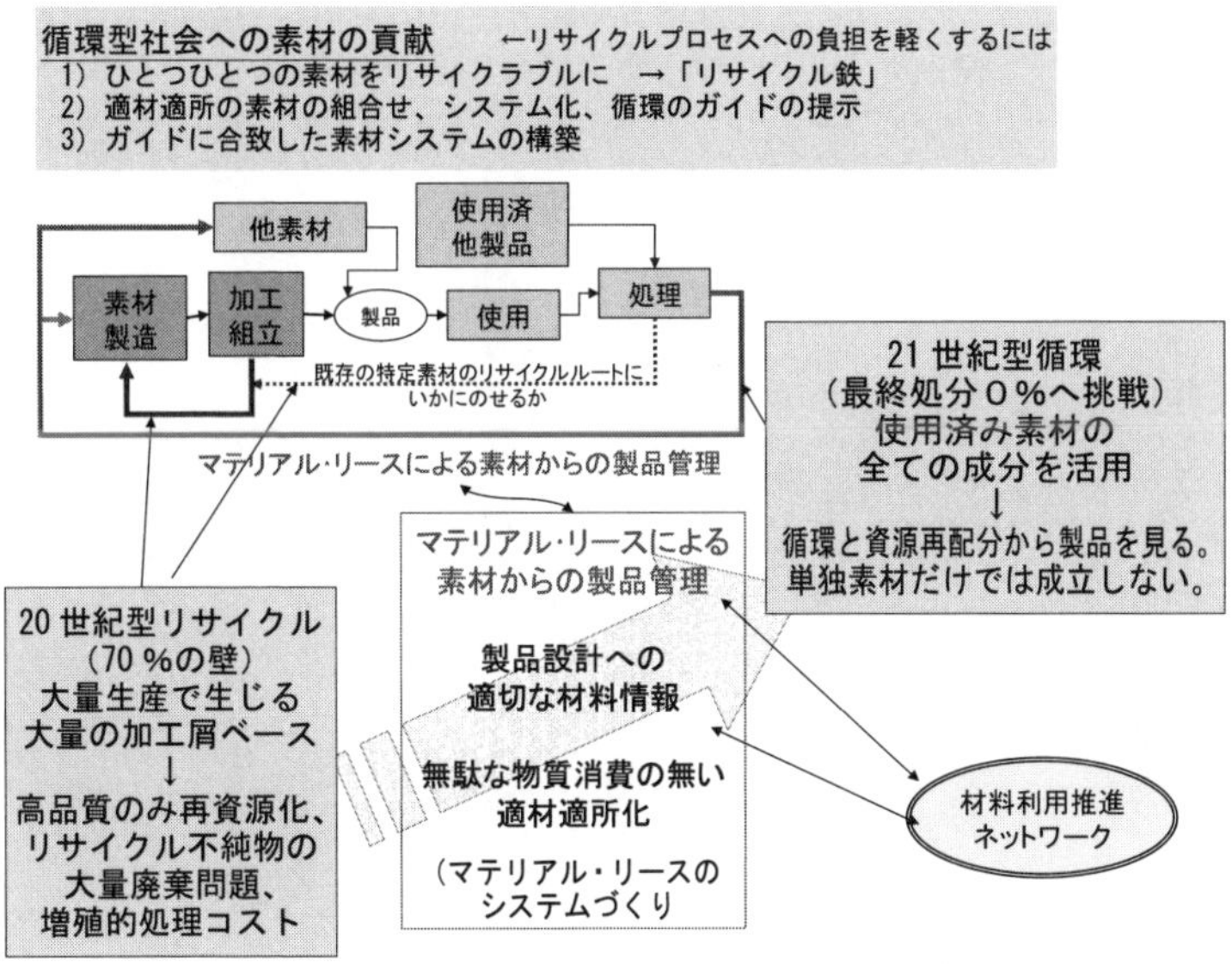

図 10　循環型社会への素材の貢献

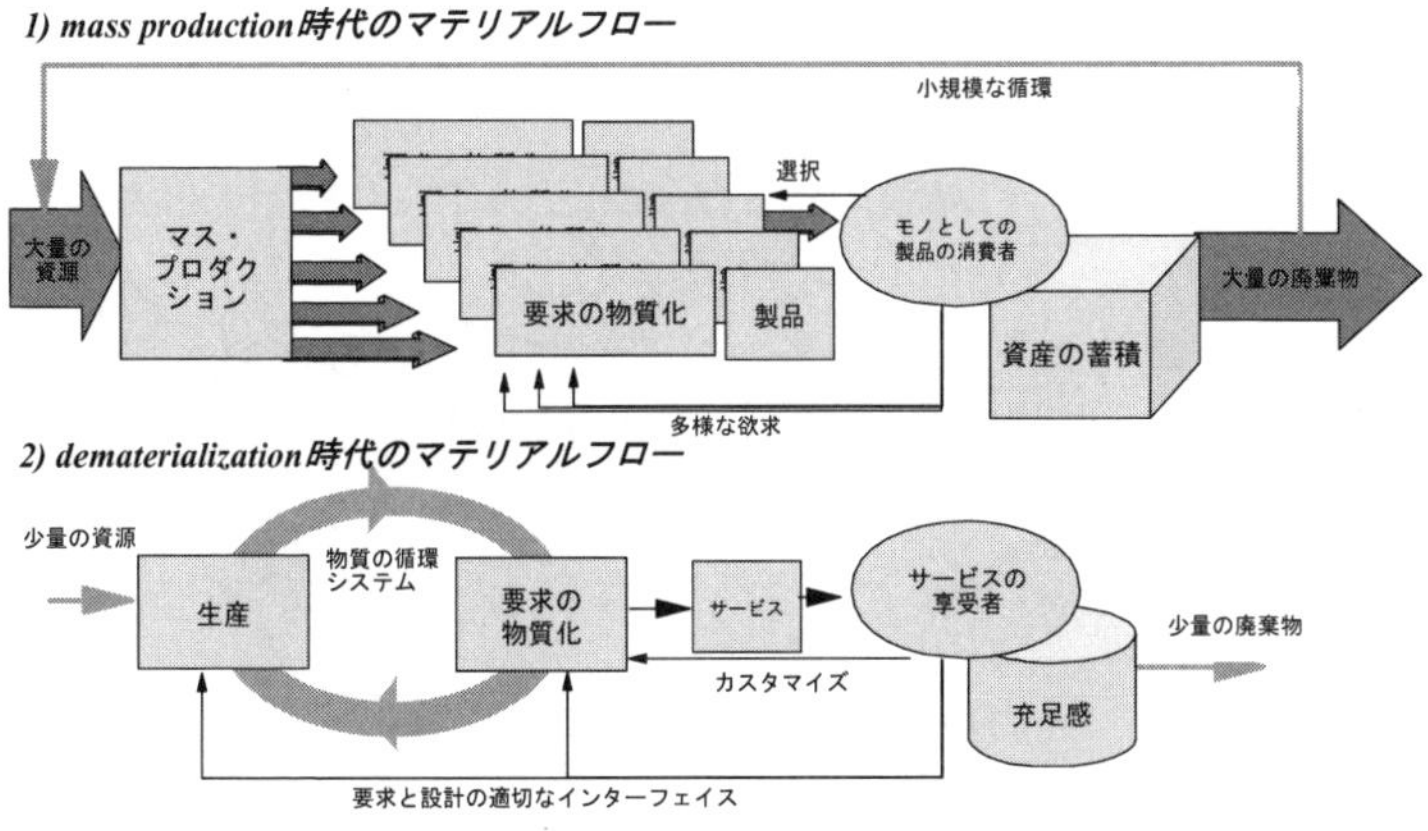

図 11　マスプロダクション時代とディマテリアリゼーション時代のマテリアルフローの相違

調したんです。リースすればいいという話はさっきのサービス指向の中でも出てきています。では、リースにするメリットは何か。今のリースの経済的メリットは、たとえば設備投資がいらないとか、新しいものに替えやすい。その背景には、捨てなきゃいけないということがある。設備もメンテしなくてはいけない。リースでは最後に面倒を見るところがきちんと管理できます、というメリットがある。となると、材料や廃棄物を扱っているところの役割がものすごく重要なんです。うちの材料を買ってくれたら、壊した後に戻してくれれば、うちで全部面倒見ます。だからちょっと高くなってもいいでしょう。一応リースと言っていますが、リースという形を取るかどうかは別です。買ったところに返すシステム。実質的には貸しているのと同様になるわけですね。もちろん汚れて返ってきますから、その時にどう材料システムとして売り込めるかがポイントです。

今のままプロダクトアウト方式でやっていくと、すごいリスクを材料側は背負うわけです。その分高くしてリースしようという発想も出てくるかもしれませんけれども、そ

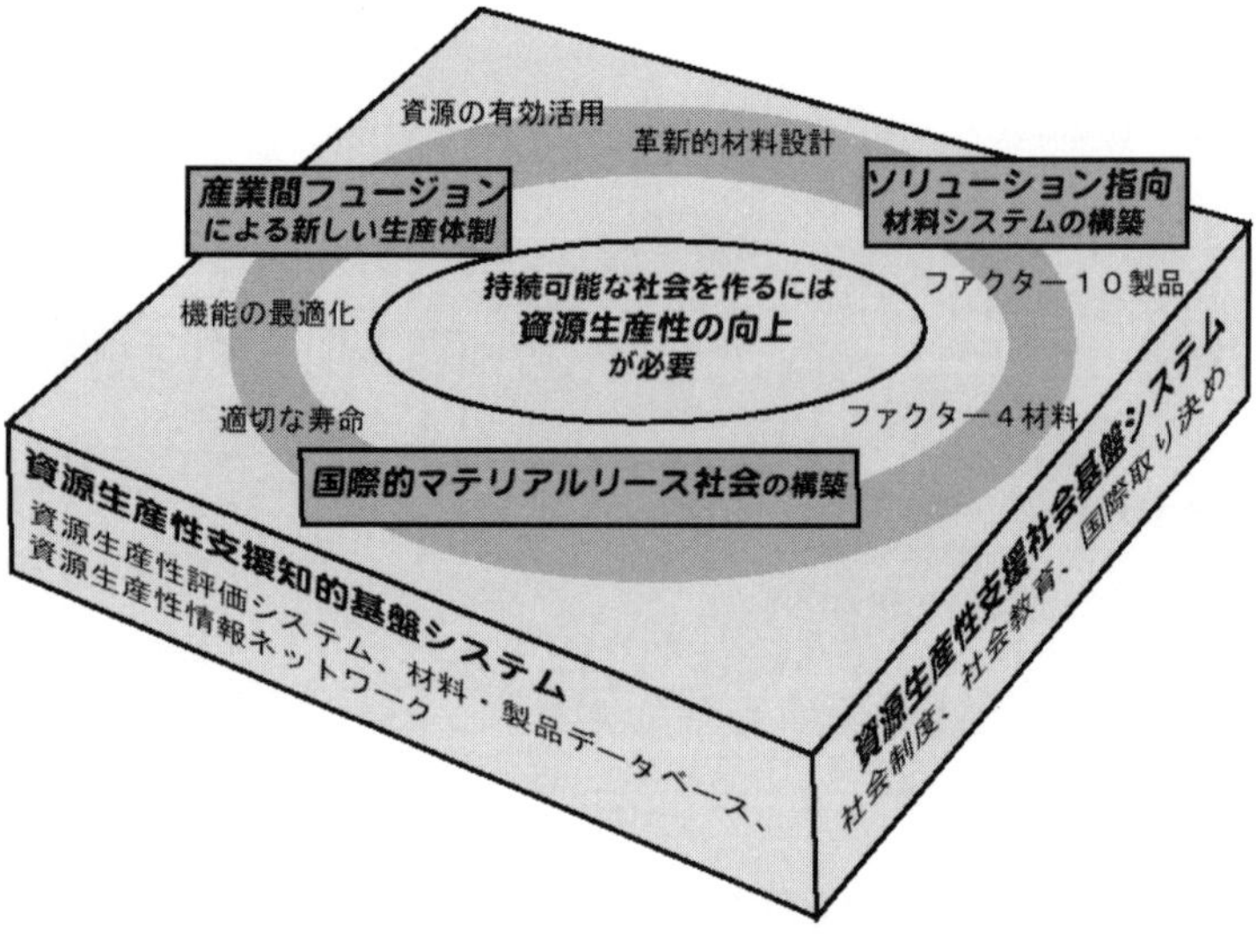

図 12　資源生産性の向上とその方向性

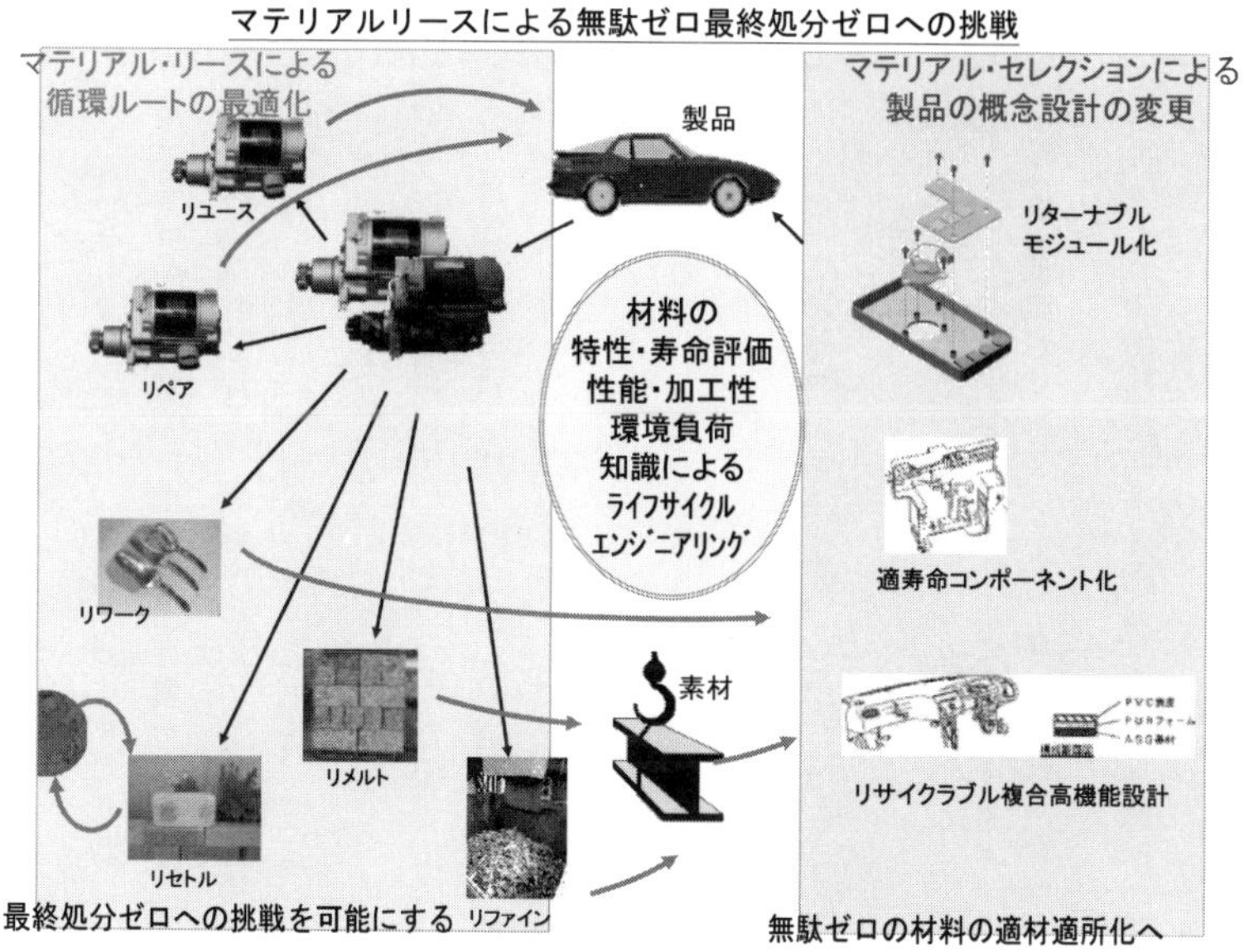

図 13　6つのRにもとづく 21 世紀型物質循環のモデル

れよりはもっとスマートな形で、まとめてモジュール化していく。モジュールで戻してもらった場合には、業間何社かがまとまってやる。図の左側に産業間フュージョンと書いています。たとえば、塩ビと金属が一緒に戻ってくると、素性がわかっていれば、塩ビの中の塩素を使って金属の洗浄も可能性があるわけです。その時の塩素の管理をどうする、とかいう議論もあるでしょうけれど、とにかくそういうのがひとつの土俵に乗ることができるわけです。そういうシステムを作っていくことがマテリアルリースを支えていくでしょうし、新しい形でのリサイクル、循環型を作っていく上で、材料のベースになるだろうということです。

マテリアルリースへの対応については、循環する物質にどう責任を持つか、考える必要があります。六つのキーワードを図13に作ってみました。リユース、リペア、リワーク、リメルト、リセトル、リファイン。リペア（repair）は材料として修理可能なところで管理するということで、リワーク（rework）は再加工です。リメルト（remelt）はアルミのイメージで理解しやすい。リファイン（refine）というのは、非鉄金属でヤマ送りと言われているものです。リセトル（resettle）って書いてあるのは、レンガの絵を描いてありますが、やっぱりどうしようもないものは出てくるわけです。そうした場合に、最終的に地球との循環を考えた上での存在様式、安定な状態にして物質を置いておくことを真面目に考えないといけない。建築用材に全部流し込めばいい、というのは、それこそ大量生産時代の考え方そのものです。ただ余地があるから置いているだけで、建築屋さんは困っている。自分たちのは廃材リサイクルと言われて、他のところからどうしようもないものがくる。そのときに、回せないかもしれないけれども、自然環境の中で自然に変わっていくとか、そういったものの考え方。リセトルというところを今から真面目に考えていかないと、エミッションをゼロに近づけてゆくことができないんじゃないか、と思います。

9　環境循環型材料へ

このように、環境循環型指向のパラダイム転換の萌芽が大分見えてきています。いいとこ取りの高品質化は限界、ということです。高品質化のために媒介物質がいっぱいあったということが、ようやく見えてきた。ゼロエミッションを考えると、欲しいもの以外のものをいっぱい使っていることに気づいてきたわけです。それが見えてきたのは、非常に意味のあることなんです。次に、大量生産・大量消費の尻拭いを今までやってきた。しかし「使う」という顕在的価値だけでなく、処分サービスの価値を考えないといけない。それを考えないと、新しいシステムも破綻するよ、という人が出てきた。これを進めていくには、大量の素材ベースの二〇世紀型リサイクルでは応えきれないので、資源の濃縮、品質の向上、新しいリサイクル循環システムに変えていかなきゃいけないんじゃないか。資源生産性の高い物質利用・循環形態を作っていかなくてはいけないのではないか。いくつかそのヒントを言ってきたわけですけれども、実現できる技術がどこまであるかが問題で、答になっているかどうかわかりません。

最後に、図14です。最終的に、モノが安心して使える、モノを生かせる豊かな社会でありたい。私たちが夢見てきた二一世紀は、こんなものじゃなかったはずです。今、手塚治虫の漫画であのころ思っていた二一世紀の象徴的な絵を探しているんですけれど、なかなか見つかりません。実は今度、どういう環境テーマがあるのか、というアンケートをとったのですが、その中に非常にいい表現がありました。「最近水が飲めなくなった。きれいな、自分の飲める水を作るプロジェクトというのはないのか」。これはものすごく素直です。循環型にしなきゃいけないとか、システム論とかでなく、もっと素直に、自分たちのやりたいもの、そのために何が必要なんだろうということを組み上げていく。そういうことを今から始めなきゃいけないんじゃないか。そう思います。

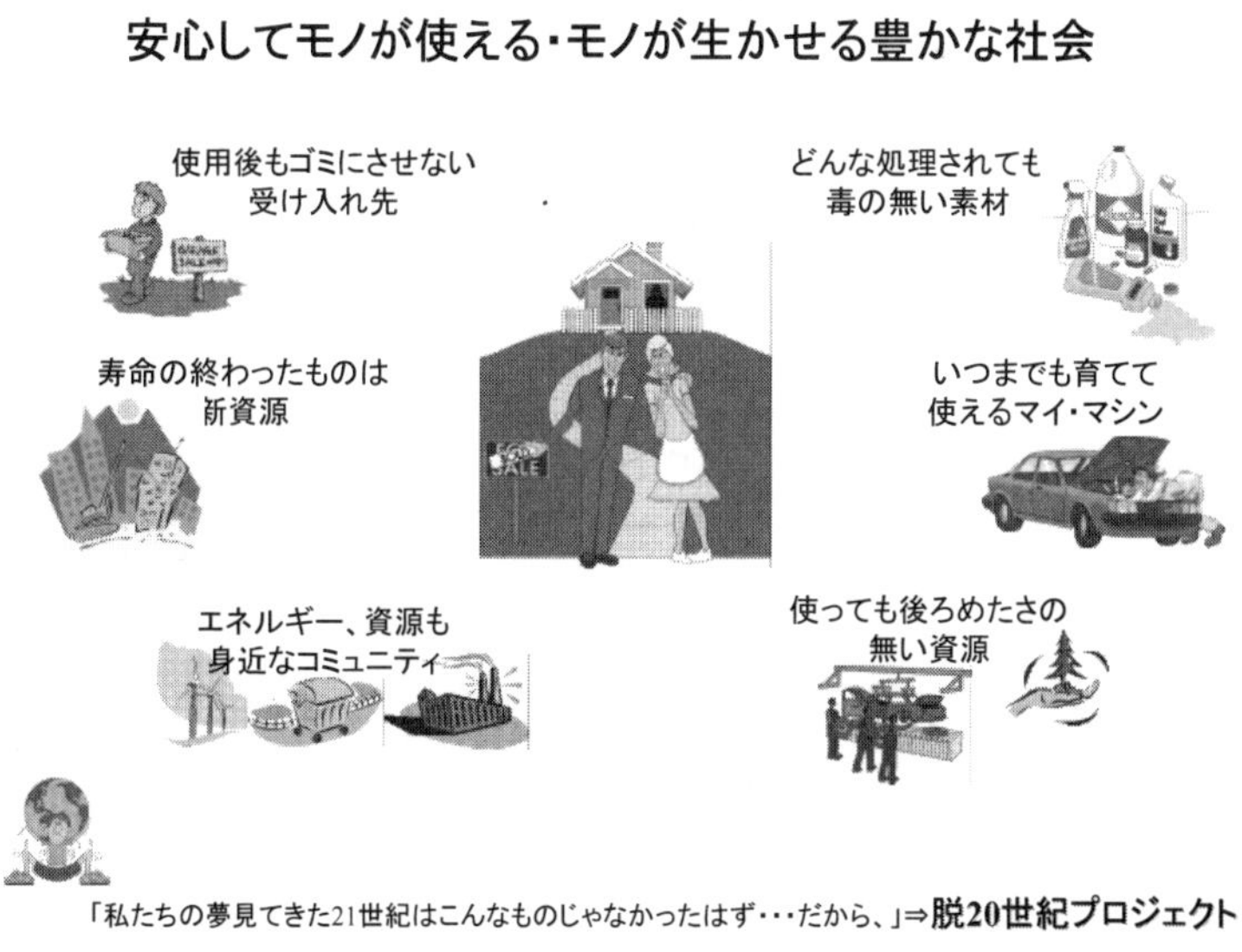

図 14　持続可能循環型社会（recycling-based dematerialized society）

質疑応答

筆宝康之　資源生産性の「資源」というのは、天然資源とか鉱物資源とか、そういう意味ですか。

原田　このへんは議論のあるところです。労働生産性などとは全然意味が違ってくるわけです。先ほど資源の耐用年数の話をしましたように、人間が認識している範囲で人間の労働行為が入って、資源と認められるという意味です。

筆宝　分母に何をとるかという大問題があります。労働生産性なら投入労働に対する比でしょう。土地生産性というのもありますね。本当は言っちゃいけないらしいけれども。一番聞きたいのは水なんです。循環型社会の場合、水一トンがどのくらい社会を養えるかということは考えられるんだけれども、それは市民権をもちうるか。

原田　今の話を聞いて非常に嬉しいのは、同じような概念が今、経済学的にも出てきているんですね。資源生産性とか水生産性とかというのは、今の状態では、はっきり言ってコンセンサスはまだありません。水生産性はいろんな方が攻撃しておられます。しかし、そこで言いたいことを言葉に形づくる努力が必要なんじゃないか、と思います。

白鳥紀一　人間起源のものを処理しようというときに、バラエティの割に量が少ないというのは問題になりませんか。鉱石の場合には、ある範囲のものがたくさんある、というのがベースだと思うんです。材料設計の段階で、あまりバラエティがないようにしようというのは重要なことだと思うんですけれど、それにしてもやはり技術として成り立ちにくいのでは、という気がするのですが。

原田　自然の場合は、それが資源になるためにものすごい長時間の濃縮の過程があるわけです。ところが人間の場合は、量的には少ないかもしれないけれど、濃縮を意識的にできるというメリットがあります。自然に対してデメリットがある生産プロセスを人間のもっているメリットでどう取り返していくのかというのが、ヒントになるのではないかと思います。

辻芳徳　今日言われたような、技術系の人たちで議論されていることは、社会の中にどのくらい反映されているんですか。

原田　技術系のものは生産活動を通じて社会に還元されている、という認識を多くの人が持っていると思うんです。それも重要な要素であるわけですけれど、もうちょっと他のコミュニケーションをやっていかないといけない、と思っています。そういう意味ではＬＣＡなどが入口に近いのかな、と考えています。

藤田祐幸　ＬＣＡで、廃棄したときの環境に対するインパクトが一番わかっていないんじゃないでしょうか。原子力なんていうのは、全くそれを無視しているわけです。そのインパクトアセスメントをどう考えるか。それは材料屋さんの限界を超えるのかもしれないけれども。

原田　そうだと思います。リスクの問題と、現実に既に存在している有害物に対する認識の問題。そのへんをどううまくバランスを取りながら考えるか。それと、予測的に考えるんじゃなくて、代替的なモデルで置換していく形の表現のしかた。そのへんに関しては、エントロピー、エクセルギーを含めて、何か考えていく必要があると思います。

白鳥　出発点の、採掘選鉱段階のアセスメントというのは割にちゃんとしたものですか。

原田　一番問題は、多量の水を使ったりしてそれを自然の中に戻している、そのへんの影響です。たとえば工場を作るために道路を作って、森林を二つに分断する。量的にはわずかな木を切っただけだけれども、生態系にものすごく大きな影響をもたらすわけです。そういうところは、まだまだできていないんですね。今できているのは、エネルギーを使用しているところの工業規模の環境排出だけです。そこが弱いところです。そのへんのことが問題になってきたのは、九〇年以降。地球サミットが契機になったポイントですね。

藤田　谷中村の鉱毒被害もそういう問題だったんですからね。でもなぜ、二酸化炭素主犯説なんですか。二酸化炭素がどうのこうのという議論しか聞こえてこないのは、片手落ちだと思います。

原田　最大の廃棄物で一番わかりやすいところですから、それに対して責任取れないようでどうするのか、というのはあると思いますけど、それをやっていればいいという考え方で動いている部分もあるわけですね。でもそれは、動いているうちにまた他のものもやらなきゃいけないと少しずつ変わっていくんじゃないですか。問題は、他のものの重要性をどういうか、だと思います。逆にいうと、せっかくここまでやる気になっているものが後へ下がってしまうということは、ちょっと困るんじゃないかな。

井野博満　最後のところで六つのRを出されて、最後にリセトル。建築へ行くのでなく自然へという。リペアとかリワークとかいろいろしても、最後は自然に行くわけですね。だけどそれが自然環境から取ったものじゃなくて地下資源だと、自然環境に合わない、という問題は基本的にあるわけです。たとえばナチュラルステップの四原則では、第一に地下資源をなるべく系統的に増やさない、第二に人工物をなるべく系統的には増やさない、とあるわけです。だけど、もう少しその中身、なぜ地下資源はいけないか、なぜ人工物はいけないかという中身の追求がいろんな意味で必要だと思うんですが、そのへんはどうなんでしょうか。材料選択の議論はそのへんだと思うんですけれども。

原田　今までの議論でリセトルという考え方はなかったというか、あえて目をつむってきたわけです。やっぱり戻さざるを得ないものがある。そうすると、何は戻していいのだろうか、そもそも何は使っていけないことになるんだろうか。

井野　リセトルから考えてスタートするという見方。

原田　一番のポイントはそれです。最後はどっかに捨てなきゃいけないんだから、それを考えて循環を考えていかないと。

藤田　原子力の話を思いながら聞いていると、リセトルっていうのは深層地層処分になるわけですか。

井野　原子力はリセトルしない。

筆宝　脱物質化というのはどういう意味ですか。

原田　使用している物質量を少なくしていく。モノをなくしていくとか精神社会に生きるとかいう意味ではありません。dematerialization という言葉は一時期、一九七〇年代にそういう使われ方をしています。それをわかった上で、八〇年代以降の dematerialization というのは、要するに減量・

軽量化という意味で、必要なものしか使わない。

井野　材料屋としてはちょっとギョッとする言葉ですね。材料を dematerialize していくということを、エネルギーとの関連ではどう考えますか。エネルギーも減らさなければいかんわけですね。

原田　エネルギーの場合も、将来太陽エネルギーがどういう形で使えるかは別にして、エネルギー資源の投入という形ですから、それは dematerialize の対象になるわけです。

藤田　元に戻していくためのエネルギーが必ずそこについて回る。それがかえって増えてしまうんじゃないか。

井野　武田邦彦さんの「リサイクル幻想」はそれですね。さっき原田さんは、リサイクルは儲かるはずがない、コストがかかるのは当然だと言ったけど、武田さんの視点はむしろ、エネルギーがかかるということを言っていると思うんです。エネルギーがかかるので、それはコストなんだと。だからPETのリサイクルはおかしいと言っているわけで、それはそれで当たっていると思う。

原田　そういう意味で言うと、ペットボトルがどうかというのは具体的に考えないといけない。目先の、その時だけのエネルギーバランスじゃないんじゃないかな。

赤司豊　LCAのこれからの方向性は、どういう形が予想されますか。

原田　LCAはこのまま行くと思いますが、End of Life をきちんと評価しえないと、ファッションです。うちはLCAをやってる、環境を管理できているということをアピールするために、今企業がLCAをやっている。だから、企業しかわからないんです。普通の人は使えない。一番知りたい End of Life の評価が出てこない。だからファッションがすたる前に、今後こういう風にやろうというのを早く出していかないと、大変だと思います。

井野　日本でLCAやっている一番中心にいる人がそうおっしゃる。これは大変なことです。

藤田　原子力関係のLCAはできるのか、LCAをちゃんとやっていたら水俣病は発生しなかったのか、ということを前からぼくは言っているんですが。

原田　それはたぶん、どっちもだめです。LCAというのは、ライフサイクルという形に限定してしまいますから、将来の問題は見られないんです。あくまで今あるものの評価ツールと割り切るべきだと思います。自分たちのやっているパフォーマンスを定量的に説明するための道具なんです。予測的なものではない。四〇年前にLCAをやったとしたら、当時全く問題になってなかった二酸化炭素を評価対象とすることなんて誰も考えなかったでしょう。LCAは、数字でいったらどうなるか、ここは考えてるのか、バウンダリーは入ってるのか、っていうコミュニケーションの道具として使うのが一番いい。将来の予測にはもっと新しい手法をみんなで考えなきゃいけない。

筆宝　原田さんのお考えは、循環も一つの可能性であって、それがしたい人は循環させなさい、ということですか。何でもリサイクルできるものはするべしということか、それはことによりけりだという考え方か。

原田　私の意見を言うと、まず循環ありきじゃないかと思うんですよ。自然のシステムというものは。人間のシステムの中で循環させるというのは、また別の話です。人間のシステムの中で循環させなきゃいけないものもあるだろうし、そうじゃないものもあるだろう。

ただその時に、私がリサイクルを重視するのは、それに合致する循環の形を今とっていないからです。二〇世紀型のリサイクルはリサイクルじゃない。新しいリサイクルを模索するためには、少々コストがかかろうが少々エネルギー使おうが、いろいろな模索を今やらなきゃいけない、という声がせっかく出てるじゃないか。それを壊してはいけない。まずやろう。

だから、PETなんてのは、ぼくに言わせたら五〇年早い材料です。自分たちで管理できて回せるシステムがあったら、PETは非常にいい。それがないときに持ってくるから、無理になるわけです。でもまあ、がんばってもらおうじゃないですか、出てきたからには。中生代末期の哺乳類みたいなもんです。今回っているのはブロントサウルスなんですよ。

藤田　素材としてはいい。いい素材なんだけど使い切れていない、という評価ですね。

丸山真人　素材が出てきてしまった以上はその終末の面倒を見なくちゃいけない、とおっしゃった。それは、新しいものを作り出してしまった責任をとれ、というメッセージですね。それは、まだ五〇年早い、もう少し終末の面倒見るまで時間がかかりそうだから、ついてはペットボトル作るのはもうちょっと抑制しよう、今は作るのやめよう、という提言につながるものですか。

原田　うーん、政策の実現性といった問題がありますんで、たぶんつながらないと思います。全く別のファクターで動く。いろいろ考えて、そういうことを発言し続けるということは重要じゃないかと思いますが。

IV 循環経済へ——理念と展望

1　日本経済の現在と循環型社会への道

松本有一

循環型社会ないし循環社会に転換していかなければならないというのは、いろんな観点から話されたところです。このセッションのテーマは循環経済で、他の方と重なる点もあるかと思いますが、私の関心からお話させていただきます。

1　日本経済の現在

バブル経済の崩壊以降、失われた一〇年とかいわれていますが、日本経済は低迷を続けています。小渕総理大臣時代の経済戦略会議でまとめられたものでは、日本経済は二%の潜在的経済成長率を持っているということでしたが、一九九〇年代の日本経済は平均すると一・六%程度の実質経済成長率でした。政界あるいは産業界からは、二%ないしそれ以上の成長が求められているんだろうと思います。そして現在の小泉総理大臣は「構造改革なくして成長なし」とたびたびいわれている訳ですが、何のための成長かはあまり語られていないのではないかと思います。しかし、同時に政府関係のいくつかの文書で、たとえば環境白書がそうですが、大量生産・大量消費・大量廃棄から適正生産・適正消費・最小廃棄への転換が必要だといわれます。適正というのがどれくらいの規模かという問題はありますが、少なくとも今まで大量生産をしてきたから、というより現実には廃棄物の処分場がなくなってきたからというのが本音ではないかと思います。廃棄物の処分場がなくなるまでの生産・消費をしてきたということになります。

ところが大量生産・大量消費からの転換といいながら、経済成長を続けようということは、廃棄物処分場がないとすれば、大量リサイクルにならざるをえない。廃棄物処分場がないのに経済成長を続けることは、廃棄物を処分場に行かないで経済・社会の中でまわしていく、大量リサイクルにならざるをえないのではないでしょうか。

いまの日本の経済は、およそ五〇〇兆円規模のＧＤＰ（国内総生産）ということですが、失業率は二〇〇一年八月で五・〇％にまでなって（その後五・五％を記録）、やはり経済成長をしていかなければならないといわれています。しかし、経済規模でみればかなりのものです。

家計消費ですが、一九九九年度の家計最終消費支出を見ると名目で二八二兆八九四一億円で、人口を一億二六〇〇万人として、単純計算で国民一人あたり年間約二二五万円の消費支出で、四人家族で九〇〇万円になります。よく夫婦と子供二人という標準的な家計の場合というのがありますが、そこで例示される所得額を上回るような家計消費になっています。不況で家計は消費を抑制しているといいますが、マクロで見る限り、家計消費支出が下がっているわけではありません。京都議定書（一九九七年一二月）において、わが国は二〇〇八年～二〇一二年の間に、一九九〇年比で温室効果ガスの排出を六％削減することを約束しました。しかし、一九九〇年以降温室効果ガスの排出は増えています。環境省の資料では、一九九九年は一九九〇年比約六・八％増となっています。温室効果ガス排出の推移はＧＤＰの推移とほぼ並行している。つまり、人々の活動は決して低下していないということであります。

2　循環型社会への転換の必要性

というようなことで、一方で大量生産・大量消費から転換しなければならないといいながら、他方で経済成長をしていかなければならないということになっています。成長しても、その中身によっては温室効果ガス排出を押さえることができるかもしれないし、廃棄物も処分場へ行く量を抑えることができるかもしれません。しかし、絶対量で考えれば、温室効果ガス排出を増やさない、廃棄物を増やさない、というより減らしていく方向に転換していかなければならない。

このようなことで循環型社会を作っていかなければならない（「型」がついていては不十分で、循環社会でないといけないという篠原孝さんの主張もありますが）、ということになります。

循環型社会に転換していかなければならないのは、廃棄物だけでなく、資源の枯渇や食糧の問題もあります。地球全体でみますと、いま現在の日本人の食生活を世界中の人がしたとすると、四〇億人しか養えないということです（『永続可能な地球市民社会の実現へ向けて「環境容量」の研究／試算』「環境・持続社会」研究センター、一九九九年）。これは食糧生産の絶対的な規模からくるものです。世界の人口はすでに六〇億人をこえています。このようにいろいろな問題から、適正な規模で、そして自然の循環に乗った形に、生産や生活の仕方を変えていかなければなりません。

リサイクル（資源の再生利用・再資源化）することで問題は解決できるではないかといわれます。しかし、リサイクルすることはエントロピーの観点からすれば問題もあります。リサイクルすると資源の劣化が起きます。リサイクルし続けることは容易ではありません。金属はリサイクルが簡単かと思われますが、鉄でも用途に応じて炭素含有量が異なりさまざまな合金が使われているので、それを選別して同じものに再生することは容易ではない。私は技術的な問題に詳しくはありませんが、そのようにいわれています。また、リサイクルするにもエネルギーが必要です。

化石エネルギーの枯渇を考えれば、長期的には、太陽光の範囲内、あるいは太陽光に基づくエネルギー、バイオマスを含めてですが、そういうものをうまく利用するために、循環的な利用、あるいは分散的な利用をするような経済に変えていかなければなりません。

3　構造改革の二つの型

いま小泉内閣のもとで行われようとしている構造改革は、

特殊法人を廃止ないし民営化する、そして規制緩和をして自由競争、自由貿易を進めていくものかと思います。これは市場万能の主流派経済学、大国アメリカに倣ったものです。しかし、構造改革というのはそういうものだけではありません。

構造改革には二つの型があります。ひとつはアメリカ型で、規制緩和による競争刺激で民間部門の活性化を期待し、小さな政府に向かうもので、よくいえば民間活力を利用するものです。世界を見渡しますと、オランダ、デンマーク、スウェーデンなど北欧・中欧の国々で、政府・経営・労働の合意により「豊かさを分かち合う」精神で、公共部門が積極的な役割を演じる、そういう構造改革もあります（橘木俊詔「アメリカ型構造改革の「痛み」をどうするか」、『経済セミナー』二〇〇一年九月号参照）。

よくオランダモデルということがいわれます。オランダでは経済が不況で失業者が出ていたのを、ワークシェアリングによって、それはさまざま議論がなされ国民的な合意を得たうえでですが、問題解決がなされました。いま申し上げた「豊かさを分かち合う」、これは共生、共に生きる、といってよいかと思いますが、そういう精神で構造改革をしていった国を見てみますと、それらの国は地球環境問題にも積極的に取り組んできた国であることがわかります（長坂寿久『オランダモデル』日本経済新聞社、二〇〇〇年も参照）。

そういうことを考えますとわが国は、構造改革といってもどういう方向で構造改革するのか、アメリカ型の方向に行くのかどうか、その選択がきわめて重要ではないかと思います。これは循環型社会の構築ということとも深くかかわってきます。

4 定常型社会

つぎに定常型社会、定常経済についてふれたいと思います。ことしの六月に『定常型社会』（広井良典、岩波新書、二〇〇一年）という本が出版されました。わりと話題になっているのではないかと思います。環境問題も含んでいるんですが、広井さんは社会保障の問題から（もともと社会保障とか医療の専門のかたです）定常型社会を提案されています。定常型社会について三つに整理されています。第一の意味は「マテリアルな（物質・エネルギーの）消費が一定となる社会」（＝脱物質化）、第二の意味は「（経済の）量的拡大を基本的な価値ないし目標としない社会」（＝脱量的拡大）、第三の意味は「〈変化しないもの〉にも価値を置くことができる社会」、ということです。

この考え方は、このシンポジウムで議論している循環型社会と共通する面があるのではないかと思います。ただしかし、定常経済は経済規模を一定にするゼロ成長の経済であるわけですが、ゼロ成長にするにしても、どのレベルで定常化するのかが問題になります。というのは、ゼロ成長、すなわち生産レベルが一定でも、温室効果ガスも発生するし、廃棄物も発生するからです。だから長期的には、自然の循環のなかでうまく処理されるレベルはどれくらいなのかということを見定めていかなければなりません。GDPには私のような大学教員のばあいのようにあまりエネルギーを使わないサービス業もふくまれますので、どの程度のGDP水準かは単純にはいえませんが、定常化して循環していくことを考えないといけないと思います。

5　むすびにかえて

持ち時間が来ましたので、最後にあとふたつだけ述べさせていただきます。

予稿集に「循環経済、永続可能な社会構築へのキーワード」というものを載せていますが、すべてを尽くしている訳ではありません。ただ、予稿を作っているときにひとつ

永続可能な社会構築へのキーワード

自然の支配（フィジオクラシー）の再認識、自然への畏敬と自然との共生
生物資源を中心とした生産と消費：農業、林業、水産業、バイオ技術
地域の物質循環、地産・地消
地域の資金循環、地域通貨、エコマネー、市場と非市場
分権社会、小国経済、鎖国経済、自給率向上
分散型エネルギー供給、自然エネルギー
共の拡大：ワークシェアリング、公共交通、カーシェアリング
非物質分野での人間活動
都市の改造：都市の緑化、緑の拡大、アスファルト・コンクリート舗装の縮小、都市と農村のバランス

思い出したことがあります。それは「鎖国経済」ということで、大崎正治さんが二〇年前に『鎖国の経済学』（ＪＩＣＣ出版局、一九八一年）という本を書かれていたことです。ふと思い出して、大学の図書館から借り出してきて見たんですが、いまと同じ議論をしている。食糧問題とか、地球の砂漠化とか、自由貿易がいったい何をもたらすのか。多少の変化はありましたが、この二〇年間、基本的な問題状況は変わっていないのではないかという気がいたしました。

それからもうひとつ、キーワードにあげている「自然の支配（フィジオクラシー）の再認識」です。篠原孝さんのお話のなかにもケネーの重農主義が出てきます。ケネーはフィジオクラシー、フィジオクラート（重農学派）といわれるわけですが、フィジオクラシーという言葉は「自然の支配」という意味です。

ケネーは、農業を中心にして経済を循環過程として見たわけですが、経済学では経済を循環的な過程と見るか、あるいは本源的生産要素から消費財生産への単線的な過程として見るかで、見方が分かれています。私がこれまで研究してきたのはピエロ・スラッファという経済学者の理論についてです。ほとんどご存知ないと思いますが、スラッファはイタリア出身で主にイギリスのケンブリッジ大学で研究生活を過ごした人で、『商品による商品の生産』という、一九六〇年に出版された著作があります。これは異端の経済学というか、主流派経済学に対する批判の経済学でありまして、その流れを汲む人たちは今日、ポスト・ケインジアンとか、スラッフィアンとか呼ばれています。そのスラッファの経済学というのは、ケネーあるいは古い古典派経済学の、経済を循環過程として見るという視点を現代的に復活させたといわれています。しかし、廃棄物処理の問題はそこに入っていない。私はスラッファのモデルに廃棄物処理問題を含めて考えたいと思って循環型経済の方に移って来たのですが、まだこれからというところです。これで私の話を終わらせていただきます。

質疑応答

田中良　経済学はまったく分からないので素朴な質問です。家計支出は減っていないというお話が前段でありました。家計支出のなかには住宅ローンなども入っていると思うのですが。

松本　私が申しましたのは家計消費支出で、住宅ローンの返済は消費支出には入りません。個々の家計の月々の支出ではローン返済の負担は大きいと思いますが、それは消費のための支出ということではありません。

田中　いわゆるバブル期に五千万円の借金をして住宅を建てた人は、家の価値が二千万円に下がって、かつ不況で収入が減っている。住宅ローンが家計支出ではないということなので、見かけの支出は減っていなくても、家計は苦しい。二千万円しか価値がない住宅に五千万円をローンで払っているということは、その分の余剰な価値が、いわゆる大資本に流れていることにならないか。つまりもしかしたら非常に環境負荷が高いような産業を私たちはいまも手助けしていることになるのではないか。不良債権で完全につぶれてしまうんだったらいいんだけれども、そのぶんの上乗せもやっていて、かつ現在の生活が苦しくなっていることもあるんじゃないかと思うのです。

もう一点。ワークシェアリングという考え方にわたしは非常に興味を持っています。特に北欧とかオランダとかドイツに興味をもっているのですが、ひとつ気になるのが、いまいったように住宅、それから医療制度とか教育とか福祉制度の基盤の整備が遅れている日本にあって、収入がワークシェアリングによって単純計算で減った場合に、やはり生活できないということが北欧などに比べて起こりやすいのではないか、と思います。このへんは定常経済をつくるうえでひとつの基本的な議論になると思うのです。

松本　高いときに買った住宅の価値が下がり、そして所得も下がる、場合によっては失業してしまう。しかし、借金は返さなければならない。というようなことはあるかもしれません。ただ、もともと五千万円借りているので、だれもがこれを返さないでいいとなれば、銀行が潰れることになるか、公的資金という名の税金で埋め合わさなければならないことになります。

ワークシェアリングのほうですが、たしかに福祉面などの基盤を整備していかなければなりません。セイフティネットということがいわれますが、雇用条件の整備など、いろんな整備をしていかなければうまく働かないと思います。日本の国民所得水準からみて、働いているのに生活できないのはおかしいわけで、所得分配のあり方を見直し、ワークシェアリングした場合の時間あたり賃金の水準を、パートでもフルタイムでも同じにすることも必要です。

司会（室田武） 田中さんの問題提起は、銀行の不良債権問題が、家計でも同じように起こっているということですね。五千万円借りて利子を含めて返さないといけないのですが、住宅の価値は二千万円にさがっている。

江口雄次郎 いまのお話、当面する日本と世界の経済実態についてあまり触れられてないのですが、わたしは松本先生のおっしゃるとおりだと思います。ただ、どこから手をつけるかという議論がなく、並列的なんですね。そこで二点申し上げます。一つは、環境関連市場の雇用をいかに増やすかという視点を強調していただきたい。それからオランダのワークシェアリングは、実は環境政策が完璧にできておりまして、環境経営理論では政策的にも最高のものを持っています。そこで一点お尋ねしたいのは、雇用の拡大と環境市場産業拡大をワークシェアリングによってどう結びつけられるか、という問題です。

松本 うまく答えられませんが、環境保全そのものという観点よりも、農業あるいはもう少し広げて生物資源を基本とする生産、素材としてそういうものを使うような方向に行くことによって、いまとは違う雇用形態（というより働き方）を考えています。そして同時に、ハード面でいうともうそんなにモノを作らなくてもよいのではないか。むしろそれにのせるソフトを充実させる。同じハードでソフトはいろいろ。パソコン一台でも利用できるソフトやコンテンツはいろいろある。そのようなソフト製作面で雇用を増やしていくことができるんではないか。長期的にはそのように考えています。

司会 ほとんど時間なんですが、それでは川島さん。

川島和義 エントロピー学会関西セミナーの川島です。本職はごみ屋です。いま環境対策とか雇用の問題が出ていますが、環境対策をたくさんしないといけないというのはやっぱりおかしい。むしろ環境対策をしなくていいような社会が循環型社会なんです。

いま環境産業が華やかで、いっぱい雇用を増やすので、ごみ屋さんも忙しくなる。私は一九七二年に市役所に入りましたが、そのころは椅子に座ってこれでも読んどけやと言われた役所内の失業者でした。朝来てお茶を飲んで新聞を読んで何をしているのかわからない人が、まだ生活できた時代だったのです。最近どんどん仕事が増えている。どうも昔の方が居心地が良い。生活者としては失業する権利と言いますか、雇われて命令されて仕事をするのではなく、遊んで暮らせたら一番いいわけです。食糧生産としては十分な生産力を持っているわけですから、余計な仕事はしなくてもいいはずです。

今は余計なことをする人が力を持って、大学の先生もそうですが、大きな顔をして、どんどん世の中を変なようにしている。そんなことは一所懸命しないほうがよい。学問なんかも遊びのようなものですから、少しお金をもらって食べていければそれでいいのです。そういう人間活動はいろいろあっていいのですけれど、その種の人はあまり力を持たないで穀つぶしとして暮らした方がいい。ワークシェアリングしてもいいんですけれど、一所懸命仕事をしている人もいて遊んでいる人もいる、あるいはシェアリングしないでおこぼれを頂いてなんとか生活していける昔の役人のような「休まず遅れず仕事せず」ということができれば、本当はそれがいちばんいいんだろうという感想をもっています（笑）。

松本　私も同感です（笑）。わたしはマルクス経済学から勉強を始めたんですが、資本主義では生産力が非常に高まり、必要労働（生存に必要な労働時間）はどんどん小さくなって、自由にいろんなことができる時間が増えていく（ただ、資本主義では自由にできるはずの時間が搾取されるので、社会主義にならないと実現できないということですが）、生産力の上昇によって労働時間が短くなる、ということを学びました。しかし、現実は自由な時間が増えるどころか、どんどん忙しくなっています。多くの失業者がいると同時にいまだに過労死が新聞記事になっている。ある人はものすごく忙しく、ある人は失業している。やはりこのあたりが問題ではないでしょうか。できれば私も川島さんのいうようになりたいと思っています。

司会　どうもありがとうございました。

2 貨幣改革と循環型経済

森野栄一

1 はじめに

司会（室田武） 森野さんの肩書は経済評論家とありますが、ゲゼル研究会を主催されて久しい方です。ゲゼルについては、日本ではまだ十分知られていないと思います。ケインズの『一般理論』のなかで高く評価されています。「エンデの遺言」など、テレビだけではなく本にもなってますけど（『エンデの遺言「根源からお金を問うこと」』NHK出版、二〇〇〇年）、そういうものの仕掛け人です。大変金融問題などにお詳しいので、面白いお話が聞けると期待しています。では、お願いします。

森野といいます。今紹介していただいた通り、エントロピー学会にははじめて顔を出させていただきました。

今の経済状態を考えますと、環境的な視点から見た「定常型社会」とか「循環型社会」とか「自立した経済」であるとか、それらをどう考えるかは非常に面白いテーマ、研究の課題ではないかと思います。そのさい、いろいろな問題が指摘されるわけですが、具体的に解決していくときにどうするのか、という視点・議論が、私には興味があります。

先ほど失業率の問題が出ました。景気を回復させるために、どう失業者を減らしていくのか。しかし、景気を回復させるといっても、どのような経済成長が実現されるべきなのか、その中身が問題です。と同時に、どのような手法を取って経済を回復基調に持っていくのか、その手法も問題です。

最近、小泉内閣は構造改革ということを言って、八〇年代頃から世界を席巻してきた新自由主義という考え方に基づいて、自由化を支持、日本経済を改革していくというような処方箋を出していますが、これに対しては米国を中心として猛烈な圧力がかかっているようです。つまり、かなりの財政支出、スペンディングをやらなければ日本経済は恐慌に陥る、と。そしてそれが世界に迷惑をかける。だから、アフガン戦争に積極的に協力するのもいいけれど、まず自分の問題を解決してくれ、という形で圧力がかかっているらしいです。

日本経済の現状をみると、米国やＩＭＦは圧力をかけざるをえない状況のようです。まあ、それでは途上国並ですけれど。未確認のうわさでは、すでに米国から人間がやってきて、日本政府をいろいろと締めあげているそうです。再び巨額の財政支出をしろということらしい。それから、いま日銀が始めてますけれど、お札をもっと刷れ、と。それで、だいたい去年頃までは、五〇兆円くらいの規模だったんでしょうか、それがこのところ、九兆円くらい増えている。そういう形でいわゆる量的緩和というのをやっています。今のところ日銀ははっきりとインフレ政策ということを言っていませんが、人によっては、量的緩和を進めておおむね一％台あるいは二％位のインフレ期待が日本国民の中に発生するような政策をとるべきだ、ということを強く主張しています。しかし、カネを出すといっても、中央銀行にある市中銀行の口座の数字がつみあがるだけで、ほんとうに資金を必要としているところには回ってないんです。

2　弱者を追いつめる日本社会

ところで、財政支出をやれといっても、ほんとうに実行できるでしょうか。日本の国と地方は合わせて六六六兆円という巨額の借金を抱えています。そういう状態にあるからこそ新規の国債発行額を抑えようというような議論をやってきました。しかし、それに対して海外からは、財政支出への圧力がかかっている。大体ない袖は振れないのに、そのような要求があるわけです。それで、この国の政府がどういった方策を実際に取っていくかは、非常に注目されています。

二点目の金融の量的な緩和の方も、日本銀行は市中銀行へのお金の供給を増やしていますが、中小企業の事業者と話をするとすぐ分かります、相変わらず厳しい貸し渋りですね。金融機関はリスクをとろうとしていません。じゃあ増えたお金はどこにあるのかというと、金融システムの中にある。おそらくそのシステムのなかに留まって国債を買ったりとかいったことに使われていて、実体経済にどれくらい血液として回っているかというと、それほど回っていない、というのが実態だと思います。

そうすると、そういう方法をとっても今の経済状態は回復できない。この失われた一〇年間に低金利政策をやって金利をゼロ近傍にまでもってきました。しかしそうした金融政策も、これといって経済の刺激、経済の回復に成功したわけではありません。

つまり、財政政策、金融政策、通貨供給量の量的な緩和という対策をとっても経済はちっともよくならなかったわけです。

そして失業率は増加を続けています。とりわけ男性の失業率が高いです。女性の方は五％に限りなく近い四％台ですが。女性の場合には、早々と求職活動をあきらめるという形で失業者の中にカウントされない人が多いですから。私の近辺にも失業している人が結構います。世の中何事もないように平穏な顔をしていますが、皆わが身になってみないと分からないんですね。

最初一カ月、二カ月、三カ月くらいは余裕を持って求職活動をする。しかしだんだんあせってくる。あせってくると、人間、表情も落ち込んできます。落ち込んでくると求職活動をしているときでもあまりいい印象を与えることはできない。それで敬遠されるとさらに落ち込んでいきます。そうするといい仕事は見つからない、という格好ですね。それで本人はどんどん落ちていきます。

そういうときに、わが国の社会は、人がどんなに厳しい状況に置かれても他人事としか考えない、という状態になっています。ですから、失業の憂き目に会った人達がどんどん追い込まれていくことになります。生活をしていかなきゃいけませんから、蓄えを切り崩していき、そのうちに蓄えも底をつきます。そうすると次は消費者金融に頼るしかない。そちらから借りあちらから借り、そちらの返済をあちらから借りて返す、というようなことをやっています。そうすると、多重債務者になります。

皆さんは自己破産するなりいろいろすればいいんだと思うかもしれません。それは当事者になったことのない人の考え方ですね、自己破産するだけでも安くても五十万円くらいの金がかかります。ですから、自己破産できない人はどうすればいいのか、この世から蒸発するしかないんです。それで蒸発してホームレスや野宿者になります。法律で時効が来るまでずっと逃げているわけです。そういう人はたくさんいます。私の知り合いにもいます。彼らは皆、自分の名前を言いたがりません。実は、野宿者の知り合いの方に地域通貨のことを相談されたとき、最初、名を名乗ります。向こうも名前を言います。でもそれはマーぼうとかケンちゃんとかいう言い方です。そういう通称で通っていて、それで生きているわけです。人をそういう状態にまで追い込む社会というのは、非常に薄情な社会だと私は思っているのです。

そういう失業率の増加をどう解決するのか。先ほどワークシェアリングの話が出ました。しかし、労働運動をやっていた方ならどなたでも分かると思いますが、労働者の本音は一円でも高い賃金です。自分の働く時間を減らしてでもたくさんの仲間を組合に迎え入れて闘争力をつけていく、というような選択をした方がいいだろう、という議論を皆しますが建前です。腹の中では、納得しない。労働時間が増えたら俺がやる、つまり、超過勤務をもっとやって、それで収入を増やしたい。これが現実というものです。

そうすると、単に仕事を、つまりカネを追いかける人達はそういう考え方で団結しています。そして、一度職を失えば多重債務者への道が用意されているという結構な状況になってきているわけです。これをどうやって解決するのかという問題です。

3　金融システムという迂回路と不良資産

社会全体から見ても、先ほど住宅ローンの話が出ました。わが国はどうしようもない債務経済の中に置かれているとしか言いようがないですね。大体、不良資産というものは好景気のときにできるのです。これは戦前ライオネル・ロビンズという経済学者が言ってます。数年前に連邦銀行のグリーンスパンがそれを意識したような発言をしていました。つまり、好景気のときにはまるでバブルのように過大な企業契約が行われます。好景気のときは、そういったことが行われて金が金を生むわけです。ところがいったん経済が収縮し始め、実体経済が収縮していったら、取り結ばれた契約は消滅するでしょうか。しないのです。カネや金銭上の契約は熱力学法則に従うものではありません。いったん取り結ばれると実体経済をしばり続けます。

現在の日本でも銀行の不良債権とか言っていますが、莫大な不良資産を抱える経済体制になっているのです。ローン破産予備軍は、低く見積もっても三〇〇万人とささやかれます。莫大な人間がいつローンを払えなくなるかもしれない状況にいるのです。特に、今子供を育てている中堅の人達が、そのような過大な住宅ローンを抱えているのです。そうすると、先ほども話に出ましたが、子供を抱えて一番社会に貢献している人が一番お金を使えない。消費が上向かなきゃいけないとかよく言われますが、結局使えるお金がないのです。さきほど言ったような、政策のよろしきをうるはずの各種の手法が結局よろしくなかった。

そうするとどのような方法があるのか。たとえば銀行をつぶさないようにといった、いろいろな救済政策をこの十年間取ってきました。ある時は株価を維持するためにＰＫＯをしたりとかしてきました。そしてかなりの財政資金を投入してきたわけです。

そういう時、子供でしたら疑問をもつはずです。銀行がつぶれると企業がつぶれる、するとそこで働いている人が失業して困る。だから銀行をつぶさないようにする。銀行がつぶれても、企業がつぶれても、血は流れないでしょ。人間が失業して電車に飛び込めば、血も流れるし電車も止まる。人間に払えばいいじゃないですか。子供ならそう考えますよ。

消費が停滞して、一番消費したくてもできずに苦しんでいる人がいます。彼らが銀行のローンで苦しんでいるときに、日本政府が住宅ローンの金利分だけでも全部肩代わりしてあげるとする。いくらくらいかかるのか。銀行をつぶさないために投入した資金の一〇分の一位で済むのです。そういうことを言うと、子供っぽいと言って誰も耳を貸しません。しかしここに来て打つ手がなくなっていることは確かなのです。経済を回復させるために、金融システムを経由してカネを出してもだめなのは誰の目にもあきらかです。経済回復の原因となる力はＧＤＰの六割近くを占める消費です。金融システムを回避してカネを消費に給付し、人々に基礎的所得を保証すれば、経済回復に戦略的な位置をしめる消費需要がでてくるわけです。

ところで経済の手足を縛っているのは何かというと、好景気の時に結ばれた多大な金融契約が不良な資産となって今日まで残っているということです。これは誰が見ても明らかな状態だと思います。

これをどうやって解決するか。解決する方法はあります。簡単です。人間が解決しない時は、経済全体が、つまり、事がこれを解決します。つまり恐慌です。恐慌とは何かというと、金融契約はまことに熱力学法則に制約されないのですが、それが壊れる時があります。当事者が死ぬか潰れるかです。貸し手も借り手もいなくなれば潰れますね。しかし、人がいろいろな政策を、実際に実効性がないと気付いていながら、主張しつづけるのが現実です。実は誰もが心の中で思っていることは、やはりガラガラポンと恐慌が来るのか、それが解決するしかないのか、ということです。人間が自分たちの社会の問題の解決法を思いつかなくて、あるいは思いついていても事の成り行きに任せる成り行き任せに、状況が厳しくなればなるほどなっていると思います。もう画期的な方法をとらない限り現状は変わらないということは明らかです。

でも、先ほど言ったような手法が採られています。カネの量を増やしているわけです。しかしお金が市中に回らない。今日本銀行を頂点とする金融システムの中にお金が流れているのです。そこを経由して流すとお金が流れていかない。これは田んぼに水路を引くときにこっちの水路から水を流すと摩訶不思議なシステムがあって、そこを通すと田んぼの中に水が入っていかない、ということです。そういうときは別の注水口を作って、田んぼに水を通してやる。迂回して流すのではなく直に流す。一番経済を停滞させているのは消費支出が伸びないことです。ここまでいったら何もうまくいかない。もう直接消費者にお金をあげるしかないです。

4 購買力の直接給付

じゃあどこにあげるお金があるんだい、ということになります。現在わが国は日本銀行券を使っています。国は必要な資金の手当てにつき、国債という借金の証文を発行して手当てしています。一方、日本円というのは日本銀行の借用証ですね。国債は国の借用証書、日本銀行券は日本銀行の借用証ですけれど、違った点が一つだけあります。日本銀行券には金利がつかない。ところが国債には額面に記載の利息がついている点です。国債の保有者は国債を売買します。国債の信用が下がれば値が下がる。値が下がれば本体部分に対する金利の割合が増えますから、長期に金利が上がったりということが起きます。日本銀行券にはそんなことは起きない。もちろん他の通貨との関係で上がったり下がったりします。国は財政状況が厳しいときに、赤字国債を発行して財政支出をまかなっています。いま、それが多大な利息の負担を生んでいくという状況になっているわけです。

これはおかしいことです。だって日本銀行という特殊法人が利息のつかない金を出すのですよ。なぜ日本国民全体が作り上げているコミュニティである、この国の政府がお金を出せないんですか。国がお金を出せば利息はかかりません。インフレとかデフレとかいった要因を除けば、日本政府の出した一万円は明日も一万円です。そういう形で国はどこからか借金をしてこなくても、購買力を作り出すことができます。このように、コミュニティ全体が作り上げている信用に基づいてお金を作る。そしてそれを支払手段や購買手段や清算手段として人が受け入れればいいわけです。日本は大蔵省印刷局という所がお札を刷りますけれど、海外では民間会社に委託しているところもあります。

適度な物価水準を維持する程度まで直接、購買力を国が補正するような手法を取る、その時にヘリコプターでまくようなことはしません。具体的な方法はたくさんあります。昔からあるんです。戦前にあらゆるメニューが出ているといっていいと思います。

その中で一番知られているのはクリフォード・ヒュー・ダグラス、ふつうダグラス少佐と呼ばれている人の、国民配当の手法です。これは直接支給する方式もあれば、いわゆる売上の税として支給する方策もあり、戦前カナダのアルバータ州で実施されようとしました。どういうことかというと、日本には消費税という結構な制度があります。ヨーロッパのインボイス方式と違って簡易課税制度など変な制度が入ってますけど、もしこれをインボイス方式にしますと、消費税をゼロからさらにマイナスまで持っていくことができるわけです。消費税をマイナス五%くらいにすれば経済は一気に好転するでしょう。要するに月に一度納税デーがあるわけです。購入時にもらった領収書は一種の金券で、役所に行ってその五%分を納税しに行くわけです。そうすると国が刷った国家紙券が手に入る。それを使うことによって人は社会のお役に立ちます。そういうのをもらって消費するのはよくないという人もいるかもしれない。しかし、それを使うことによって良くなる社会の側面があるのではないかと思います。

社会には、勤労などなにかの提供と引き換えに得られる所得以外に、社会が無償で給付する所得が必要と考えています。それはかつてオランダ労働党の活動家でもあった経済学者ティンバーゲンが「基礎所得」の外部注入として主張していたものです。この着想は今日、市民所得の社会による保証の議論として注目を集めはじめています。

他にもそういう形で購買力を補正していくような手段はたくさんあります。所得税をマイナスにする、つまり、所得税の課税最低限の水面をものすごく低くする。そうするとほとんどの人がマイナスの課税に置かれてしまいます。所得税も払っていない人に対しては、特別に定額でマイナスの課税をかけるのです。

他にもいろいろな方法があります。こうした一見奇妙に思われる手を考えざるを得ない状況にまでわが国の経済は追いこまれていると思います。そしてそうした手を取らないと、先ほども出たように事が解決するというような事態が来るでしょう。そうすると経済活動の水準は非常に下がります。そのレベルで定常型の経済になればいいのかもしれません。そういう中で私たちの生活の見直しや意識の変化ということも出てくるかもしれません。

しかし、問題は中身なのです。不況の時期こそ、経済の体質を変えるチャンスではないでしょうか。さきほどのマイナスの消費税はマイナス税率を複数税率にすることで環境によい、循環型社会を促進するような運用が可能です。つまり環境によい商品の消費に高いマイナス税率をかけることも可能です。また、環境税が導入されれば、環境負荷の高いところは高額の環境税を負担し、低いところは小額の税を負担します。この税収の国民への給付を均等なかたちや傾斜的なものにする環境配当政策をとれば、おのずから環境重視の社会への動機づけを発生させることができます。これらは、すべて消費につながる購買力の追加政策として消費者に直接給付される必要があります。それが体質を変えながら経済が回復していく道を切り開くでしょう。

5　無利息金貸付と地域内資金循環

新しい経済像を考えるにあたって、私もいろいろとヨーロッパの歴史などを調べていたのですけれども、最近は地域通貨に取り組む中で、苦労して調べたことが、なんと日本の近世ではほとんどすべて提出されていることに気付きました。

二宮尊徳が、自立循環型社会あるいは内発的な発展モデルで、自立経済ということをいっています。二宮尊徳は文政年間、小田原藩の領地だった、北関東の桜町領の再建を任されて桜町陣屋に入ります。その時彼はこう決心します。この桜町の地以外の土地を外国と見なして再建策を考える。そして幕府や藩からの附加金、今でいうと補助金みたいなものですが、それを謝絶する。補助金も要らない。それから近隣の豊かな家から借金をしない。まず天禄を定めるということをします。この桜町の地にどれくらいの農地があり、どれだけの作徳があるのかを定めて、克明に記録していく。そして桜町の地で資源循環して全体の農業生産が増大していく、そういう可能性を考えるわけです。そして村の人間が積極的に産業活動に従事していくようになる、そういう豊かな発展のモデルを探求していく。

二宮尊徳の哲学的な基礎は一円相と言われます。これは始まりがあって終わりがある循環の考え方です。二宮尊徳の一円相というのはいろんな複雑なモデルがあるんですけれど、一番の基本は「天生草木華実輪廻之図」というものです。これは種から始まって、草木が茂り、花が咲き、実になってまた元に戻るという考え方です。ここに時間を配当しています。つまり、時間の経過がぐるぐる回るような考え方がされている。

私たちは今、日本経済の実態を見ている時に、債務が不況期に重くのしかかるということを言いましたが、そこにある金融契約というものは、生産と対称性を持った、循環するようなものではありません。金融契約の場合にはデリバティブズまで含めて、すべて連続して直線的に時が経過する、そういうモデルで考えていく。すべての貸借とか契約とか、完全にそうですね。最小単位の期間の経過というものがあって、それが連続していくという観念に立っています。しかし、実際の生産経済の場合には、いろいろな自然の要因に基づいて変動があります。それとあたかも遊離したかのように、自分だけの論理で膨らんでいきます。国債だってそうです。日本経済が非常に悪くなってから今日まで、国債が縮むということはないんですね。その直線的に進んでいく時間という観念に立って好景気の時もやってきました。ところが、実体経済の方を見ますと、やはり違った時間に立った観念が必要です。

お金に対してもそうです。資金貸借についても異なる時間的概念に立った観念が考えうる。もちろん二宮尊徳はこれを定式化しています。それが無利息金貸付です。

利息がないのかと言ったらあります。最初にもちろん元本があって、これはコミュニティ全体が使える資金量です。これが貸し付けられていく、その時、元本部分が割賦で返済されていく。問題なく生産的な事業が行われていくと、割賦金は十分に返済できていきます。返済できない時は、割賦金の額を減らします。それで循環して戻ってくる時間が長くなる。そうして元本部分が全部返せます。そうするとその生産活動は割賦金の返済を組み込んでも成り立つような事業としてその地域で成立する。ですから、その元本部分の返済が終わった所で今度は利息ではなく、お礼金を払う。同じ金額で金利の部分を払うわけです。この無利息金貸し付けの解釈における利息は、普通の金融契約のそれとは違うわけです。利を義に変える、利は義であるということを言っています。そのコミュニティ全体の中で利息を考えるのです。その場合には、金利が負担されていくことがコミュニティが利用し得る元本部分のかさ高を引き上げることにつながるというものです。そうするとその増えたかさ高が地域社会に投じられていく。そうして豊かな資金循環が作られるなかでお礼金の必要のない無利息金貸し付けが実現していく。このような地域社会の資金循環を作ることで、地域社会での産業活動とぴったりくっついた活動として資金循環が行われていくというわけです。

ですから、二宮尊徳が「無利息金貸し付け」と言って、なんだ利息取っているじゃないかという解釈がされてきましたが、利息の性格が違う。それをさらに突き詰めていくと、コミュニティの生産活動やそこに密着した資金循環を保障する貸借のあり方、さらにはそれに立脚している時間の概念、その中で金融契約をするということの意義に気づかされます。それは、新自由主義のいわゆるグローバリズムが世界中に広がりましたが、同時にローカルな次元で地域経済ないし地場経済が主体性を持って、自分達の地域の中で新循環を作っていこうとするときに、ひとつのあり方として考えることができます。

6　おわりに

そういう知恵というものは、かつての日本社会にたくさんあります。諸外国にもあります。後で話が出ると思いますが、今あるマネーシステムとは別のシステムを使って経済活動を成立させる、という取り組みが各地で始まってきました。そうした教訓というものは、今日それらの取り組みの中で復活してきていると思います。最初に紹介したゲゼルという経済学者が提案しているのは、消滅貨幣というものです。これは循環的であると同時に周期的だということです。そのお金は消滅貨幣と呼ばれるように、減価しながら、いわば葉っぱのように土に返るお金です。そういう仕組みが実践されたという記録も蘇ってきています。

　そういう意味で、わが国にも今の経済状況の中で忘れられている知恵を復活させていくと、取り組んでいく手掛かりが意外とあるんじゃないか、と最近考えています。

質疑応答

司会　私自身は一時間くらいお話を伺いたいのですが。時間の制約もあります。せっかくですので、ご質問などありましたら。

田中良　今のお礼金に関連しての質問です。私は自治体職員ですが、今の自治体に対する批判として、自治体職員の怠慢と税金の使途がいわれます。しかし私は、税金を取るということについてもっと行政は怠慢じゃないかと思うのです。つまり税金をきちんと取ることは重要であると。これはお礼金の考え方と同じだと思うのです。

　話がとんでしまうんですけど、上野潔さん（本書八五頁）が、家電法によって自治体の処理支出は減ったといわれた。一方、処理しなければならなくなったメーカーは支出が増えた。当然消費者の支出も増えた。そこで自治体は、儲けた分について減税すべきだ、という話でした。私は全くこの話に賛成なのです。

　ただし私の意見を入れますと、家電リサイクル法というのは国の法律としてあるもので自治体の条例じゃないんだから、まず国の税で減税します。たとえば、それが五〇〇億円だったら一億人一人あたり五〇〇円の額です。その分だけ国は自治体に回っている補助金を削る。これが国にとっての減税の財源です。たとえば一〇〇億円の公共事業をやる時、五〇億円くらいは補助金です。これをすっぱり削ってもらいます。そうすると残り五〇億円で公共事業をやることは無理になるので、その事業が不必要なら、事業は中止です。ここでまた五〇億円浮きます。その五〇億円を自治体は住民税減税に当てればいい。そうすると減税幅はもっと大きくなる。

ここで気になるのは、せっかく自治体が減税を行っても、減税分を地域で使ってもらえる地域経済システムがないということです。実はこれがないと困るのです。菅野芳秀さんのお話（本書九六頁）みたいなシステムで、減税分を地域で使ってもらえれば、雇用も増えるだろう。そうすれば国や自治体は失業手当も払わなくて済むし、給料をもらえるようになった人には所得税をかけられるし、法人税もかけられる。つまり無駄な公共事業もやめ減税もしながら地域経済は活性化し、次に必要な環境や福祉の財源も確保できる。つまり、お金も循環サイクルで考えなければいけない。それが景気回復にもつながる、と私は思うのですが。

要は、課税することの意味に注目すべきだと思ったのです。

■ そこについてお話を伺いたいです。

森野 ブラジルのクリチバで地域通貨の取り組みをし、環境問題を解決したそうです。企業は再資源化できるごみを買い取る。かわりに何をあげるかというと、自分の会社の食券を地域通貨として人達に渡すんだそうです。もらった人達はそれを日用品を買う時に使える。そうすると、得ですから皆一所懸命にごみを分別するようになる。そうするとごみ処理の費用が大幅に減ります。

じゃあその浮いた分をどうするのか。全市民が参加して、自治体の処理費が減りました。感謝の気持ちをどう表すか。毎年一回環境貢献度の高い活動を行った企業をランキングをつけて発表していくんだそうです。これに一切行政資金は要りません。しかし企業の方も順位が落ちたら嫌がる訳です。自治体全体が上げたごみ処理コストは市民全体の利益だと。

そうすると、たとえばそういうケースと、ある家電メーカーがごみ処理コストを減らした、社会全体でこれの面倒を見てくれないと困るじゃないか、という話と。これは課税の問題というよりも、広く地域の循環型経済として、どのような産業の仕組みを考えるかということと関連してくると思います。今税を取ると言いましたけれど、それに対応した今の地方政府の制度的あり方も十分じゃないです。私はもっと多元的な地方の行政システムがあるべきだと思っています。

取り組むテーマにつき、今の地方自治体も内部をもっと自由度の高いばらばら状態にしていく。と同時に、予算の執行に対しては自治体の住民の投票権を確保する。その時に、投票権も地域の重要度の高い住民ほど無記名の無責任投票はしない。住民投票なんていうときも、匿名投票ですね。私たちは新しい社会的民主主義のスタイルを模索していく必要がある。そうすると、記名投票を導入するケースがあってもいい。その時に嫌なら棄権しても反対してもいいが、賛否を入れる場合は記名してから出すという仕組みを組み入れてもいい。地方自治体でも人が意思決定をしていく時に、今までの制度とは違ったやり方を模索していく必要があるだろうと思います。

そういう中で、先ほど、休まず遅れず働かずという話もありましたけれども、実際に地方自治体の行政マンが一所懸命働くという時に、今ある仕組みの中では能力が十分に引き出せていない所があると思います。それを考えた上で税制を考えると、地域の中で多元化したある行政セクションが特定の地域のために特定の手続きを経ながら、ある特定の領域の住人たちに税を負担してもらう、そういうやり方だって考えられると思います。そのような新しい構想を示していかないと、地域の地場経済を振興していくとか、地域の自立したあり方を求めていくといった場合でも空論に終ってしまうのではないかな、と。

そういう意味で言うと、私は税を取ると言いましたけれど、地方を住民のレベルで何をどう改善していくのか。担税とはお上が決めるものであったが、自分たちが投票で決めるという理屈を入れていかないと、これからは前に進まない。

環境維持的な事をやったから褒めてくれ、企業も負担してくれ、その費用は全体から取ったものを一企業にまわしてくれ、だってうちの企業はこんなにいいことをやったんだから、と。それがもちろんあってもいいですよ。ただ、手続きとして住民が賛成するだろうか。つまり、私たちがしないことを企業がやってくれた、だから税を負担しましょう、と。それは住民がルールを決めていく必要がある。

そういう底辺からの地方行政の見直し、住民のイニシアチブでどんなイメージ、どんな行政組織を作っていくか。それが地域の経済像を模索していくことにつながるんじゃないか、と思っています。今までの入れ物の枠組みの中だけで考えていくと、誰かが得して誰かが損する。その枠組みは長続きしません。クリチバで何でうまくいったのかというと、誰も損していないからです。

司会　ありがとうございました。

3　循環型社会への途――二一世紀は第一次産業の時代

篠原　孝

1　はじめに

農林水産省の農林水産政策研究所の篠原です。

私は、この学会に大分昔から入らせていただいております。しばらくいろいろなところへ書いたりしておりませんでしたけれども、ここで何年かに一回話をしていますし、横浜セミナー、東京セミナーにも参加させてもらっております。

一五年ぐらい前ですか、やはり東大で開かれた会合に聴衆の一人として参りました。いつも勉強になるわけですけれども、その時はごみ問題を取り上げて、どなたかが日本の公害というか環境問題で一番深刻なのは、ごみの捨て場がなくなることだと喝破されていました。すぐ思いつく産業廃棄物ではなくて、粗悪品というか、コンクリートのでたらめな建物に耐用年数が来たときに日本には壊すエネルギーがなくなっている。その上に捨てる場所がないという、あっと驚く指摘でした。

今、アメリカ軍のアフガン攻撃が始まりましたけれども、そのもとになった貿易センタービルの残骸は一五〇万トンで、半年で片がつくかと思ったら、ガレキをニューヨーク市のはずれに移動するだけでも一年以上かかるといわれています。日本の東京の中心、中央区、千代田区、港区の建物が大地震でがたがたになったときに一体どこにどうやって捨てるのか。東京湾が何個あっても足りない。さすが、エントロピー学会の皆さんは長期的にものを考えているなと感心しました。

そのころから私も実は、「循環」というのをずっと考えてきております。きょうのタイトルは「循環型社会への途」と書いてありますが、私は本当は「循環社会への途」というタイトルにしてほしいと思います。型というのでは片手落ちといいますか、不十分です。型では足りず循環社会そのものにしないと世界は生きていけない。どういうふうにしたら循環社会に持っていけるかというと、すべてが第一次産業的な考えにならないといけないということではないかと思います。

2　自然界にごみはなし

第一次産業の関係で言うと、本当のごみはない。首相の施政方針演説などというと新聞の一面を全部使って載せたりしますがほとんど読まれない。しかし、なかなかいいフレーズもあり、小泉総理は、一番最初のときは相当熱を入れて書いておられて、「自然界には本当にごみはないんだ、ごみは人間がつくり出しているだけだ」というようなことをおっしゃっています。厚生大臣もやっておられまして、ごみ問題をやっていられます。それは、人間が自然界にない変なものをつくり出しているということです。もちろん家畜の糞尿はとんでもないごみかもしれませんが、生物資源である限りにおいて、いずれ自然に還るという意味で本当のごみはありません。第二次産業、煙突型産業の方がごみをつくり出している、これは人間だけがしているということを総理はおっしゃりたかったのではないか。僕はそのとおりだと思います。

エントロピー学会のいろいろな方が書かれた『「循環型社会」を問う』、熟読させていただきました。それから、室田武先生の『物質循環のエコロジー』（晃洋書房、二〇〇一年）も、メタンガスハイドレイドとかいうややこしいところは読み飛ばしましたけれども、鳥とか魚とかの私の興味の部分は熟読玩味させていただきました。自分もぼやっと考えていることが、有識者の手で明らかになることは非常にうれしいことです。

3　鉱物資源産業の末路

もちろん第二次産業でも、生物起源のものを原材料としている繊維産業、食品加工業などがありますが、やはり超主流もしくは本流は鉱物資源を加工して製品をつくっている。しかし、よくよく考えると本当の生産をしているのは生物起源の産業、つまり第一次産業しかないのではないか。これは皆さんには釈迦に説法かもしれませんけれども、わからない人たちにこう言うとみんなドキっとしておるわけです。一体本当の生産とは何かを考えてくださいということを相当物のわかる人たちには申し上げております。化学者、物理学者とかいう人たちの多いエントロピー学会の皆さんは、もうおわかりだろうと思いますけれども、鉄鉱石とかボーキサイトからマイクロホンのようなものをつくっているのは生産ではなく、物の形を変えただけだ、だからエントロピーが増大するということになって、ごみが出る。

4　真の生産は植物の光合成

この地球上における生産というのは一体何か。今まで間違えて考えてきたのではないかと思います。生産性向上というときには、マクドナルドとケンタッキーフライドチキンのウェイトレス一人あたりの生産性はどうかという時にも使います。ところがウェイトレスは食べ物を運んでくるだけで何の生産もしていない。銀行員とか証券マンとか役人は、人のふんどしで相撲をとっている典型的な仕事で、何一つ生産していない。学問というのも似たようなものです。実は、物理的にも化学的にも何も生産していないのです。

本当に生産しているのは何かというと、太陽エネルギーをもとに光合成が行われて植物が育っていることです。動物はその植物を食べて成長する。そしてまた土に戻ってくる。これが唯一の生産・消費なのです。これは突飛で危険な考えみたいですけれども、違います。全然危険でも突飛でもなくて、ここが経済学者の出番になります。経済学の祖というとアダム・スミスは最初に出てくるだろうと思いますけれども、それより前にケネー、チュルゴーというのがいます。ケネーの経済表というのは、農業でどうやって循環して価値が高まっていくかということを表しています。私も本当のところはよくわからないのですが、ケネーが言わんとしていることは、農業だけが富を作り出す元であり、その意味で唯一永続できる産業であるということです。これが重農主義と言われています。ところが、イギリスに産業革命が起きてすぐに重商主義にとって代わられます。そして工業製品を造り、貿易でもうけることが主流になっていきます。

5 国際競争力と賃金格差

今、日本の産業界というか経済界で一番脚光を浴びている人は例のユニクロの柳井正さんです。しかし、あんなことは、学生紛争の直後の私の学生時代の価値観からすれば極めて不謹慎で、何一ついいことをしていない。超低賃金の中国人に製品を造らせて、それを日本に持ってきて安く売って儲けているだけです。こんなのはだれだって考えつくわけです。日中間で人件費が全然違う。中国の人件費は、よくわかりませんけれども、日本の二〇分の一から三〇分の一、農村地域は一〇〇分の一とも言われています。技術者の一番優遇されている人が一三分の一で、一般の労働者は三七分の一とかいう数字もあります。これだけ安いんです。

竹中平蔵経済財政担当相は、とんちんかんなことにこの膨大な賃金格差をしのぐ技術格差をもって自由貿易を維持していくべきだと言っております。超立派なコンピュータ、ハイビジョンテレビとかいうのはまだ五、六年はある程度の技術格差を持てるかもしれませんけれども、たかがネギの作り方、タオルの造り方に、一〇〇倍、三七倍の技術力格差があるはずがありません。貿易を考えても、国際競争力のもとは、技術が平準化してくると人件費格差そのものになりつつあります。国際競争力と言っていますが、何のことはないしろ物です。たとえば一九五〇年、日本の米は世界有数の国際競争力があった。なぜか。戦争に負けて五年しかたっていない。農地価格が安い、肥料もろくにない、農薬もない、人件費も安い、米が足りない、輸出なんかできない。つまり生活水準が相当低かったが故に国際競争力があったのです。今は世界で一番米の競争力があるのはどこか。ラオス、カンボジア、ベトナム等であって、アメリカやオーストラリアではないのです。これも生活水準が低く、何もかも安いからです。

6 マクロ経済と自由貿易

何を言いたいかというと、国際競争力などというのは、マクロの経済で決まるものだということです。もっと単純な話では、為替レートも大きく影響します。一ドル三六〇円から一ドル一二〇円に変わる。農業なんて、国内の地域資源を使っているばかりで、輸入した資源も使わず輸出しないわけですから円高のメリットなど受けることがありません。したがって三六〇円時代と同じ国際競争力を持ったためには農業の生産性を三倍上げなければならないということになります。今、日中の国際競争力格差というのは第一に賃金が超安いこと、第二に元が安すぎることに起因しています。韓国や台湾は賃金でも日本にそこそこ追いついてきましたが、九億人の農民がいて全人口が一三億人の中国とは賃金格差がなかなか埋まらない。元安も当分続くらしい。こういうマクロ経済の違いで差が生じているわけです。ですから、私は中国とは自由貿易をしたら、労働集約型の産業はすべて中国に負けてしまうと思います。だから、中国のＷＴＯ加盟に当たって米・ＥＵが一二年間特別セーフガードを認めるという条件をつけたのです。

7 フード・マイレージと地産地消

自由貿易がおかしいもう一つの理由は、輸送による汚染です。これはもう皆さんはおわかりになると思います。これについては、イギリスの消費者運動家、ティム・ラングが考えたものがあります。アメリカのラルフ・ネーダーほど有名じゃないですけれども、イギリスの同じような人です。この人が一九九四年にフード・マイルズ（Food Miles）、と言い出しました。

もう一つフット・プリントという考え方もあります。日本で今、輸入している農産物を全部国内でつくったら、日本の今の総農地面積の二・五倍必要になる。つまり五〇〇万ヘクタールしかないのに、一二〇〇万ヘクタール必要だという考えでして、環境経済学で昔からあります。これに対し、輸送距離を問題にするのがフード・マイルズです。航空会社のマイレージ・プランがあるので、私は、日本ではマイレージにしましたので、今はフード・マイレージで広まりつつあります。

つまり何かにつけ遠くから運ばれてくるのはよくないということです。これは最近の狂牛病の話なんかを見ていただくとすぐおわかりいただけると思います。どこのだれが作って、だれが手を下したかわからないものを口にすると大変なことになる。それを教えてくれたのが雪印乳業事件です。大阪で一万八〇〇〇人が腹を壊したのに、どこからどうやって来た牛乳かわからない。大阪工場かと思ったら、北海道の大樹工場に原因がありました。今、狂牛病が起こって、トレーサビリティ（追跡可能性 Traceablity）が問題にされだしましたが、当然の流れです。

食べ物の世界のことを考えると一番よくわかります。Face to Face、つまり、顔が見える範囲のものにしましょうという考え方です。「身土不二」（身体と土は二つには分けられない）という言い方もあります。これではわかりにくいので「地産地消」と言われだしました。そこでできたものをそこで食べる。その次に、去年からもう一つ出したのが「旬産旬消」です。その時にできたものをその時に食べる、我々は旬を忘れてしまった。

8　パン給食の怪

反地産地消の最もひどい例が学校給食です。日本では学校給食にパン食を導入しましたが、こんなことを許す国民、政府はありません。日本は貧しかったから、戦争に負けたから、仕方がなかったと言い訳する人がいます。では、フランスが仮に戦争に負けたとして、飢えているのでアメリカの安い米で米飯給食を導入することになるかというのです。フランス人がそんな文化や風土を隔絶したことを許すはずもなく、フランス政府もそこまでバカなことをするわけがない。今ごろになってやっと米飯給食とか言い出したものの、やっと週平均三回。しかも、日本でも米が余りだしてからのことです。

傑作なのは北海道。北海道は小麦をつくっています。帯広の若手の意欲的な農家の会合で地産地消の話をしました。すると、「篠原さん、小麦を作っているのに一度も自分で作った小麦を食べたことがない」というのです。小麦を外国からどんどん輸入するようになったので製粉工場がみんな臨海型になって、アメリカから来る小麦を製粉するだけになってしまいました。帯広でも近くに製粉工場がなくなり、一番近いのが札幌に近い江別になってしまいました。江別に持っていき、江別からまた持ってくると余計高くなるから、小麦農家も安いアメリカ小麦を使っている、ということになるのです。

学校給食でも、帯広で米を全く作っていないのにそれでも三回の学校給食を米飯でやっているのです。私は「そんなのだったら、さしてうまくない道産米を使ってやってるのだから、逆に上川盆地や石狩平野でも、帯広の小麦で学校のパン給食を何でやらないのか」と尻を叩きました。ところが、従順な人たちばかりでこういう発想はなかなか生まれてこないのです。一事が万事こんな具合ですから、理念なき日本国も日本人も情けなくなります。

9　自分の食べ物は自分で作るぜいたく

ただ、いくら地産地消といっても限度はあります。一九八三年ごろ、省内の若手の勉強会に槌田敦さんに来ていただきました。科学技術庁に出向していた仲間が、「あんな過激な人を農林水産省の中に入れていいんですか」と注意にきました。そうしたらやはり過激でした。槌田さん曰く、「週休三日制にして、自分で食べるものは日本国民全員に自分でつくらせればいいんだ」。これは地産地消、旬産旬消の超理想形です。私も理屈としては、なるべくそういう社会に近い姿にしなければいけないのではないかということはよくわかります。

長野県の野辺山高原で、高原レタスをつくっています。冷涼な気候を活かした抑制栽培ですから、重油をたいた促成栽培よりましです。ただし、やはり輸送距離が問題です。それを東京や名古屋ぐらいまで持ってくるならいいですが、名古屋から名神、中国自動車道、九州自動車道を通って鹿児島市のスーパーにまで長野の高原野菜が並んでいる。それなら中国や韓国から来ても文句は言えない、ということになります。芋ばかり作っていないで、豚ばかり飼っていないで、霧島高原で鹿児島県民の食べるレタスぐらい作ったらいいのです。

旬産旬消でもっと言えば、虫も食べたいころに葉っぱ物の野菜を食べなくたっていいのです。真冬にトマトやピーマンを食べなくたっていい、こういう当たり前の発想が必要です。

10 いらない物を作らず

これを産業界に当てはめると、余計なものをつくるなという非常に厳しいことになってしまいます。今の日本は余計なものだらけです。民放テレビ局が五つも六つもあり、新聞の広告が山ほどあり、押し売りもこんなにある国は日本だけです。余計なものを日本国民に売りつけるだけではなくて、世界中に売りつけている。消費をあおっているのです。外国の鉱物資源を大量に輸入して不必要なものを造って売りまくっている。これが非循環の代表例だろうと思います。

これを言い出したら、日本の産業は一〇分の一か一〇〇分の一でいいようになってしまう、景気が悪い今の社会には受け入れられない。しかし、このままで行くと地球の存続というか、地球生命の存続はできないのではないか。ですから将来は、鉱物資源由来の物は縮小せざるをえず、すべてが生物資源に頼らざるをえなくなり、工業と農業との差はなくなるはずです。そしてほとんどは生物起源のものでリサイクルをやっていかないとやっていけなくなる。

実は、そんなことを言わなくたって、石油は二五年、鉄鉱石は数百年、石炭だって一〇〇〇年しかもちません。それだけ使えたとしても、京都議定書じゃないですが、環境上の制約から使えなくなってくる。ですから、まさに鉱物資源のリサイクルぐらいでお茶を濁す循環型社会ではなくて、生物資源をうまく使う「循環社会」にしていかなくてはいけないということです。二〇世紀の鉱物資源産業時代から二一世紀の生物資源産業時代への転換が必要です。

11　捕獲漁業の合理性

持続的開発と第一次産業を**表1**で説明します。

よく見ていただきたいのは下の漁業です。一口に漁業と言っていますけれども、漁業はいろいろな形態があります。狩猟採集生活をちょっと高度にしたようなのが捕獲漁業です。乱獲だけが問題です。自然の物をただとっているだけ。養殖業は加工畜産と同じ。加工畜産は、外国から輸入した飼料穀物を農家が加工して肉や卵や牛乳にかえているだけ。工業製品の加工と一つ違うのは、輸出していないだけです。これと同じのが給餌養殖。餌をやらない養殖というのは農業と同じことになります。それから、栽培漁業というのは植林と同じで、魚を放して、あとは自然の中で大きくさせようというものです。このように漁業には三つの形態がある。どの形態が一番環境負荷が少なくて循環度合が高いかを表の中に示しました。一番原始的な捕獲漁業が実は数周遅れの最も合理的な形態といえるかもしれないのです。

12　七億トン対一億トン

それから、フード・マイレージの話は朝日新聞の二〇〇一年五月一八日の記事にあります。

工業の話でいいますと、『環境白書』や『廃棄物白書』にいつも循環の表が出てきてますが、何だかよくわかりません。一番単純なのは、日本の国に七億トン入って一億トン出ていくということです。つまり、六億トンは空気に、土に、海にと何らかの形で排出されてごみとして残ります。アメリカは、貿易収支では完全に赤字国ですけれども、物量の収支だと均衡がとれていて、三億トン輸入して、三億トン輸出しています。

ここにもう一つ大事なのが、さっきのグッズ（goods）・マイレージで、重量掛ける距離、この合計が一体どれだけかということです。これは世界で日本は半分ぐらい占めているわけです。なぜかというと、世界全体の貿易量というのは五〇億トン。そのうち日本は八億トン。アメリカは、すぐ隣のカナダなんかが一番の貿易相手国ですけれども、日

産業				資源（原材料）	供給先	環境負荷	循環度合	21世紀の永続性	備考
農業	耕種農業		有機農業（環境保全型農業）	生物資源	国内	森林破壊、化学肥料、農薬による水・土壌汚染	循環そのもの	永続	消費者が支持
農業	耕種農業	化学農業	工業的農業	生物資源 鉱物資源	国内 外国	化学肥料・農薬・除草剤等による水・土壌汚染	基本的に循環	低投入型であれば永続可	消費者が離れていく
農業	耕種農業	化学農業	鉱業的農業	生物資源 鉱物資源 水・表土	国内 国内 地下・地表	化石水を鉱物資源のように掘り尽くす 表土を流出	化石水、表土は再生できず	化石水が枯渇し、表土が失われた時に消滅	米・中西部のCenter Pivot農業
農業	畜産業		放牧畜産	生物資源（牧草）	国内	糞尿による牧場の水・土壌汚染	糞尿は牧場に残る	過密放牧をしない限り永続可	豪、NZ、モンゴル
農業	畜産業	加工畜産	日本	生物資源（輸入飼料）	外国	糞尿による国土の水、土壌汚染	糞尿はたまる一方	輸送コストが上がると採算合わず消滅	オランダ、農産物加工貿易立国
農業	畜産業	加工畜産	米国・中西部	生物資源（自給飼料）	国内	糞尿による畑・牧場の水・土壌汚染	糞尿は畑・牧場に還元	輸送コストが上がっても存続可能	
農業	畜産業	加工畜産	英国	生物資源（輸入飼料） 生物資源（牧草・肉骨粉）	外国 国内	糞尿による畑・牧場の水・土壌汚染	糞尿は畑・牧場に還元	草地畜産に戻らないと消滅	狂牛病の発生
工業（例：石油化学工業）				鉱物資源（石油）	外国	あらゆる公害（大気・水・土壌・海洋汚染）	非循環型大量生産・大量消費・大量廃棄	CO_2の規制により縮小し、石油の枯渇により消滅	米石油会社は種会社を買収して次の仕事を探す
漁業	捕獲漁業		遠洋漁業	生物資源	外国（主として公海）	国際的な乱獲競争	資源枯渇の危険	乱獲がなければ永続	近代的狩猟採取
漁業	捕獲漁業		沿岸漁業	生物資源	国内（200海里内）	乱獲の誘惑	資源枯渇の危険	乱獲がなければ永続	原始的狩猟採取
漁業	養殖業		給餌養殖漁業	生物資源（輸入魚粉）	外国	面：残餌や排泄物による海洋汚染	非循環	輸送コストが上がると採算が合わず消滅	日本の加工畜産と同じ
漁業	養殖業		給餌養殖漁業	生物資源（低級魚：鰯）	国内	面：残餌や排泄物による海洋汚染	ほぼ循環	輸送コストが上がっても存続可能、鰯の魚価高騰で消滅	米・中西部の加工畜産と同じ
漁業	養殖業		無給餌養殖漁業	生物資源	国内	面：排泄物による海洋汚染	基本的に循環	過密養殖をしない限り永続可	中国の草を餌とする養殖はより循環的
漁業	栽培漁業（放牧漁業）			生物資源	国内・外国	単一種の放流により生態系を乱し、生物多様性に害	人工的循環	生態系を破壊しなければ永続可	資源量の増大 植林と同じだが間伐いらず
林業（植林）				生物資源	国内	単一種の植林により生態系を乱す（地域は限定） CO_2の吸収	基本的に循環	天然林を残すことで永続可	間伐が必要 天然林の伐採は捕獲漁業と同じ

表１　第１次産業と持続的開発（Sustainable Development）

本は世界中から輸入して世界中に輸出しているので、八億トンに距離をかけたら、動いているものの半分が日本です。だから、輸送による汚染には日本が一番貢献しているということです。それで、ごみがたまっている。輸入四〇兆円、輸出五〇兆円、この差の毎年一〇兆円、一〇〇〇億ドル強もためている。だから、一〇〇〇億ドル、一〇兆円というのは、うがった見方をすれば、日本の後世代に禍根を残して、日本を汚している汚し料としてもらっているということが言えるのではないかと思います。こういうばかなことはやめて、なるべくリサイクルでいくようにしましょうというのが私の考えです。

質疑応答

司会　ありがとうございました。何かご質問、あるいはコメントを。

——食糧・農業・農村基本法についてちょっと伺いたい。環境的な視点が入ったとか、それから食糧自給目標を計画で定めるとかということになって、それで万歳万歳という声があって、農業経済学者の中でもあまり批判というのはないのです。僕自身は基本法についてはかなり冷やかにみていますが、篠原さんご自身、あるいは省内の見方では、基本法はいい法律だということなのか、冷やかな見方もあるのか。

篠原　基本法などというのは、どこの省庁でもそうですけれども、作ったときに役割は終わっています。制定の日からもう古いものになります。

それから自給率目標も、さんざんすったもんだして四〇%から四五%にあげることになりましたが、農民も含めて国民的関心は盛り上がりませんでした。

前の基本法は悪かったという人がいますが、あのころとしては仕方がなかったと僕は思います。農村は市場経済に組み込まれていないので、売るものをつくれ、選択的に拡大といって方向性を示してリードした。食糧・農業・農村基本法は三つ名前を欲張って入れ、皆さんが今言っている都合のよいことをみんな入れて、だれでも満足するようにしただけです。思想・哲学なし、将来の日本農業を引っ張っていくものに欠けますので、前の基本法よりインパクトも欠け、あまり農政には意味がないと思います。

——お話は非常にわかりやすくて、よかったと思います。最近WTOで、農水省が中心となって展開している農業の多面的機能ですが、農業生産は年間約九兆円、そして農業の多面的機能が六兆円と言われています。篠原さんのお話でも、農業の多面的な機能が循環型社会を考えるときに不可欠であるにもかかわらず、必ずしもこれが知られていない。一方で炭素税とか、そういうことだけが流れている。篠原さん自身は政策面でかかわっていると思いますが、今後どういうような形でこの面を取り組んでいくのか、ちょっと聞かせていただけたらと思います。

篠原　まず、政策に形式的には深くかかわっております。明日か明後日のことぐらいしか考えない霞が関に対して、三年後、五年後のことを考えて提言していくというので政策研究所に名前を変えたわけですから。

皆さんはご存じないかと思って書いたんですが、Multi functionality は直訳で、農業の持っている公益的機能のことです。パブリック・グッズ（Public Goods）理論というのは環境経済学にあります。多面的機能はパブリック・グッズ理論そのものです。日本、EU、韓国、ノルウェー、スイス、この五カ国がフレンド国と称して主張しています。アメリカ、カナダ、オーストラリア、ニュージーランドは、こういうことには農業保護の隠れ蓑につながるということで反対しています。これの難しい点は尺度がないということで、私の研究所は農業の多面的機能を六兆八〇〇〇億円と計算しました。

ネギの例で示します。中国産のネギが一本五円、日本のネギが一本一〇円とします。しかし、その五円のところには輸送コストや何かでどれだけ汚染を伴っているか。一〇円の方は、この五円分で田舎が守られて農家が適当に食べていけて、国土の均衡ある発展につながる。このように多面的機能に対する評価もちゃんと値段に加味されると、一番よいわけです。よく言われている価格への内部化です。理想はなかなかそのとおりにはできない。

水だと、下流の都市が水道料金を少し高くしてその分上流の村に森林の整備費用を出す、とかいう方法が行われていますけれども、そういったものを農産物の価格についても入れていくということです。そうすると、日本の農産物が高くたって仕方がないなというのは理屈としてわかってくるのではないでしょうか。しかし、国際的にこんなことをわかるのはヨーロッパの先進国と日本と韓国ぐらいで、発展途上国にこんなことを言ったって通用するはずがない。そこが難しいところです。

須藤正親　たまたま私は今、長野の中山間地帯で農業を試みていますけれども、中山間地帯は本当にぼろぼろの状態で、悠長なことを言っていられません。先ほどは、北海道で地産地消をやっていないということでしたが、私のところもほとんどやっていないわけです。農協に行くと、九州の野菜が入っている。人口がこれまで六〇〇〇人が、今は三五〇〇人というような状態です。それこそ炭素税ではありませんけれども、多面的機能についてもっと積極的にやっていただけたらなと思います。

農業はもう風前のともしびであると思うんです。そういう状況の中で、もう少し政策担当者の方から積極的に、科学的証明の前に現実には確かに、多面的機能をバックアップする手だてがないのかなという感じがします。

――篠原さんのおっしゃることはよくわかるんですけれども、いろいろな会議に出ますと農水省はステータスがすごく低いんです。どうしてかといいますと、農水省の方は自己の利益を守ることにきゅうきゅうとしているからです。今日こういうすばらしい話をされたわけで、ＷＴＯにおける環境問題はヨーロッパと連帯して、そして政策の継続性を主張すべきだと思います。

ネギ・畳表だとか、シイタケとかという話も大事なんですけれども、日本の食糧安全保障をどうするのか、自給率がこんなに下がっているのをどうするかということを日本の政策の柱に据えて、展開していく必要があると思います。

日本の政策形成における農水省の声があまりにも低すぎる。それを実感しています。第一、環境の問題を提起する人がほとんどいません。ここはエントロピー学会ということで話がありますが、外へ行ったら、環境問題をメーンに取り上げるところはほとんどない。その実態を踏まえながら、おっしゃるような多面的機能についてもうちょっと声を大きくしていく必要があると思います。

篠原　農林水産省は多面的機能を抽象的に主張するばかりで、その内容を深めたり政策につなげることをしておりませんから、あまり先は開けてはいないかと思いますけれども、だんだん環境とかを考えるようになってきています。農林水産省の役所の中で昔は変人扱いされていた有機農業だって、環境保全型農業と名前を変えてですけれども、推進本部ができるようになっています。

もっと環境問題にきちんと取り組めというご意見には、そのとおり、としか答えようがないわけです。役所はあまり力がなくなってきていますし、だから、NPOなりシンクタンクの役割が必要になってきています。今は霞が関全体が行政を引っ張っていくというのではなくて、敗戦処理、問題が起きたら措置をするのに汲々としている。わが省だけでなくて、経済産業省や財務省もそう成り下がっているという気がいたします。ですから、いろいろ政策提言をしていくことが必要なような気がします。

狂牛病の対策でも、肉骨粉との因果関係がどうとかごちゃごちゃ言っているのではなくて、外国から輸入したエサで肉や卵や牛乳を製造するいわゆる加工畜産をやめて、食の安全性、環境を効率的生産よりも優先する方向に改めていくといった、大胆な政策をとる必要があります。

それから環境とか、食品衛生とかの中で言われているのは、precautionary action（予防的措置）で、科学的に危険の証明がないとか、もうそんなことは言っていられない、だめなもの、安全性が確認されないものは使わないという政策に改めていくことです。つまり、多面的機能の因果関係なんかどうでもいい。緑がいい、水はきれいな方がいい。だから、どれだけ役立っているから金をどれだけかけるという悠長なことはいわずに、いいものには金をかけていくというふうになっていくのではないかと思います。早くそうなってほしいと思います。安全性や、環境を大事にする声をもっともっと大きくしていくべきです。

ただ、私はこれには相当悲観的でして、人間誰しも痛い目に遭わないとだめなことが多いような気がします。早く痛い目に遭った方がいい。そうでないと、鈍感な人たちは自分たちでは気がつかないんじゃないでしょうか。

4 循環経済モデルの構想
——広義の経済学の視点から——

丸山真人

1 はじめに

シンポジウムの最後を締めくくる役目をつとめることになりました丸山です。この学会は、単に理念とか理論だけを議論する場ではなくて、具体的、実践的、政策的な課題に答えるという大きな役割を担っております。しかし、私は、今日はあえて理論的あるいは論理的な話をしようと思います。これまでエントロピー学会が経済についてどういう考え方をしてきたのか、エントロピー学会で議論される経済社会、あるいは広義の経済学は抽象的にはわかるけれど、どれだけ実効性があるのか、具体的な提言がないではないか、という批判があるわけですが、果たしてそうなのかという点も含めて、学会の中でこれまで議論されてきた論点を整理して、「循環型社会を問う」という標題に関心を持って来られた非学会員の方も多数いらっしゃいますので、相互理解を深める交通整理をしてみたいと思います。

私のテーマは、「循環経済モデルの構想——広義の経済学の視点から」となっております。循環経済とは何かということを本来議論するのが役割ですが、中身は必ずしもそうなっていません。前置きとして言っておきますと、循環経済とは循環を重視する経済、あるいは循環というコンテクストの中に位置づけられる経済というくらいの意味でとらえておくといいのではないかと思います。

2 広義の経済学の基本的枠組み

まず、広義の経済学の基本的枠組みについて、次の六点にまとめてみました。

①自然と人間とのあいだの物質代謝
②スループットとしての水
③巨視量物質の不可逆的な劣化
④生命系によるエントロピーの主体的廃棄
⑤地域生活者のコミュニティ
⑥地域経済の自立

最初は、自然と人間とのあいだの物質代謝。これが出発点になります。そして第二に、物質代謝の重要な担い手として、スループットとしての水があります。物質代謝は物質の循環を表していますが、その物質の循環を支えている枠組みになる巨視量の物質、土地であるとか、さまざまな生態系自体が形作っている物質的なまとまりなどは、必ずしも循環するわけではなく、不可逆的に劣化していくということがあります。コンクリートで作られた人工物質などはその例です。そういう厳然とした事実があります。これが第三点目です。それから、第四に、エントロピーがシステムの中で増大するときに、それをシステムの外に出す、それを主体的に行う系として生命系があります。

以上は、どちらかといえば自然科学的な枠組みですが、このような枠組みに沿って経済社会を作っていく上で、人間と社会をどうとらえるか、これが大事になります。そこで第五点目として、地域生活者によって作られるコミュニティが人間を考える上で重要です。抽象概念としての人間、利己的な個人としての人間ではなく、具体的な生活者としての人間を考えなければなりません。そして第六点目になりますが、生活者によって形作られている地域コミュニティが、経済的に自立できなければいけません。エントロピー学会では、過去二〇年近くにわたり、このような認識のもとで、広義の経済学について議論してきたということができます。

3　狭義の経済学から広義の経済学への転換について

そこで、広義の経済学の視点からすると、現在主流といわれている狭義の経済学の問題点は、次の二点にまとめられるでしょう。第一点目は、市場と工業を対象としていることから生じる問題です。言い換えれば、非市場と農業は対象にしていません。表面的に農業を相手にしていても、それは工業化された農業であり、市場という流通部面に乗っかった農業だけを対象にしているに過ぎません。別の言い方をすれば、狭義の経済学は商品の生産、流通のみを扱う学問ということになります。それから二点目は、市場と工業は非自立的なシステムであるということです。生きている自然は商品にならないので、非市場の世界にとどまり、生態系も大気循環も市場と工業のシステムの中には取り込まれてこなかったのです。狭義の経済学は市場で流通する商品の循環を分析対象としており、その物質的基礎を研究の対象とはしていません。広義の経済学はまさにこの問題を取り上げて分析を行い、エントロピー学会でもこうした議論をずっと行ってきたわけです。

そこで、狭義の経済学で扱われる市場と工業の世界を理論的に抽象化してみますと、次のような大前提が浮かび上がってきます。ひとつは、無限の均質空間、そしてもうひとつは可逆的な時間です。ニュートン力学の世界を経済に応用したのが狭義の経済学だといえるでしょう。その均質の空間の中で無限に繰り返す時間を前提として活動する主体が経済人である、ということになります。そこでは抽象的な人間概念が前提されています。

以上のように狭義の経済学の世界を捉えてみると、そこから脱却して広義の経済学に至るプロセスにおいては、少なくとも次に述べる四つの課題をこなしていかなければならないことがわかります。一つ目は非市場の世界に光を当てること、二番目は物質代謝を視野に入れたモデルを作ること、三番目は土地と労働力の脱商品化を図ること、言い換えれば、抽象的な商品としての土地利用ではなく、あるいは、抽象的な労働としての人間の活動能力ではなくて、あるいは地域社会、地域のコミュニティ、あるいはその地域に暮らす生活者の顔の見える関係を結ぶこと、そして四番目は使用価値ポテンシャルの生産を生産の本義とすることです。使用価値ポテンシャルとは、玉野井芳郎先生が提唱した用語ですが、これは低エントロピー資源ないし低エントロピーエネルギーを意味しており、それを繰り返し生み出すことが生産の本義となるわけです。

4 槌田敦氏による玉野井批判

エントロピー学会では、いま総括したように、基本的には玉野井先生の広義の経済学の考え方に沿って社会経済のあり方を構想しようと、議論を重ねてきました。これに対して、最近異論が出されています。広義の経済学の重要性を認めた上で、それを批判する槌田敦氏の議論です。エントロピー学会でも論争になりました。数年前に駒場で行われたエントロピー学会シンポジウムでも、槌田氏と経済学者の関根友彦氏の間で議論が行われました。槌田氏によれば、玉野井理論は狭義の経済学を批判しすぎて商業を軽視することになったと述べています。つまり、広義の経済学を成り立たせるために狭義の経済学を無視しているのではないか、というわけです。

槌田氏は、そもそも狭義の経済学が成り立たなければ広義の経済学も成り立たないではないか、と言います。そして、市場に任せられるものは市場に任せるべきである、と主張します。いわゆる自由則の尊重です。この問題提起の背景には、自治体やボランティアによるリサイクル運動がかえって古紙の経済循環を攪乱したという実態がありました。この点ではたしかに槌田氏の主張は当たっているといえるでしょう。

しかし、ここでひとつ問題になるのは、市場経済を支える公共的費用です。公共的といっても国や自治体に限るのではなく、NPOやNGOなど社会的なさまざまな組織を含めて、その費用が槌田理論では軽視されているのではないかという問題があります。主流派の経済学では、政府がかつての国鉄や電電公社のように自らが経済主体として市場に参加するのではなく、自由競争ができるように市場の枠組みを維持し、市場で不正を行う者を罰する審判の役割に徹するべきだ、とされています。つまり、政府はプレイヤーからジャッジに移行しなさい、というわけです。そしてまた、そうすることが政府の財政規模を小さくして大きな政府から小さな政府になる条件だ、とも言われるのですが、実はそうではないんじゃないか。たとえ政府が審判役に徹したとしても、市場という枠組みを支えていくためには追加的な公共的支出が不可欠であって、場合によってはむしろそのための費用が増大することだって考えられるわけです。槌田氏の玉野井批判には、この視点が欠けていたのではないでしょうか。

5　中村修氏による玉野井批判

そこで、槌田氏の議論を本筋に戻して積極的な議論を展開しようとしたのが中村修氏です。中村氏は玉野井理論を批判するというより、それを内在的に乗りこえようと試みています。まず、玉野井先生が広義の経済学を提唱されたのが一九七〇年代後半であるわけですが、その後二〇年以上にわたって経済学者は玉野井理論を無視してきた。中村氏は、その理由として玉野井先生による狭義の経済学批判が不徹底に終わったからではないかと言います。つまり、玉野井先生がいくら狭義の経済学を批判しても、それは経済学の外側でなされているに過ぎず、経済学者にとっては痛くも痒くもない批判だった、というわけです。そこで、狭義の経済学の内在的批判を改めてしなければならないことになります。そのとき一番大事なことは、経済学における自然観の徹底的な解明と批判です。

中村氏の著書『なぜ経済学は自然を無限ととらえたか』によれば、狭義の経済学も当初は自然を有限と捉えていた。物を生産する場合には人間も働くが自然も働く、と考えられていた。その結果、生産物には人間が生み出した価値と自然が生み出した価値の両方が含まれることになります。価値を生み出すということは、それ自体で有限性を意味しているのですが、それはひとまず措くとして、重農主義者ケネーからアダム・スミスまでは、自然が能動的に働くという話をしていました。一九世紀になりますと、しだいに自然は価値を生まないという考え方に傾き、労働価値説に一本化していきます。ここで中村氏が強調するのは、労働価値説を純化したリカードゥが自然は有限であることを認識していた、ということです。つまりリカードゥは、自然は有限だからいずれはなくなるし枯渇していくとみていたわけです。しかし、当分のあいだはなくなる心配がないから、結果的に無限の自然を前提した市場と工業の世界を描くことになった、というのです。

中村氏はさらに、もっと悪いのは二〇世紀に入ってからの経済学だ、と言います。二〇世紀の経済学は、自然が無限であるというところだけをリカードゥや古典派経済学から学んで、有限の部分は無視してしまったからです。どのように無視したかというと、現実の有限性はいずれ技術革新によって突破できると考えることで、楽観的になっていったのです。

しかし、その楽観的な経済学そのものが自然破壊に手を貸してきたわけです。そこで中村氏は、自然を有限であると再認識することから広義の経済学体系を構築すべきだと言います。そのためには、たとえば有機農法の経済効果を考える、というような農学的アプローチを経済学に取り込むことが必要になります。それはまた、自然の価値を科学的に確定するということにもつながります。ここで科学的という意味は、先ほど広義の経済学の一番最初に出てきた自然と人間とのあいだの物質代謝をきちんと理論的にとらえた上で、その循環の中で生産が物質代謝にどういう影響を与えるかということをある程度定量的に測定し、そのコストを商品の価格に入れていく、ということです。こうして中村氏は、商品の自然価値あるいは科学的価値を確定せよ、という提案をされているわけです。

6　広義の経済学を科学的に構築するための提案

経済学を学んできた私としては、中村氏の提案を受けて、そのためにはどういうことが可能なのだろうかということを考えたいと思います。経済学にはさまざまな循環の考え方がありますが、その中には再生産概念が含まれています。ケネーの経済表はそのよい例です。ケネーは、農業部門と工業部門そして地主という三つの部門のあいだで、毎年生産される富がどのように分配されるならば次の年にまた同じ条件で生産が可能になるか、という問題を解くために、農業をベースとした再生産の表を考案しました。この経済表が広義の経済学を考える上でも重要になるのではないかと思われます。

ケネーの経済表では農業が生産的部門として独自の位置を占めていましたが、一九世紀になると、農業も産業の一部門に過ぎないものとされるようになり、実質的には工業と何ら変わらないものとして位置付けられることになります。その結果、現在の産業連関表では、市場で取引される富の投入と産出についてはきわめて具体的に把握することが可能になりましたが、農業のように市場の外部において物質循環とかかわるような部門については、物質の流れの全体像をとらえることが難しくなりました。そこで、非市場部門で行われている物質循環の部分を新たに再生産表式または産業連関表のなかに組み込むことで、物質循環の全体像を科学的に把握する道を開くことをここで提案してみたいと思います。その上で、再生産を支える社会的枠組みについて検討したいと思います。

ここで、議論が混乱するのを避けるために、いくつかの用語についてあらかじめ説明をしておきます。まず、経済財についてですが、需要を満たすには不足する財のことです。たとえば、もうすぐお昼になるわけですが、そうするとおなかがすいて何か食べなくては、ということになります。そのときに、ただでお弁当が手に入るわけではなくて、お金を払ってお弁当を買ったり、炊き出しのカレーライスを買うことになるわけです。ここでお弁当やカレーライスは、空気のようにいつでも自由に手に入るものではなく、誰かがお弁当屋さんから調達してきたり、材料をそろえて作ることでようやく私たちの需要を満たせることになるのですから、調達したり作ったりする前は不足していると考えることができます。

見方を変えれば、需要に対して不足する財が存在するときには、その不足を補うためにどこかから財を調達してきたり新たに生産したりすることになるわけです。そのためにはコストがかかるので、そのような財にはプラスの価格がつくことになります。これを一般に経済財と呼んでいるのです。経済財はまた稀少財とも呼ばれます。商品は本来的に稀少財なのです。これに対して、私たちの需要を満たしてなお余りある財、何の苦労もなく手に入れることのできる財は自由財、または非経済財と呼ばれています。市場では経済財のみが取引されるわけです。

①経済財だけの産業連関

そこで、**表1**をみてください。これは、経済財だけを対象とした産業連関を表しています。市場と工業の世界です。なお、以下の一連の表は、便宜上、レオンチェフの産業連関表ではなく、マルクスの再生産表式を基礎にしています。**表1**の第Ⅰ部門は生産財生産部門、第Ⅱ部門は消費財生産部門です。左は財の産出側を示しており、この表を横に読むと、ある部門の生産物がどの部門にどれだけ供給されたかがわかります。上は財の投入側を示していて、この表を縦に読むと、どの部門がどの財をどれだけ調達したかがわかります。たとえば、G_{11}という財は第Ⅰ部門で生産された生産財ですが、再び生産財を作るための原材料として第Ⅰ部門に投入されることを意味しています。また、G_{12}は、消費財を生産するための原材料として第Ⅱ部門に投入される生産財を意味しています。他方、G_{21}とG_{22}は消費財ですから、それぞれ、第Ⅰ部門と第Ⅱ部門の労働者の生活資料として投入されていることになります。市場経済においては、こ

	Ⅰ 生産財生産部門	Ⅱ 消費財生産部門
Ⅰ 生産財生産部門	G_{11}	G_{12}
Ⅱ 消費財生産部門	G_{21}	G_{22}

表1　経済財だけの産業連関

のような投入産出のバランスが維持できていれば、年々の再生産が持続可能になることが前提されています。

②非経済財を入れた産業連関

次に、**表2**は自然と人間とのあいだで物質代謝が行われていることを明示的に表したものです。第Ⅲ部門は自然そのものであり、第Ⅲ部門から人間はただで資源を得ることができるとされています。つまり、第Ⅲ部門は自由財を供給する部門だということになります。つまりG_{31}やG_{32}ですね。それらは人間が生産する必要がなく、ただで自然から与えられると考えられているわけです。

さて、問題は、ここで前提されている自由財がだんだん自由財ではなくなってきたということです。空気はまだ自由財ですが、水はもはや自由財ではなく稀少財になっています。廃棄物処理場も稀少になってきている。

③非経済財が経済財化した場合（i）

そこで、これまで自由財として自然環境から供給されてきたもののうち稀少化してきているものを改めて環境財と

	Ⅰ 生産財生産部門	Ⅱ 消費財生産部門
Ⅰ 生産財生産部門	G_{11}	G_{12}
Ⅱ 消費財生産部門	G_{21}	G_{22}
Ⅲ 非経済財生産部門	G_{31}	G_{32}

表２ 非経済財を入れた産業連関

呼ぶことにして、第Ⅲ部門を環境財生産部門としてみたのが**表3**です。そうすると、第Ⅲ部門を成り立たせるためには、何らかの投資をして環境財を生産するコストを誰かが払わなければならなくなります。そうでなければもはやその財は供給されないからです。

ここで、狭義の経済学は、稀少財となった環境財を生産する部門、つまり第Ⅲ部門を既存の第Ⅰ部門か第Ⅱ部門、たいていは第Ⅰ部門だと思いますが、そこに組み込もうとします。たとえば、商品化された水は、環境財というよりはむしろ第Ⅰ部門で供給される生産財というように分類されることになるわけです。しかし、それで果たしていいのでしょうか。なぜなら、既存の部門には、投資家が存在してそれぞれの部門に資本を投下しているのですが、第Ⅲ部門にはいまのところ投資家が存在しないからです。水の場合は、公共事業として自治体が投資家の役割を果たしていたりするのですが、稀少化しているにもかかわらず商品化されていないような環境財は誰が供給するのでしょうか。仮に、環境財を生産する資本があるとして、いったい誰がそのような資本の所有者になるのでしょうか。

	Ⅰ 生産財生産部門	Ⅱ 消費財生産部門	Ⅲ 環境財生産部門
Ⅰ 生産財生産部門	G_{11}	G_{12}	G_{13}
Ⅱ 消費財生産部門	G_{21}	G_{22}	G_{23}
Ⅲ 環境財生産部門	G_{31}	G_{32}	G_{33}

表3　非経済財が経済財化した場合（i）

④ 非経済財が経済財化した場合（ⅱ）

さらにもう一つ、社会的な環境から引き出されるようなサービスを社会財と呼ぶことにして、産業連関表の中に入れてみましょう。**表４**です。都市における人口の集積とか地域における人と人のつながりとか、地域文化、伝統など、それ自体は商品ではないけれど、それらは人間が経済生活を営む上で重要な役割を果たしています。そうした社会的な環境から生み出されるサービスは、道路や公園のように社会的インフラによって提供されるサービスと同様に公共財として扱っても構わないのですが、ここでは、むしろ、インフラではなく、社会的な制度から生じるサービスをイメージしています。問題は、社会財もまた、ただで手に入る自由財ではなく、稀少化してきているということです。私たちがコストをかけて社会的環境を維持していかなければ、社会財が手に入らなくなってきています。社会財を生産する資本を想定した場合に、いったい誰がそれに投資するのでしょうか。

狭義の経済学であれば、環境財を供給する第Ⅲ部門や社

	Ⅰ 生産財生産部門	Ⅱ 消費財生産部門	Ⅲ 環境財生産部門	Ⅳ 社会財生産部門
Ⅰ 生産財生産部門	G_{11}	G_{12}	G_{13}	G_{14}
Ⅱ 消費財生産部門	G_{21}	G_{22}	G_{23}	G_{24}
Ⅲ 環境財生産部門	G_{31}	G_{32}	G_{33}	G_{34}
Ⅳ 社会財生産部門	G_{41}	G_{42}	G_{43}	G_{44}

表４　非経済財が経済財化した場合（ⅱ）

会財を供給する第Ⅳ部門などといった部門を想定せず、それらを第Ⅰ部門か第Ⅱ部門のどちらかに帰属させることになるでしょうから、結果として、環境財も社会財も私的な資本によって生産され、市場で分配されるという話に落ち着くと思います。しかし、環境財や社会財を私的所有の対象にして本当にいいのでしょうか。また、そもそもそれは可能でしょうか。

7 結論

最近、ナチュラル・キャピタル（自然環境を何らかの価値を生み出す資本として捉えた概念）やソーシャル・キャピタル（社会環境を何らかの価値を生み出す資本として捉えた概念）という言葉を耳にするようになりました。環境財を供給する第Ⅲ部門を資本投下の対象にしようというのがナチュラル・キャピタルの考え方です。それを、ポール・ホーケンという人がナチュラル・キャピタリズムと呼んでいます。二〇〇一年九月に行われた環境経済・政策学会でポール・ホーケンはナチュラル・キャピタリズムについて報告しましたが、かれは、ナチュラル・キャピタルの所有主は今までのような経済人つまり利己的な個人ではだめであろう、と言います。そして、NPOやNGOを含めた地域の生活者、顔の見える範囲でつながりを持った人々がナチュラル・キャピタルを所有しなければならない、ということを強調したのです。ソーシャル・キャピタルも詳しい説明は省きますが、ナチュラル・キャピタルの場合と同じように考えてよいと思います。

これまで広義の経済学においては、経済を考えるときに、儲け、稼ぎ、商人、商業といった概念は非市場経済に対立するものとしてきたけれど、そしてそれが強調されすぎたけれども、先ほど森野さんの話にもあったように、儲けを「利子」としてではなく「お礼」として捉え直すこともできるわけで、大切なことは、稼ぎや儲けが誰に帰属するかということでしょう。環境財や社会財を経済活動の中に明示的に取り入れるということは、このように、これまでの私的な資本所有のあり方を考え直すということを意味しているのです。こう考えると、今後は、自然環境や社会環境の部面に資本を投下する主体として、公共性を帯びた団体や地域生活者の重要性が増すことになると思われます。

あまり実践的な提言にはなりませんでしたが、これまでエントロピー学会で様々に論じられてきた経済社会モデルについて、以上のような道筋に沿って議論を整理してみると、これから何をどう論じていったらいいのかということがはっきりするのではないかと思います。

文献

エントロピー学会編『「循環型社会」を問う』藤原書店、二〇〇一年。

玉野井芳郎『エコノミーとエコロジー』みすず書房、一九七八年。

中村修『なぜ経済学は自然を無限ととらえたか』日本経済評論社、一九九五年。

ポール・ホーケン、エイモリー・ロビンズ、ハンター・ロビンズ『自然資本の経済』日本経済新聞社、二〇〇一年。

室田武・槌田敦・多辺田政弘編著『循環の経済学』学陽書房、一九九五年。

〈付録1〉循環型社会形成推進基本法（抄）

目次

第一章　総　則

（目的）

第一条　この法律は、環境基本法（平成五年法律第九十一号）の基本理念にのっとり、循環型社会の形成について、基本原則を定め、並びに国、地方公共団体、事業者及び国民の責務を明らかにするとともに、循環型社会形成推進基本計画の策定その他循環型社会の形成に関する施策の基本となる事項を定めることにより、循環型社会の形成に関する施策を総合的かつ計画的に推進し、もって現在及び将来の国民の健康で文化的な生活の確保に寄与することを目的とする。

（定義）

第二条　この法律において「循環型社会」とは、製品等が廃棄物等となることが抑制され、並びに製品等が循環資源となった場合においてはこれについて適正に循環的な利用が行われることが促進され、及び循環的な利用が行われない循環資源については適正な処分（廃棄物（廃棄物の処理及び清掃に関する法律（昭和四十五年法律第百三十七号）第二条第一項に規定する廃棄物をいう。以下同じ。）としての処分をいう。以下同じ。）が確保され、もって天然資源の消費を抑制し、環境への負荷ができる限り低減される社会をいう。

2　この法律において「廃棄物等」とは、次に掲げる物をいう。

一　廃棄物

二　一度使用され、若しくは使用されずに収集され、若しくは廃棄された物品（現に使用されているものを除く。）又は製品の製造、加工、修理若しくは販売、エネルギーの供給、土木建築に関する工事、農畜産物の生産その他の人の活動に伴い副次的に得られた物品（前号に掲げる物並びに放射性物質及びこれによって汚染された物を除く。）

3　この法律において「循環資源」とは、廃棄物等のうち有用なものをいう。

4　この法律において「循環的な利用」とは、再使用、再生利用及び熱回収をいう。

5　この法律において「再使用」とは、次に掲げる行為をいう。

一　循環資源を製品としてそのまま使用すること（修理を行ってこれを使用することを含む。）。
二　循環資源の全部又は一部を部品その他製品の一部として使用すること。
6　この法律において「再生利用」とは、循環資源の全部又は一部を原材料として利用することをいう。
7　この法律において「熱回収」とは、循環資源の全部又は一部であって、燃焼の用に供することができるもの又はその可能性のあるものを熱を得ることに利用することをいう。
8　この法律において「環境への負荷」とは、環境基本法第二条第一項に規定する環境への負荷をいう。

（循環型社会の形成）

第三条　循環型社会の形成は、これに関する行動がその技術的及び経済的な可能性を踏まえつつ自主的かつ積極的に行われるようになることによって、環境への負荷の少ない健全な経済の発展を図りながら持続的に発展することができる社会の実現が推進されることを旨として、行われなければならない。

（適切な役割分担等）

第四条　循環型社会の形成は、このために必要な措置が国、地方公共団体、事業者及び国民の適切な役割分担の下に講じられ、かつ、当該措置に要する費用がこれらの者により適正かつ公平に負担されることにより、行われなければならない。

（原材料、製品等が廃棄物等となることの抑制）

第五条　原材料、製品等については、これが循環資源となった場合におけるその循環的な利用又は処分に伴う環境への負荷ができる限り低減される必要があることにかんがみ、原材料にあっては効率的に利用されること、製品にあってはなるべく長期間使用されること等により、廃棄物等となることができるだけ抑制されなければならない。

（循環資源の循環的な利用及び処分）

第六条　循環資源については、その処分の量を減らすことにより環境への負荷を低減する必要があることにかんがみ、できる限り循環的な利用が行われなければならない。

2　循環資源の循環的な利用及び処分に当たっては、環境の保全上の支障が生じないように適正に行われなければならない。

（循環資源の循環的な利用及び処分の基本原則）

第七条　循環資源の循環的な利用及び処分に当たっては、技術的及び経済的に可能な範囲で、かつ、次に定めるところによることが環境への負荷の低減にとって必要であることが最大限に考慮されることによって、これらが行われなければならない。この場合において、次に定めるところによらないことが環境への負荷の低減にとって有効であると認められるときはこれによらないことが考慮されなければならない。

1　循環資源の全部又は一部のうち、再使用をすることができるものについては、再使用がされなければならない。

2　循環資源の全部又は一部のうち、前号の規定による再使用がされないものであって再生利用をすることができるものについては、再生利用がされなければならない。

3　循環資源の全部又は一部のうち、第一号の規定による再使用及び前号の規定による再生利用がされないものであって熱回収をすることができるものについては、熱回収がされなければならない。

4　循環資源の全部又は一部のうち、前三号の規定による循環的な利用が行われないものについては、処分されなければならない。

（施策の有機的な連携への配慮）

第八条　循環型社会の形成に関する施策を講ずるに当たっては、自然界における物質の適正な循環の確保に関する施策その他の環境の保全に関する施策相互の有機的な連携が図られるよう、必要な配慮がなされるものとする。

（以下略）

〈付録2〉循環型社会を実現するための二〇の視点

エントロピー学会（二〇〇二年九月）

提案するにあたって

二〇〇一年のエントロピー学会シンポジウムのテーマは、『循環型社会』を問う」でした。エントロピー学会はこれまで、地球上の生命と人類社会の存続を求めて、エントロピーと物質循環をキーワードに討論と活動を続けてきました。その蓄積の上に、どのような技術システム・経済システム・法と政策を展望すべきか、という基本的な問題を討論する場として、二〇〇一年のシンポジウムは企画されました。

「循環型社会」という言葉が法律に用いられ、世をあげて錦の御旗のようになっていますが、実態はどうでしょうか。はたして今後の方向性は示されているのでしょうか。成長を前提とした経済システムや大量生産・大量消費を変えようとしない技術システムの下でリサイクルに努めても、環境が良くなるとは思えません。

以下に記す「二〇の視点」は、最初シンポジウムでの討論の素材の一つとして実行委員会で作った案を、シンポジウムとその後の討論によって改訂したものです。技術・経済・法について具体的に述べ、基本のところにも新しい考えを盛り込んでいます。エントロピー学会発足以来二〇年の認識の深化を評価して下さるかどうか。いずれにしても、この二〇項目の整理を批判的に検討する中から、さらに前に進みたいものと考えます。

I　エントロピー論の基本的考え

❶ 地球上の生命と人類社会のあり方を理解する鍵は、エントロピーである。

エントロピーとは、物質とエネルギーとをひとまとめにした拡散の度合いの定量的な指標である。熱エネルギーがひとりでに伝わるのは高温の所から低温の所へであって、低温から高温への熱の移動は電力などの消費を必要とする。その電力は、たとえば高温から低温への熱の移動なしには起こせない。物質は高濃度の場所から低濃度の場所へ拡散する。物質を濃縮するには仕事をしなければならない。たとえば海水から真水を作るには、物理的・化学的な分離の仕事が必要となる。

物質とエネルギーをひとまとめにして、自然界（物質の世界）の変化は拡散の度合いが増す方向に起こる、ということを表現したのが「エントロピー増大の法則」である。物質やエネルギーは、社会的生産・消費の場において、外部での何らかの変化を伴わない限り（つまり、外からの目的意識的な働きかけのないかぎり）使い物になる状態から使い物にならない状態になってしまう。その意味で、エントロピーは劣化の度合いの指標ともいえる。

❷ 生命系の特徴はその定常性にある。「エントロピー増大の法則」の存在にもかかわらず生命系がエントロピーを一定に保って生きていられるのは、エントロピーを捨てる過程があり、そのエントロピーを受け取る環境が定常的に存在するからである。

生命系に低エントロピーの物質・エネルギーを供給し、高エントロピーの物質・エネルギーを受け取る外界が環境である。もし環境が閉じていれば、生命系との相互作用の結果環境のエントロピーが増大し、生命系に対して環境としての役割を果たしえなくなる。環境が環境として機能しうるためには、環境のエントロピーを受け取る「環境の環境」が必要である。実際、地球には階層的多重構造を持った環境があるため、生命が長期間存続してきた。

多重構造のそれぞれのレベルにおいて、その内側を生命系（生きた系）、その外側を環境と見なすことができる。外側の環境は内側の生命系より大きく、したがって変化は遅い。環境の変化が速くなると生命系はそれについてゆけず、存在が危うくなる。その意味で環境は定常的でなければならない。

❸ 地球上の生命と人類社会が存続するためには、広汎な共生の体系（生態系）が、物質の循環によって、発生したエントロピーを宇宙空間への熱放射という形で最終的に廃棄できなければならない。

地球上の生命と人類社会の存続を根底で支えているのは、太陽からの低エントロピーのエネルギー（太陽光）の供給と、宇宙空間への熱放射という高エントロピーのエネルギーの廃棄である。植物はこの低エントロピーのエネルギーを高エネルギーの低エントロピー物質（炭水化物など）に変え、動物に提供する。動物はその高エネルギー・低エントロピー物質と酸素を消費して、植物が利用できる形に変える。どちらの過程でも、発生するエントロピーを生命系外に廃棄するのに、またそれを宇宙空間に熱放射できるところに運ぶのに、低エネルギーの低エントロピー物質である水が必要である。

❹ 生態系とは、高エネルギー・低エントロピー物質（炭水化物・タンパク質などの有機物）の利用の連鎖によって循環的に連なった、広汎な共生の体系である。循環（物質循環と状態循環）が生態系の維持にとって基本的に重要である。

生命・環境系のそれぞれのレベルにおけるエントロピー廃棄の過程を担うのが、循環である。生命系の状態は一定不変ではなく、昼夜・季節といった太陽の運行に由来する状態の循環によってその定常性を保っている。状態が循環するためには、物質が循環しなければならない。光合成によって植物が固定した炭素が、さまざまな過程を経て、二酸化炭素になって戻るように。

❺ 自然の循環と生命系の活動・多様なあり方とを壊すような人間の活動は、きびしく制限されなくてはならない。

自然の循環が生命系の活動とその多様なあり方を支え、生命系の活動とその多様なあり方が自然の循環を支えている。生命はその発生以来、数十億年にわたるその潜在的多様性の展開・実現の結果、現在のような多様なあり方を示すに至っている。その長い過程には、次の三つの条件が基盤にあった。①原子核の基本的安定性、②生命起源の有機物の安定性、③細胞核（遺伝子）の基本的安定性。人間の社会的営為の中でこの三条件が損なわれてきた状況が、今日の環境問題・公害問題の根底にある。

Ⅱ　技術と生産活動のあり方

❻ 技術はエントロピーの法則に規定される。

生産活動は、資源とエネルギーを用いて、人間に有用な（多くの場合エントロピーを減少させた）製品を作り出す。しかし、その結果として同時に、有用性の低い高エントロピーの廃物を必然的に作り出す。これは避けることのできない法則である。多様な生態系に頼らずにすべての廃棄物を人為的に元に戻す「逆工場」や「ゼロエミッション」は原理的に不可能である。

❼ 地下から鉱石や化石燃料を掘り出し使用することは最小限にとどめ、適切に管理し、有効かつ公正に活用しなければならない。

地下資源を用いた後には必ず、エントロピーの大きい、使い物にならない廃物が残って生態系を損傷し、自然の物質循環システムを破壊する。自然界に拡散したエントロピーの大きい有害物質（たとえば大気に放出された鉛や海水中に拡散した水銀）を回収することは極めて困難である。また、資源の継続的な大量使用は原料の枯渇・品位の低下をもたらす。そのため、採取の過程でより多くの有害物質が生態系に放出される。

このように環境負荷をもたらす地下資源の利用は最小限にとどめ、かつ環境負荷を減らす技術的な努力が必要である。しかし、どこまでどれくらいのスピードまで減らさねばならないのか、現状の環境破壊がどういう結果になるか、地球の環境的な限界についてわれわれは的確な知識を持ち合わせていない。それゆえに、なおさら控え目に使うことが求められる。

現状の地下資源の利用は著しく公正を欠いている。全世界の人口の五％に満たぬアメリカ合衆国が、全エネルギーの二五％以上を消費している。日本を含むいわゆる先進国地域が地下資源を過大に消費していることは明白である。

❽ 自然界にない化学物質を人工的に作り出し利用することは最小限にとどめ、適切に管理し、有効かつ公正に活用しなければならない。原子力や遺伝子操作の商業利用は厳しく制限されねばならない。

自然界にない物質は自然界の物質循環システムに適合しない可能性が高く、また、まだ知られていない毒性をもつ危険性がある。特に、一九世紀半ば以降現代にいたる有機化学の発展によって生み出された一〇万種類もの化学物質、二〇世紀半ばの原子力エネルギーの解放にともなう人工放射性物質、遺伝子操作によって生まれた種の壁を越えた新しい生命体は、いずれも自然界の安定性を破るものとして重大な懸念がある。

自然界の安定性を破壊する物質は、循環させずに閉じこめなければならない。しかし、放射性物質や環境ホルモンのような、極微量で生命系に対して著しい作用をもたらす物質を完全に閉じこめる事は不可能である。そのような物質を産出してはならない。元に戻すことが不可能な大量の核廃棄物を生み出す、原子力発電が循環型社会と相容れないことは明らかである。

❾ リサイクルは循環型社会実現の限られた一手段に過ぎない。リサイクルは万能ではない。

リサイクルは、資源の節約、エネルギー消費の節約、有害物質の排出の低減、ごみの減量に役立つ場合もあるが、そうならないケースも少なくない。用途に応じて混ぜたもの（添加物や合金）や使い古したものを元に戻すには、物理的・化学的な分離のための仕事（手間やエネルギー）が必要である。一般にリサイクルに適した材料（金属など）とあまり適さない材料（プラスチックなど）があり、また、いろいろな物質や元素を添加したり、複合化したり、塗装した材料はリサイクルに適さない。

製品設計の考え方も重要である。リサイクルを考慮して毒性の生じないような素材を用い、軽量で分解が容易な設計としなければならない。特に、有害物質の排除は環境負荷の低いリサイクルを実現する上での鍵となる。現在、リサイクルは多くの困難に直面しており、材料選択や物づくりの考え方を根本から見直す必要がある。

❿ 大量生産・大量消費・大量リサイクルからの脱却が基本である。地域での物質循環を崩壊させるグローバリゼーションでなく、地域を基礎とした生産システムへの転換が実現されねばならない。

大量生産・大量消費は大量廃棄を生む。廃棄せずリサイクルにまわしても、それらはいずれ廃棄物になる。製品を長寿命化し、再利用をしやすいものを作り、廃物を利用しあって「ごみ」を減らすことを実現していかねばならない。

大量の原料や製品を地球規模で移動させることは大量輸送による多大な環境負荷を生んでいるだけでなく、生産地・消費地双方の環境を著しく破壊している。このような現状から脱却するには地域での物質循環を基本とした物流を作ることが重要である。そのためには、太陽光と水と土、自然の循環を基礎とした産業（農業・林業・漁業など）を復権し、工業にあってもそれらとの結合を図ってゆかねばならない。

Ⅲ　経済と人間活動のあり方

⓫ 市場経済はエントロピー処理機構を持たない非自立的なシステムである。

人間の経済活動によって発生するエントロピーは、かつては自然の浄化作用を通して処理されてきた。近代の市場経済もまた、自然の浄化能力をただで利用してきた。環境問題は自然の浄化能力を超えた廃熱・廃物の排出によって生じており、自然の浄化能力それ自体が今では希少資源化している。したがって、本来であれば自然の浄化能力（エントロピー処理機構）もまた市場取引の対象とされなければならない。ところが、自然の浄化能力には特定の所有者がいるわけではないので、市場取引の対象とはなりにくい。その結果市場経済システムは、エントロピー処理機構を自らに内部化することなく発展を続けてきた。

⑫ 市場でできることとできないこととは明確に区別しなければならない。

かりに自然の浄化能力に所有権が与えられるとすれば、その対象となるのは個人ではなく社会である。したがって、自然の浄化能力の使用に対する代価を設定する場合、通常の商品のように市場原理に任せることはできない。たとえば、二酸化炭素排出量取引制度はCO_2排出許容量（自然の浄化能力の使用権のひとつ）を稀少資源とみなして商品化しようという試みである。また、環境税も商品価格の中に環境コストを内部化することによって、環境と市場経済との整合性を図ろうとする試みといえる。だが、いずれの場合も、個人間の自由な取引ではなく、市場の外部での政治的社会的な制度作り（たとえば、公害反対運動のような住民運動や市民運動を通して）があらかじめ必要とされる。自然の浄化作用の代価は、自由競争ではなく社会的な合意によって、基準が設けられるのである。

⑬ 市場でできないことは非市場的な人間活動に任せるべきである。

物質循環と経済循環とは常に一致するとは限らない。たとえば、農家は農産物を売った代金を回収して次年度の投資に充てる事ができるが、他方、売った農産物が肥料となってまたもとの農地に戻ってくるわけではない。もし経済循環を物質循環に近づけようとするなら、物質の資源としての利用を地域社会に限定するとか、リサイクル率を高めるような地域経済の構築が必要とされよう。そのためには、共有地の管理、近隣社会における相互扶助など、コミュニティの中で形成されてきた非市場的な人間活動のネットワークのなかに、経済の相当部分を埋め戻すことが重要である。

⑭ 非市場経済は社会的存在としての人間関係の中に埋め込まれている。

かつて、経済を非市場的な人間関係の中に埋め込む役割を担っていたのは地域共同体であった。しかし、それは近代社会の発展と共に崩壊しつつある。したがって、持続可能な非市場経済を追求しようとするならば、伝統的な共同体に代わる新たな制度的な枠組みが必要となる。たとえば、非営利的な互助活動をベースにした法人や協同組織、都市住民と農村住民との間に形成される産直提携ネットワーク、近隣住民どうしの財やサービスのやり取りを可能とする地域通貨システムなどである。その上で、地域の富を稀少資源としてでなく、地域社会の共有財産であるコモンズとして再定義し、管理していくことが重要である。

利己心に基づいて行動する孤立した個人や営利団体に代わって、等身大の地域社会に住む生活者と非営利団体が、主体として姿を現わさねばならない。互いに人権を尊重しあう社会は、そこで初めて形成されよう。

⑮ 広義の経済学の課題は生命系の経済（循環経済）の構築にある。

経済学は富の生産と分配に関わる学問として発展してきた。だが、経済成長を前提とする狭義の経済学では環境への負荷を減らす方向性を打ち出すことができない。本来、富の生産も分配も、人間の生命の営みを維持するための手段にすぎないのだから、生命系を破壊するような富の増大は抑制されなければならない。ここで、物質循環と経済循環とを重ね合わせた広義の経済を「循環経済」と呼ぶなら、広義の経済学は、富の所有（having）ではなく、生命の営み（doing, being）により大きな価値をおくことになる。

Ⅳ　法・政策と社会のあり方

⑯　循環型社会形成推進基本法は、大量生産と大量消費を支えてきた技術と経済を前提にしており、廃棄物処理・リサイクルもまた、そのような制約条件の範囲内に限定されている。

二〇〇〇年六月に施行された「循環型社会形成推進基本法」（以下、「基本法」という）が、廃棄物について、従来のような排出者の責任のみならず、生産した製品が使用・廃棄された後の処理について、生産者が引き取り、リサイクルなどの責任を負う「拡大生産者責任」概念を導入した点は、一定の評価に値しよう。過剰な生産活動を抑制するには、廃棄に伴う環境負荷を生産者にフィードバックし、内部経済化することが第一歩だからである。

しかし、「基本法」は、次項以下で説明するように、「循環資源」の「循環的な利用」を「技術的・経済的に可能な範囲」に制限し、「拡大生産者責任」の適用範囲を狭く限定するなど、現行の大量生産、大量消費システムの範囲内で廃棄物減量の努力を推し進めようとしているにすぎず、「循環型社会」のビジョンを積極的に描くものではない。

⑰　廃棄物をどう処理すべきかについてきちんとした評価をするとともに、生産に遡った廃棄物対策の改善を明らかにするシステムが必要である。

「基本法」では、循環の「基本原則」（七条）で廃棄・リサイクル処理の優先順位を初めて法定し、①発生抑制　②再使用　③再生利用　④熱利用　⑤適正処分の順位で処理するものとした。だが、同時に、「技術的および経済的に可能な範囲で」高順位の処理をする、という限界を、判定基準を明らかにすることなく設けた。このため、技術的ないし経済的に不可能だという名目で現状を追認し、容易に低順位の処理を是認してしまう欠点がある。とりわけ、すべての方法が不可能な場合は「適正に処分」しても構わない、と従来どおりの埋立廃棄処分をも排除していない。

個々の物質や製品について最適な処理方法を選択するためには、エントロピー論の視点から総体的に評価するしくみが必要である。再生利用が熱利用より多くの環境負荷を与えるような場合もあるので、どのような処理が適切かについて具体的に検討し、評価しなければならない。

⑱ 廃棄抑制の基本は生産それ自体の抑制である。とりわけ、リサイクルも廃棄もできない有害な処理困難物は生産の抑制を図るべきである。

「基本法」は、廃棄抑制に関する経済的負担促進への施策を国の責務としているが、デポジット制を広く導入するなど、不要な生産の抑制と再使用を経済面で促すような対策を図るべきである。また、事業者が違法に不適正な処理を行わないように、行政が関与するしくみも考えられなければならない。不法投棄の事後処理対策や広域の監視は、労力が大きすぎる。

また「基本法」では、再生・リサイクルできない有害な処理困難物を生産した責任を問うことがない。有害な処理困難物はそれ自体を生産しないこと以外に解決法はないが、そのような根本的な生産活動規制は「基本法」の中でも触れられず、その道筋はまだ日本の法体制に明示されていない。有害な処理困難物は原則製造禁止とし、どうしても必要なものについては生産者において回収・管理するシステムを確立すべきである。

⑲廃棄物の適正処理・リサイクル等の責任は、廃棄物となる製品を生産した者が持つこと（**拡大生産者責任**）**を基本とし、リサイクル費用もまた、生産者の負担とすべきである。**

「容器包装リサイクル法」（二〇〇〇年四月完全施行）は、事業者に容器包装廃棄物をリサイクルに回す義務を課した。しかし廃棄物の回収・保管自体は自治体の役割として残され、リサイクルに要する費用は行政の負担が大きく事業者の負担はごく一部になっている。「家電リサイクル法」（二〇〇一年四月完全施行）でも、リサイクル費用負担の問題が残っている。販売時に値段に上乗せするのではなく、廃棄時に消費者から料金を徴収するため、経済的に生産活動の抑制が図られず、他方で不法投棄を誘発している。後からできた上位法である「基本法」においても、費用負担の問題は棚上げされたままだ。「拡大生産者責任」を徹底して廃棄物処理の適正化への努力を引き出し、不法投棄を防ぐ必要がある。

⑳「循環型社会」の形成を目指す政策は、生態系を維持する自然の循環を基本とし、この循環を途切れさせて大量に廃棄物を生み出してきた従来の経済・社会システムを変革するものでなければならない。

大量生産・大量消費社会に手をつけないまま廃棄物対策を行う、という発想には限界がある。「生産」されたものは、リサイクルされるにせよ、いずれ「廃棄」されるのであり、それが自然の循環に戻らなければ、環境中に残される。自然生態系を視野に入れ、それと適合した範囲・速度で経済活動を行うという視点が必要である。具体的には、二酸化炭素の排出量や漁獲量の制限、樹木伐採を森林の更新可能な範囲にするなどの規制が考えられる。逆に、日本国内の森林資源などのように、適度の伐採を行って積極的に活用することにより、豊かな生態系を取り戻すことができる場合がある。

より根源的には、経済成長率を尺度とした景気の良し悪しで評価される社会ではなく、生活の必要性に立脚した経済・社会を構築することが求められる。個人主義の徹底と商品交換経済への適合を基準とした近代法の体系もまた、骨格を変えなければならない。

わ 行

ま 行

や 行

ら 行

た　行

な　行

は　行

さ 行

索　引

エントロピー学会

1983年発足。環境問題に関心のある物理学・経済学・哲学などの自然・人文・社会科学の研究者たちが市民とともに作った学会である。設立趣意書には、「この学会における自由な議論を通じて、力学的または機械論的思考にかたよりがちな既成の学問に対し、生命系を重視する熱学的思考の新風を吹き込むことに貢献できれば幸いである」とその目的を謳っている。以来20年間の活動によってそれなりの成果をあげてきたが、まだまだ力不足である。この目的は21世紀の学問にこそふさわしいものであり、新進の研究者・市民の参加を強く望んでいる。

37名の発起人で発足した学会は、現在会員数約800名。大学の理系・文系の研究者のほか、自治体職員や企業のエンジニア、学生、環境を守る市民運動に関わる者など多彩な顔ぶれである。学会運営は、立候補した世話人による「世話人会」で話し合われる。

中心的活動は、年1回開かれる全国シンポジウムであり、会内外から毎回150～200名の参加者がある。シンポジウムは、会員による一般講演・自主企画・実行委員会企画で構成され、沖縄から北海道まで各地に場を移して地域に根ざした多彩なテーマで開かれている。2001年秋には、東大駒場で"「循環」型社会を問う"と題してシンポジウムを開き、その成果をもとに本書が刊行された。

隔月で情報交換のためのニュース「えす」を発行するとともに、年3回程度、会員の論文（覚え書き）とエッセイなど（談話室）を中心として会誌「えんとろぴい」を刊行している。ほかに英文論文誌（不定期）を発行している。地方セミナーとして、東京セミナー、横浜セミナー、名古屋懇談会、関西セミナーが活動している。

学会事務局は下記のとおり。学会への入会資格は特になく、会費は本人の自由意志で決めて払うことになっている。学会経費を頭割りした5,000円程度を社会人には払ってもらうことを事務局は期待している。学生は半額程度。

〈連絡先〉
〒223-8521 横浜市港北区日吉4-1-1 慶応大学物理教室
藤田祐幸 気付　エントロピー学会事務局
TEL/FAX　045-562-2279
E-mail　fujit@hc.cc.keio.ac.jp
Website　http://entropy.ac/

須藤正親（すどう・まさちか）　1941年東京都生。中央大学卒。日本貿易振興会、信州大学、早稲田大学を経て、現在東海大学教授兼長野県麻績村百姓。国際経済・環境経済学。食と農に関心。著書に『中国——その国土と市場』（共著、科学新聞社、1973年）、『ゼロ成長の社会システム』（新泉社、1998年）他。

井野博満（いの・ひろみつ）　1938年東京都生。東京大学工学部応用物理学科卒。大阪大学、東京大学を経て、現在法政大学工学部教授、立正大学経済学部客員教授。金属材料学。ミクロの金属物性から材料の環境負荷までの研究を行う。著書に『現代技術と労働の思想』（共著、有斐閣、1990年）、『材料科学概論』（共著、朝倉書店、2000年）他。

松崎早苗（まつざき・さなえ）　1941年静岡県生。静岡大学文理学部卒。物質工学工業技術研究所研究員を経て、現在筑波大学非常勤講師。化学。共著書に『環境ホルモンとは何かⅠ・Ⅱ』（藤原書店、1998年）、訳書にロングレン『化学物質管理の国際的取り組み』（STEP、1996年）、スタイングラーバー『がんと環境』（藤原書店、2000年）、共訳書に『ホルモン・カオス』（藤原書店、2001年）他。

中村秀次（なかむら・しゅうじ）　1952年愛知県生。中央大学文学部哲学科社会学専攻卒。生活クラブ生協連合会に勤務。1990年よりアースデイの運動に参加。共編著に『地球と生きる133の方法』（家の光出版、2002年）、『環境まんが・ぼくら地球となかよし』（日報、2000年）他。

原田幸明（はらだ・こうめい）　1951年長崎県壱岐生。東京大学工学部卒。工学博士。現在、独立行政法人物質・材料研究機構エコマテリアルセンター長。材料のエコマテリアル化およびＬＣＡを研究。著書に『地球の限界』（共著、日科技連、1999年）、『地球環境と材料』（共著、裳華房、1999年）他。

松本有一（まつもと・ゆういち）　1948年大阪市生。大阪市立大学経済学部卒。現在関西学院大学経済学部教授。ポスト・ケインズ派経済学研究から循環型社会、定常経済の研究に進む。著書に『スラッファ体系研究序説』（ミネルヴァ書房、1989年）、『循環型社会の可能性』（関西学院大学出版会、2000年）他。

森野栄一（もりの・えいいち）　1949年神奈川県生。國學院大学大学院経済学研究科博士課程単位取得中退。経済評論家。著書に『消費税完璧マニュアル』（ぱる出版、1989年）、『エンデの遺言』（共著、ＮＨＫ出版、2000年）、『なるほど地域通貨ナビ』（共著、北斗出版、2001年）他。

篠原　孝（しのはら・たかし）　1948年長野県生。京都大学法学部卒。農林水産省入省。現在農林水産政策研究所所長。早くから環境保全型農業を推奨し、『農的小日本主義の勧め』（創森社、1985年、復刊1995年）、『第一次産業の復活』（ダイヤモンド社、1995年）、『農的循環社会への道』（創森社、2000年）他も執筆、発言を続ける。

丸山真人　→編者紹介参照

著者紹介

（掲載は執筆順）

染野憲治（そめの・けんじ）　環境省廃棄物・リサイクル対策部企画課循環型社会推進室室長補佐。『循環型社会白書』の編集に携わるとともに、全国各地で自治体や市民が主催する講演やセミナーに精力的に参加して循環型社会の考え方の普及に努める。

辻　芳徳（つじ・よしのり）　オッペ川生活環境学舎（事務局：鶴ヶ島市）で環境問題に取り組み、循環型社会システム研究会を主宰し、廃棄物や地域のまちづくり等の課題に取り組む。地球環境とごみ問題を考える市民と議員の会運営委員、鶴ヶ島市リサイクル都市づくり市民の会会長。廃棄物学会、自治体学会、エントロピー学会等の会員。

熊本一規（くまもと・かずき）　1949年佐賀県生。東京大学工学部卒。現在明治学院大学教授。環境経済学・環境関連法。ごみ問題、埋立問題を研究。著書に『ごみ行政はどこが間違っているのか？』（合同出版、1999年）、『公共事業はどこが間違っているのか？』（れんが書房新社、2000年）他。

川島和義（かわしま・かずよし）　1950年徳島市生。大阪市立大学理学部化学科卒。現在枚方市役所職員。論文等に「ごみ焼却と物質循環」（『エントロピー読本V　地域自立を考える』日本評論社、1988年）、「廃棄物処理の費用は誰が支払うべきか？」（『月刊廃棄物』日報、1997年8月）他。

筆宝康之（ひっぽう・やすゆき）　1937年東京都生。東京大学経済学部卒。パリ第1大学客員教授などを経て、現在立正大学経済学部教授。労働経済学、社会経済思想、日仏社会労働史。アジアの経済発展と水資源・環境緑化の研究も。著書に『日本建設労働論』（御茶の水書房、1992年）、共著に『現代技術と労働の思想』（有斐閣、1995年）、共訳書に『大反転する世界』（藤原書店、2002年）他。

上野　潔（うえの・きよし）　1944年東京都生。早稲田大学大学院理工学研究科修士課程修了。三菱電機入社。（財）家電製品協会を経て、現在三菱電機渉外部技術担当部長。共著書に『家電リサイクリング』（工業調査会、1999年）、『家電製品のリサイクル100の知識』（東京書籍、2001年）他。

菅野芳秀（かんの・よしひで）　1949年山形県生。山形県長井市の農民（水田2ha、自然養鶏800羽）、レインボープラン企画開発委員長。著書に『生ゴミはよみがえる』（講談社、2002年）、『地域が主役だ！』（共著、社会評論社、1993年）他。

桑垣　豊（くわがき・ゆたか）　1960年京都市生。大阪大学工学部環境工学専攻修士課程修了。現在、本職はコンサルタント業。リサイクル評価。アンケート。ことばの差別問題。著書は『地球にやさしい買い物ガイド』（共編著、講談社、1994年）、『リサイクルの責任はだれに』（高木学校、2000年）他。

秋葉　哲（あきば・さとし）　1965年東京都生。早稲田大学政経学部政治学科卒。アサヒビール株式会社入社。アサヒ飲料総務部、アサヒビールシステム企画部、同東京工場を経て、アサヒビール株式会社環境社会貢献部プロデューサー。現在の主な業務はグループ会社の環境経営支援、中長期の環境経営戦略立案、グループ環境監査。

編者紹介

白鳥紀一（しらとり・きいち） 1936年千葉県生。東京大学理学部物理学科卒。元九州大学理学部教授。固体物理学（特に磁性）。著書に『環境理解のための熱物理学』（中山正敏との共著、朝倉書店、1995年）、『物理・化学から考える環境問題』（編共著、藤原書店2004年）他。

丸山真人（まるやま・まこと） 1954年三重県生。東京大学経済学部卒。明治学院大学国際学部助教授を経て、現在東京大学大学院総合文化研究科教授。経済学。地域経済自立の条件に関心。著書に『自由な社会の条件』（共著、新世社、1996年）他。

循環型社会《じゅんかんがたしゃかい》を創《つく》る　技術《ぎじゅつ》・経済《けいざい》・政策《せいさく》の展望《てんぼう》

2003年2月28日　初版第1刷発行©
2005年3月31日　初版第2刷発行

編　者　エントロピー学会
発行者　藤原良雄
発行所　株式会社 藤原書店

〒162-0041　東京都新宿区早稲田鶴巻町523
電　話　03（5272）0301
FAX　03（5272）0450
振　替　00160-4-17013

印刷・製本　美研プリンティング

落丁本・乱丁本はお取替えいたします
定価はカバーに表示してあります

Printed in Japan
ISBN4-89434-324-X